W0268153

Dieter Oesterwind

Energie und Klimaforschung

Dieter Oesterwind

Energie und Klimaforschung

In 28 Tagen rund um den Globus

POPULÄR

VIEWEG+
TEUBNER

Bibliografische Information der Deutschen Nationalbibliothek
Die Deutsche Nationalbibliothek verzeichnet diese Publikation in der Deutschen Nationalbibliografie; detaillierte bibliografische Daten sind im Internet über <http://dnb.d-nb.de> abrufbar.

Die Handlung und alle handelnden Personen sind frei erfunden. Jegliche Ähnlichkeit mit lebenden oder realen Personen wäre rein zufällig.

1. Auflage 2011

Lektorat: Ulrich Sandten | Kerstin Hoffmann

Vieweg+Teubner Verlag ist eine Marke von Springer Fachmedien.
Springer Fachmedien ist Teil der Fachverlagsgruppe Springer Science+Business Media.
www.viewegteubner.de

Umschlaggestaltung: KünkelLopka Medienentwicklung, Heidelberg
Innenlayout: Ivonne Domnick
Freies Lektorat: Nina Hoyer

Gedruckt auf säurefreiem und chlorfrei gebleichtem Papier.

ISBN 978-3-8348-1210-0

Inhalt

Halle
Paris
Jülich
Boston
1

→ München → Wien

Nevada → Shanghai → Paris

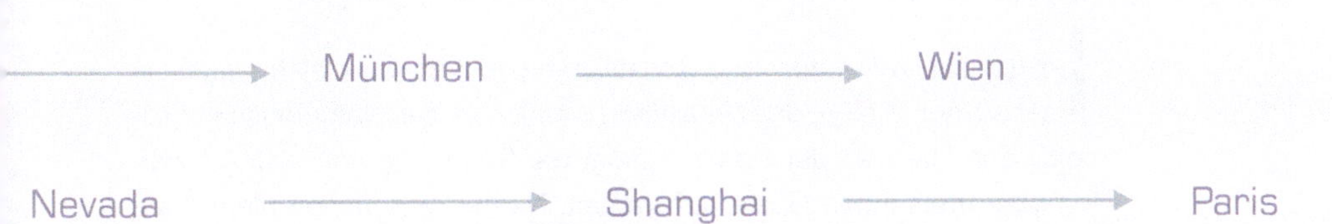

Die Preisverleihung

Lia und Nils haben den Kopernikus-Preis für junge Nachwuchsforscher gewonnen. Eine vierwöchige Reise führt sie an die Stätten des »Weltenwandels«.

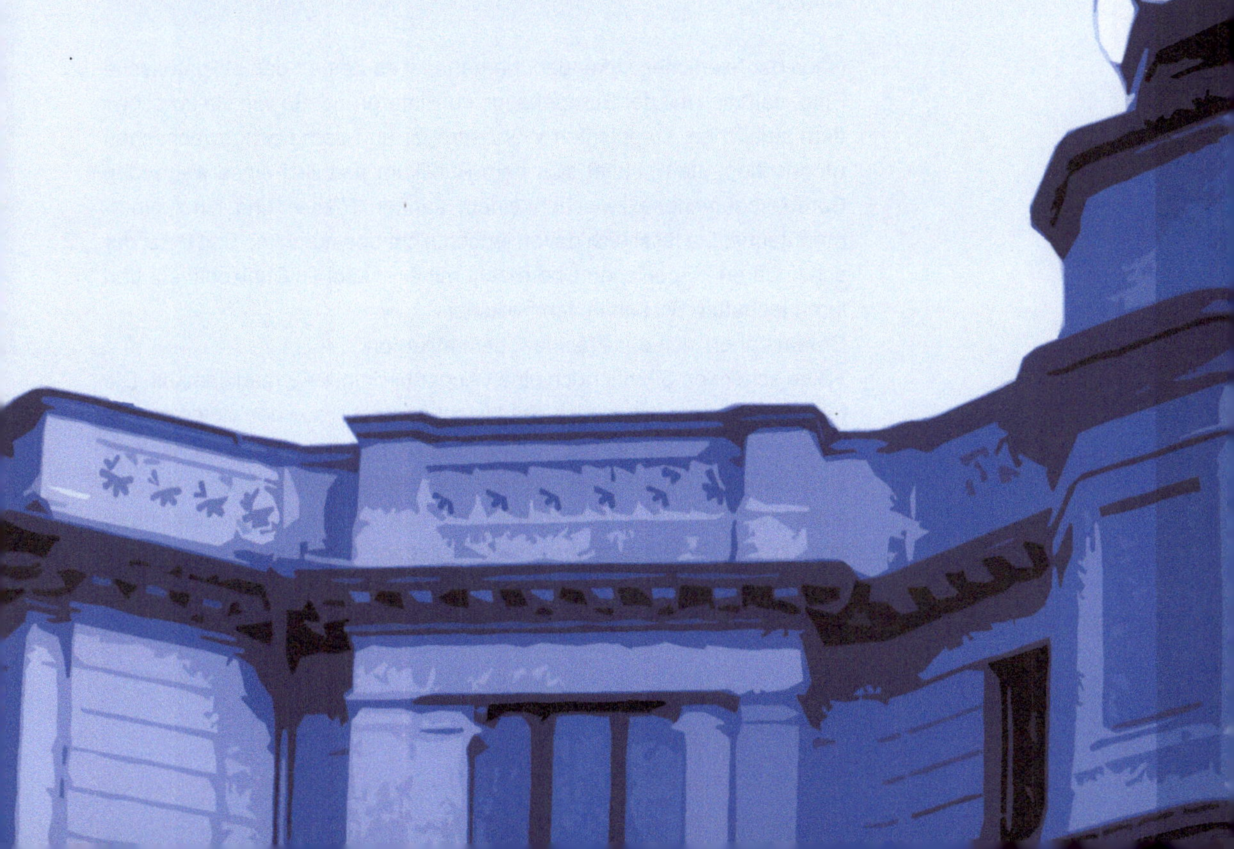

In der ältesten naturwissenschaftlich-medizinischen Gelehrtengesellschaft der Welt – der Deutschen Akademie der Naturforscher Leopoldina in Halle an der Saale – steigt die Spannung. Im Festsaal warten über dreihundert Gäste auf Namen. Namen von jungen Menschen, die den europäischen Kopernikus-Preis für junge Nachwuchsforscher erhalten haben. Das weiche Licht der barocken Deckenleuchten und die farbenprächtigen Blumengrüße, die von unzähligen Schulen aus den Nachbarländern überbracht wurden, geben dem Ereignis einen festlichen Anstrich. Als der Präsident des Europaparlaments erneut ans Mikrofon tritt, halten alle spürbar den Atem an.
»Und nun würdigen wir die herausragendsten Leistungen. Aus der Stadt Coimbra in Portugal, von der Escola Secundaria Quinta das Flores erhält für ihre Studie *Natur und Migration* den ersten Preis auf dem Gebiet der Geografie ... « Es folgt eine lange Pause. » ... Lia Da Silva.«
Lia springt freudestrahlend von ihrem Stuhl auf und wirft ihren Eltern einen triumphierenden Blick zu.
»Und in Physik«, fährt der Präsident betont langsam fort, »in Physik verleihen wir einem jungen Mann aus dem hohen Norden, vom Södra Latins Gymnasium aus Stockholm, den ersten Preis für seine Arbeit *Nanotechnologie und Energieeffizienz*.« Wieder eine lange Pause.
»Er heißt Nils Svensson. Bitte kommen Sie beide zu mir aufs Podium.«
Während sich Lia und Nils den Weg zum Podium bahnen, werden sie von heftigem Applaus begleitet. Mit einem Nicken nehmen sie ihre Urkunden entgegen.

Nach der feierlichen Urkundenübergabe ist es Zeit für das obligatorische Foto, natürlich mit der Europaflagge im Hintergrund. So wie Lia zwischen dem stattlichen, korpulenten Würdenträger und dem hochgewachsenen Blondschopf steht, bietet sich dem Publikum das Bild eines wehenden Bambusbäumchens zwischen einem sanften Riesen und einer Nordmanntanne. Lia lässt sich davon jedoch nicht beeindrucken und trotzt der scheinbaren körperlichen Übermacht mit ihrer kecken Bubikopffrisur und ihren lebhaften Blicken in den Festsaal.
Erneut nähert sich der Präsident dem Mikrofon.
»Bitte schenken Sie mir noch einen Augenblick Ihre Aufmerksamkeit. Die fachkundige Jury hat es sich nicht leicht gemacht, aus den vielen qualifizierten Schülern die richtige Wahl zu treffen. Dafür wollen wir ihr danken. Und den jungen Leuten, die heute keinen Preis erhalten haben, möchte ich sagen: Seien Sie nicht traurig. Ich habe in meinem ganzen Leben noch keinen Preis gewonnen und bin trotzdem Präsident des Europaparlaments geworden.«

Lautes, entspanntes Gelächter ertönt im Saal. Einige Besucher erheben sich bereits von den Stühlen, um im Foyer noch einen Imbiss einzunehmen, als der Präsident ins Mikrofon ruft:
»Noch eine Minute, bitte. Eine wichtige Nachricht habe ich noch. Lia Da Silva und Nils Svensson haben sich auf den Weg gemacht, Neues zu entdecken. Und so wie Kopernikus – der Namenspatron dieses Preises – das geozentrische Weltbild der Menschheit revolutionierte und seine Lehrjahre an fremden Orten verbrachte, so ist auch dieser Nachwuchspreis mit einer vierwöchigen Reise an die Stätten des *Weltenwandels* verbunden. Also an die Forschungsstätten unserer heutigen Energie- und Klimaforscher.«
Ein erstauntes Raunen geht durch den Saal, dann brandet Applaus auf. Außer sich vor Freude und Übermut dreht Lia sich ruckartig um, um sich persönlich bei dem Präsidenten zu bedanken, und rennt dabei fast Nils über den Haufen, der den gleichen Gedanken hatte. Er wirft ihr einen leicht genervten Blick zu. Na, das kann ja heiter werden, denkt Lia.

Später im Foyer werden die beiden frisch gekürten Preisträger von einem Fernsehteam abgefangen.
»Dürfen wir Ihnen beiden ein paar Fragen stellen?«
»Ja, natürlich«, antwortet Lia prompt.
»Wie kamen Sie zu dem Thema Ihrer Arbeit?«, fragt sie der Journalist.
»In meiner Heimat Portugal leben viele Neubürger aus Afrika. Ihren Weg zu uns haben sie meist unter großer Lebensgefahr zurückgelegt, und schauen wir in ihre Gesichter, sind sie von unermesslicher Traurigkeit gezeichnet. Ich habe mich gefragt, was diese Menschen dazu bewogen hat, ihre Heimat aufzugeben und ihre Familien zu verlassen. Also habe ich in den Schulferien viele von ihnen dazu befragt. Ich wollte den Ursachen dafür auf den Grund gehen und etwas über ihre persönlichen Beweggründe erfahren. Als ich darüber Bescheid wusste, zumindest über einige, habe ich mit ihnen gemeinsam Vorschläge erarbeitet, die ihnen ermöglichen könnten, in ihrer Heimat zu bleiben. So kam mir die Idee zu diesem Projekt.«
Der Journalist wendet sich an Nils: »Und wie war es bei Ihnen?«
»Bei einem Unternehmenspraktikum habe ich mich mit Nanomaterialien befasst. Dabei habe ich Ideen skizziert, wie die Nanotechnologie zur Energieeffizienzverbesserung eingesetzt werden könnte. Und dann hat das eine das andere ergeben.«
»Sie sind gerade erst siebzehn und achtzehn Jahre alt. Waren Sie nicht neidisch auf Ihre Freunde, wenn die abends in die Disco gingen und Sie über Ihrer Arbeit brüten mussten?«, stellt der Journalist ihnen die nächste Frage.

»Ganz und gar nicht«, antwortet Lisa zuerst. »Teilweise habe ich die Interviews sogar in der Disco durchgeführt.«
»Ich mach mir nichts aus Disco, ich bin Jazz-Fan und spiele in einer Baltik-Jazz-Band Saxofon. Wir sind häufig in Skandinavien unterwegs«, antwortet Nils.
»Apropos unterwegs. Sie beide werden bald vier Wochen gemeinsam auf Reisen sein und zwangsläufig viel Zeit miteinander verbringen. Was schießt einem da so durch den Kopf?«
»Ich habe zwei jüngere Schwestern zu Hause«, ergreift Nils das Wort. »Mal sind sie süß und mal nervig und ungestüm.« Er grinst Lia zugleich bezeichnend und entwaffnend an und nimmt seinem etwas gönnerhaften Kommentar damit die Spitze. Vielleicht ist er ja doch ganz in Ordnung, denkt Lia. »Es wird auf alle Fälle ein Abenteuer«, schließt Nils.
»Wir wissen noch nicht mal, wohin es geht, noch ist es ein Geheimnis«, meldet sich Lia zu Wort. »Aber wir Portugiesen sind ein neugieriges Volk, von Portugal aus wurde einst die Welt neu vermessen. Was mich anbelangt, so kann ich es kaum erwarten. Von mir aus könnte es sofort losgehen.« Und mit feiner Ironie und einem kurzen Seitenblick auf Nils ergänzt sie: »Und mit einem so großen, starken *Bruder* an meiner Seite kann ja wohl kaum etwas schieflaufen.«
Kurz darauf suchen Lia und Nils für wenige Minuten das Weite, um der lauten Geräuschkulisse und dem nicht enden wollenden Glückwunschreigen zu entkommen und ein paar erste Worte miteinander zu wechseln. Sie stehen auf der Eingangstreppe der ehrwürdigen Leopoldina, als wie aus dem Nichts eine alte Frau vor sie hintritt.
»Für Ihr Alter haben Sie schon viel erreicht«, sagt sie, »Sie können sich zu einem wirklichen Vorbild mausern. Aber passen Sie gut auf sich auf und vergessen Sie bei allem, was Sie tun, nicht, aus Ihrem Leben ein Kunstwerk zu schmieden.«
Lia und Nils sehen sich verwundert an. Noch bevor sie reagieren können, taucht die alte Frau im dichten, abendlichen Februarnebel unter.

Halle
Paris
Jülich
Boston
2

Nevada → München → Shanghai → Wien → Paris

Hellseher mit Sammelleidenschaft

Bei der Internationalen Energieagentur in Paris lernen die beiden Preisträger die globalen Herausforderungen der Energieversorgung und des Klimawandels kennen.

Wie man dem steigenden Energiebedarf gerecht wird, ohne die Interessen der Menschheit und die Natur zu verletzen

»Pass doch auf!«, schreit Nils und reißt Lia zurück. »Oder möchtest du als Kühlerfigur enden? Du willst doch sicher noch was von Paris und der Reise haben, oder?«

»Die Autos fahren hier aber auch wie sie wollen«, ereifert sich Lia.

»Hör lieber mal auf zu simsen und schau mit auf den Stadtplan. Du bist hier doch die Geografin«, sagt Nils ungeduldig.

»Wir sind jetzt hier«, verkündet sie und tippt selbstbewusst mit einem Finger auf die Karte. »Dort hinten muss die Rue de la Fédération und somit die Internationale Energieagentur liegen.«

Ein paar Minuten später biegen sie in die richtige Straße ein.

»Du hattest recht, Glückwunsch!«

»Das übernächste Gebäude müsste die Hausnummer neun sein. Was für ein schmuckloser Kasten, dabei ist Paris so schön! Aber in diesem Viertel stehen anscheinend nur Büroklötze. Hinter diesen Mauern würde ich nicht arbeiten wollen.«

Nils überprüft den Sitz seines Sakkos und seiner Jeans. »Du sollst ja erst einmal auch nur reingehen, da drüben ist der Empfang.« Sie gehen zum Tresen. »Guten Tag, wir sind die Kopernikus-Preisträger … «, setzt er an.

Der Pförtner fällt ihm mit einer unwirschen Geste ins Wort: »Und ich bin der Kaiser von China.« Nils schweigt perplex, während Lia einen weiteren Versuch startet: »Wir sind Nils Svensson und Lia Da Silva. Wir haben wirklich eine Einladung.«

Der Pförtner gibt seine abwehrende Haltung auf und meint lächelnd: »Na, wenn das so ist – warum haben Sie das denn nicht gleich gesagt?« Lia und Nils wechseln einen amüsierten Blick.

»Sie werden schon erwartet. Bitte setzen Sie sich in den Empfangsraum, dort werden Sie dann abgeholt.«

Während sie warten, blättert Nils gelangweilt durch die auf dem Tisch ausliegenden Informationsbroschüren und wirft dabei hin und wieder einen verstohlenen Blick zu Lia hinüber.

»Fast alle Länder, die der Organisation für wirtschaftliche Zusammenarbeit und Entwicklung, kurz OECD, angehören, sind Mitglied in dieser internationalen Agentur«, sagt er nach ein paar Minuten. »Hier dreht sich alles um Energie. Die Agentur hat eine ständige beratende Funktion bei den größten Industrienationen, den G-20-Staaten. Sie erstellt weltweit nationale Analysen und Szenarien, veröffentlicht Berichte zu potenziellen Versorgungsengpässen, notwendigen Forschungs- und Entwicklungsstrategien und beobachtet die weltweiten Energiemärkte. Sie wurde 1974 als Reaktion auf die erste Energiekrise gegründet.«

»Ja, davon haben mir meine Eltern erzählt«, schaltet sich Lia ein. »Die arabischen Länder haben damals den Ölhahn zugedreht. Die Folge war, dass der Ölpreis explosionsartig anstieg. Viele Länder haben sogar für einige Tage den privaten Verkehr untersagt.«

»Was du nicht sagst«, grinst Nils, »ich wusste gar nicht, dass der Staat auch im Schlafzimmer ein Wörtchen mitzureden hat.«

»Ha, ha«, erwidert Lia, verzieht das Gesicht und muss selbst lachen.

»Salut, mein Name ist Christel«, ertönt plötzlich eine Stimme hinter ihnen. »Herzlich willkommen bei der Internationalen Energieagentur, auch IEA genannt.«

»Salut«, erwidern Nils und Lia den Gruß.

»Heute scheint zum ersten Mal die Maisonne«, sagt Christel. »Bevor ihr sie genießen könnt, müsst ihr jetzt aber erst mal meine Powerpoint-Präsentation ertragen. Wir gehen in den ersten Stock; wir können gleich die Treppe hier nehmen. Ach ja – ist es euch übrigens recht, wenn wir uns duzen? Wir sind hier alle nicht so formell.«

»Klar doch, gerne«, antworten Nils und Lia im Chor. Nachdem sie im Sitzungssaal angekommen sind, wirft Christel geschwind den Laptop und den Beamer an und kurz darauf erscheinen die ersten Bilder auf der Leinwand.

Christel schaut Nils und Lia eindringlich an. »Ich werde euch heute in die Welt der Energie entführen. Aber eigentlich geht es nicht nur um Energie, denn der Klimawandel ist mittlerweile zur Leitgröße der Energieversorgung geworden. Aber eins nach dem anderen. Und bitte, setzt euch und bedient euch bei den Erfrischungen«, sagt sie und deutet auf den Tisch an der Wand. Lia und Nils bedanken sich.

»Schaut euch das Bild an«, beginnt Christel, »ihr seht hier die Entwicklung des weltweiten Energiebedarfs der letzten Jahrzehnte. Mit dem Beginn der Industrialisierung vor über einhundert Jahren wuchs der Energiebedarf sprunghaft an. Kohle, später aber auch Öl und Gas, kamen bei der

Historische Entwicklung des weltweiten Primärenergieverbrauchs

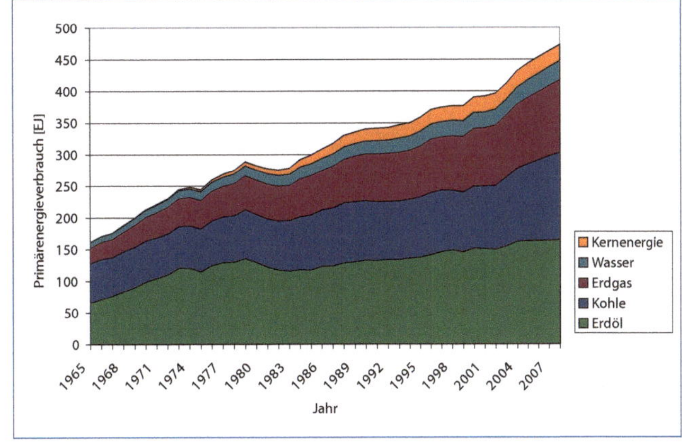

Stromerzeugung und bei der Beheizung von Wohnungen zum Einsatz und auch durch die vermehrte Mobilität der Menschen war immer mehr Energie vonnöten. Auch in Zukunft wird der Energiebedarf weiter wachsen, in den nächsten zwanzig Jahren allein um 30 %. Das könnt ihr hier sehr schön sehen.

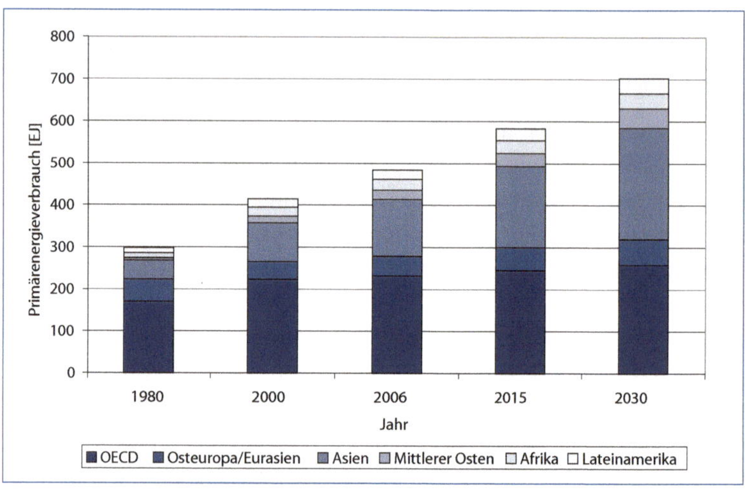

Zukünftige Entwicklung des Primärenergieverbrauchs nach Regionen

Diesen Energiebedarf ständig und überall zu decken, Energie gleichzeitig bezahlbar zu halten und dabei keinen Raubbau an der Natur zu betreiben, ist eine der größten Herausforderungen, vor der unsere Weltgesellschaft steht.«

»Aber weshalb muss der Energiebedarf denn steigen, ich brauch doch zu Hause nicht noch mehr Energie?«, wirft Lia ein.

»Du vielleicht nicht. In den hoch industrialisierten Ländern wird der Energieverbrauch in Zukunft tatsächlich nur noch mäßig anwachsen. Und wenn wir uns anstrengen, mit allergrößter Wahrscheinlichkeit sogar schrumpfen.«

»Das schaffen wir mit effizienteren, also wirtschaftlicheren Techniken«, schaltet sich Nils ein. »Früher lag der Benzinverbrauch eines Mittelklassewagens, bei zwölf Litern und mehr auf 100 Kilometern. Heute sind es nur noch sechs Liter und bald werden's noch weniger sein. Und das ist nur ein Beispiel von vielen.«

»Diese höhere Effizienz wird aber von den weniger entwickelten Nationen wieder aufgefressen. In Europa kommen auf 1 000 Einwohner über 400 Pkws, in China sind es bisher unter 30. Der Zuwachs an Autos dort aber ist rasant. Und dieser enorme Nachholbedarf Chinas und anderer Länder führt zu diesem Energiezuwachs«, gibt Christel zu Bedenken.

»Nimmt man allein China und Indien, so gilt das schon für 2,4 Milliarden

Menschen. Das sind immerhin 36 % der Weltbevölkerung«, meint Lia.

»Hört, hört, die Geografin hat gesprochen. Da kennt sich aber jemand gut aus«, sagt Nils und wirft Lia einen anerkennenden Blick zu. Lia lächelt in sich hinein.

»China ist die verlängerte Werkbank der Welt und produziert Güter für den heimischen wie für den Weltmarkt. Diese verlängerte Werkbank wächst jährlich um 10 %«, erläutert Christel.

»Mir wird ganz schwindelig«, kommentiert Lia.

»Und neben den Ländern des asiatischen Raumes gibt es noch viele weitere Nationen, die wir nicht vergessen sollten.

Hier seht ihr die Verteilung des Pro-Kopf-Verbrauchs an Energie und die derzeitige daraus resultierende Verteilung in den Weltregionen«, fährt Christel fort.

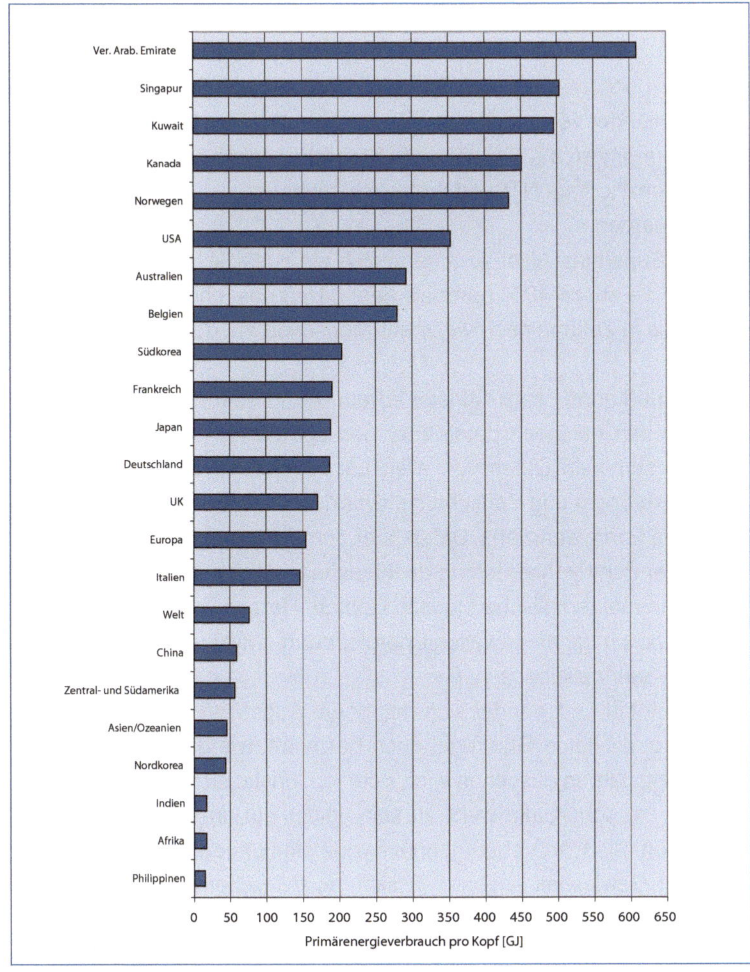

Primärenergieverbrauch pro Kopf ausgewählter Länder und Regionen

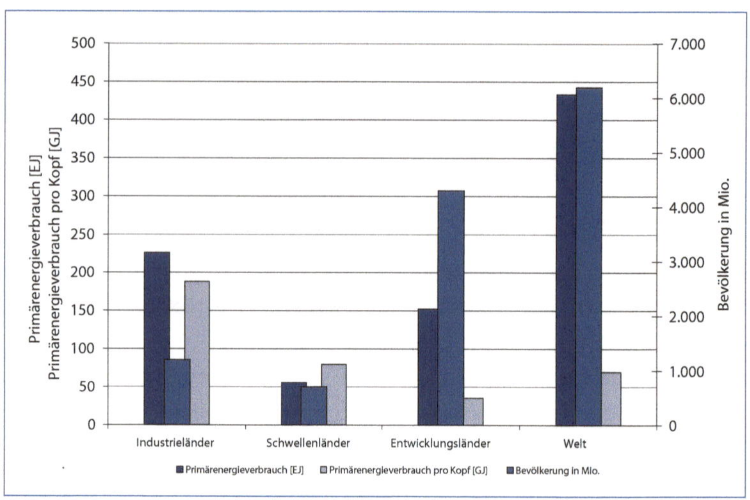

Primärenergieverbrauch nach Ländergruppen

»Die Kluft zwischen Arm und Reich ist gewaltig. Nehmen wir als Modellrechnung doch mal an, der Energieverbrauch der Entwicklungs- und Schwellenländer verdoppelt sich von derzeit 40 GJ pro Kopf und Jahr auf 80 GJ, so ergibt sich – Lia, wie viele Menschen leben noch gleich in diesen Ländern?«, fragt Nils und dreht sich zu ihr um.

»Fünf Milliarden.«

»Danke, Superhirn. Also, so ergäbe sich ein zusätzlicher Energiebedarf von 200 EJ – knapp 40 % mehr als heute. Und das, ohne zu berücksichtigen, dass in Zukunft noch viel mehr Menschen auf der Welt leben werden.«

»Sehr gut erkannt«, sagt Christel erfreut. »Und eben solche Hochrechnungen, eben nur noch detaillierter und komplexer, sind unser täglich Brot. Wir sammeln Daten von allen Ländern dieser Erde. Daten über die Bevölkerungs- und Wirtschaftsentwicklung, Daten über die volkswirtschaftliche Energieeffizienz, Daten über den Mobilitätsgrad der Nationen, Daten über den Gerätebestand der Haushalte, Daten, Daten, Daten, die wir dann in mathematische Modelle stopfen. Heraus kommen Szenarien über den zukünftigen weltweiten Energiebedarf. Wir sind sozusagen *Hellseher mit Sammelleidenschaft.*«

»Hey«, ruft Lia und wendet sich mit einem Augenzwinkern an Christel, »dann sagt dir deine Glaskugel doch bestimmt, wie die Welt in dreißig oder fünfzig Jahren aussehen wird, oder?« Christel lacht.

»Das wär zu schön, um wahr zu sein, leider hat unsere Glaskugel so ihre Tücken. Manche Vergangenheitswerte sind ungenau. Und wer kann schon mit Gewissheit sagen, wie sich die Wirtschaftsleistung weltweit entwickelt oder welche Kapriolen der Ölpreis schlagen wird. Oder denkt an das unerwartete Zusammenbrechen der kommunistischen Idee vor

20 Jahren, in deren Folge die Europäische Gemeinschaft von 15 auf 27 Mitgliedsstaaten anwuchs. Auch die rasante Wirtschaftsentwicklung in China haben wir unterschätzt. Die Zukunft ist immer voller Überraschungen, deshalb halten wir uns lieber an die Weisheit der Bergarbeiter *Vor der Hacke ist es duster.* Wir helfen nur mit, die Zukunft etwas aufzuhellen, sie neu zu denken. Oder erarbeiten Vorschläge, wie man bestimmte Ziele erreichen kann.«

»Gibt es Beispiele dafür?«, will Nils wissen.

»Ja, ganz aktuelle«, sagt Christel fröhlich. »Ihr seht hier den weltweiten Energiebedarf bis zum Jahr 2030 und die Energieträger, die diesen Bedarf vermutlich decken werden.«

Zukünftige Entwicklung des Primärenergieverbrauchs nach Energieträgern

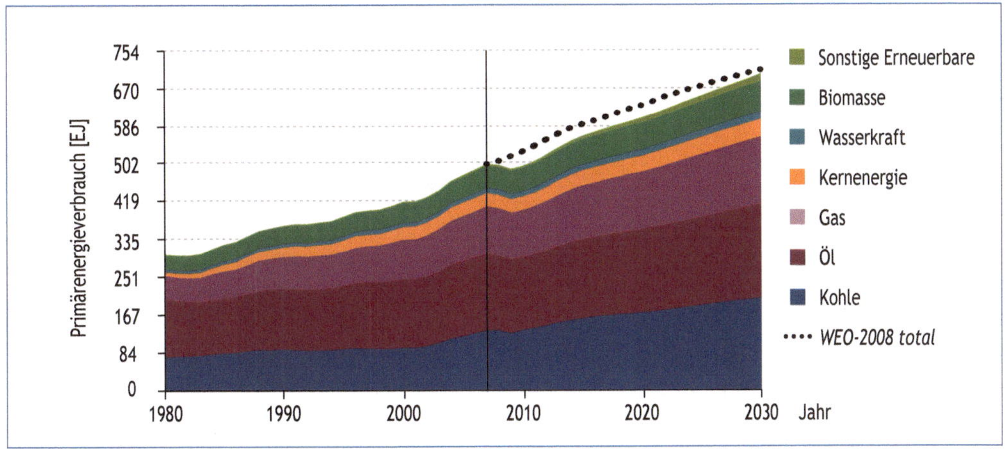

»Was heißt vermutlich?«, hakt Nils nach.

»Wir haben die Entwicklungstrends der Vergangenheit fortgeschrieben, das ist unser Referenzszenario, das heißt darauf haben wir unsere Prognosen aufgebaut. Sprunghafte Entwicklungen werden dabei außer Acht gelassen, wesentliche Veränderungen finden nicht statt. Eine solche Entwicklung nennen wir *Business as usual* oder auch Referenzszenario.«

»Das könnt ihr in die Tonne klopfen«, sagt Nils leicht erregt. »Das ist die Welt der *Fossilen* wie Kohle und Erdöl. Im Jahr 2030 ist die Energiebasis dann immer noch zu 80 % fossil. Ans Klima hat wohl keiner gedacht?«

Christel dreht sich mit ernstem Gesichtsausdruck zu Nils um. »Du hast ganz recht. In diesem Szenario steigen die Treibhausgase bis zum Jahr 2030 von 30 auf 40 Gigatonnen pro Jahr bzw. Gt/a an.«

Zukünftige Entwicklung der energiebedingten CO_2-Emissionen nach Ländergruppen (business as usual)

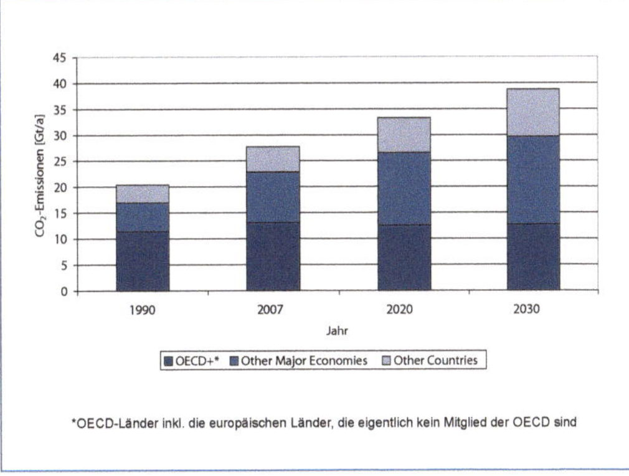

*OECD-Länder inkl. die europäischen Länder, die eigentlich kein Mitglied der OECD sind

Lia posaunt hinaus: »Das darf doch nicht wahr sein!«

»Wir haben auch ein Fortschrittsszenario errechnet. Hier seht ihr, mit welchen Maßnahmen wir den Ausstoß von Treibhausgase begrenzen können: Die Energieeffizienz vorantreiben, die regenerativen Energien ausbauen und auch die Atomenergie verstärkt nutzen.«

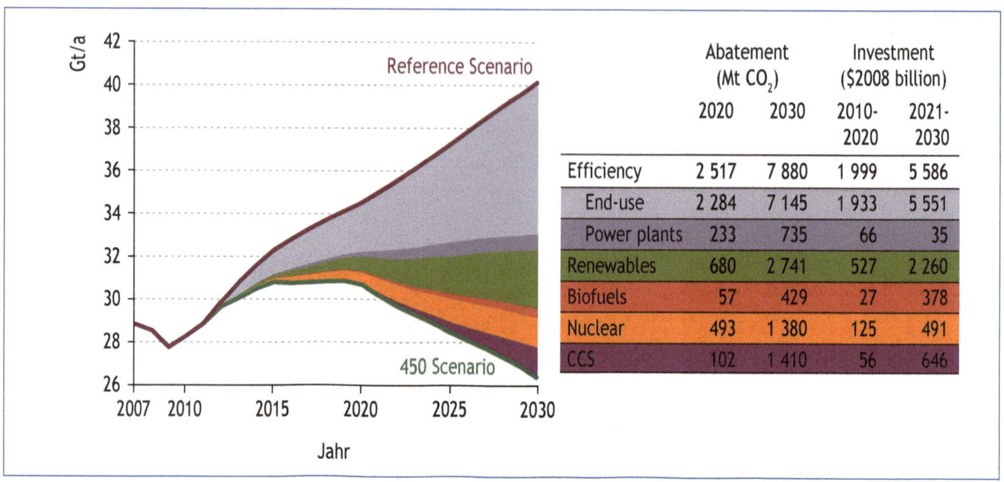

	Abatement ($Mt\ CO_2$)		Investment ($2008 billion)	
	2020	2030	2010-2020	2021-2030
Efficiency	2 517	7 880	1 999	5 586
End-use	2 284	7 145	1 933	5 551
Power plants	233	735	66	35
Renewables	680	2 741	527	2 260
Biofuels	57	429	27	378
Nuclear	493	1 380	125	491
CCS	102	1 410	56	646

Zukünftige Entwicklung der weltweiten energiebedingten CO_2-Emissionen (450 – Fortschrittszenario)

Nils lehnt sich erleichtert zurück. »Das sieht doch schon viel fortschrittlicher aus.«

Christel hebt mahnend den Zeigefinger. »Aber das bekommt ihr nicht umsonst. Für euer Lieblingsszenario müsst ihr bis zum Jahr 2030 insgesamt 12 000 Billionen US-Dollar auf den Tisch blättern.«

»Mit dieser Zahl kann ich nichts anfangen, sie ist unvorstellbar«, findet Lia.

»Wahrscheinlich sind das mehr Dollarnoten als Sandkörner in der Wüste«, meint Nils.

Christel setzt ihre Brille auf der Nase zurecht und fährt fort: »Ich gebe euch einen Anhaltswert. Verteilt man diese Summe gleichmäßig auf 20 Jahre, sind das etwa 0,8 % des jährlichen weltweiten Sozialproduktes. Wenn man das zum Beispiel proportional auf Deutschland verteilen würde, entspräche das den Ausgaben für alkoholische Getränke pro Jahr.«

»Das klingt ja schon wieder überschaubar.« Lias Augen beginnen zu funkeln.

»Diese Summe muss doch aufzubringen sein! Wir müssen eigentlich bloß mit dem Trinken aufhören und der Klimawandel ist gestoppt«, meint Nils.

Christel reibt sich die Stirn. »Gänzlich aufhalten können wir ihn leider nicht mehr. Wohl aber können wir mit dieser Summe die Treibhausgase reduzieren und den Temperaturanstieg auf 2 °C begrenzen. Diese 2 °C bzw. eine maximale CO_2-Konzentration von 450 ppm geben die Klimatologen als Obergrenze an, wenn die Folgen des Wandels verträglich bleiben sollen. Zur Zeit liegt die Konzentration noch bei knapp unter 400 ppm. Aber die Tendenz ist steigend. Umkehren können wir die Entwicklung nur dann, wenn wir den CO_2-Ausstoß bis 2030 auf 26,4 Gt begrenzen.«

Nils richtet sich in seinem Stuhl auf. »Also, mein Fazit lautet: Wenn wir knapp 1 % des Welteinkommens in Zukunftstechnologien statt in Konsum investieren, haben wir das Klimaproblem halbwegs gelöst.«

Lia springt freudig erregt vom Stuhl auf. »Na prima, dann sollten wir das doch tun und schleunigst damit anfangen.« Christel dämpft Lias Eifer. »Langsam, langsam. Als ich bei der IEA anfing, war ich genauso ein Heißsporn wie du. Und ich habe im Laufe der Jahre an vielen Studien mitgearbeitet und warnende Kommentare noch und nöcher geschrieben. Doch, was glaubst du, ist bisher passiert? Herzlich wenig. Veränderungen durchzusetzen ist ein langer, beschwerlicher Weg, man braucht einen langen Atem. Wir müssen noch viele Hürden nehmen. Für alle Maßnahmen brauchen wir nach Möglichkeit eine weltweite Einigkeit.«

»Der Klimawandel wartet nicht«, meint Lia energisch. »Wir müssen jetzt über diese Hürden springen.«

Christel schaut nachdenklich, als ob sie überlegt, wie sie Lia am besten für die Problematik sensibilisieren kann.

»Zunächst einmal ist zu bedenken, dass die vom Menschen verursachte Menge an Treibhausgasen in der Atmosphäre von den Industrienationen stammt. Warum sollen die Ärmsten der Armen für unseren atmosphärischen Wohlstandsmüll bluten?«

»Dann müssen wir eben die Beträge für die Entwicklungshilfe erhöhen«, kommt es von Lia wie aus der Pistole geschossen.

»In diese Richtung wird auch gedacht«, geht Christel darauf ein. »Wenn die afrikanischen Länder sich verpflichten, in emissionsarme Technologien zu investieren, wollen die Industrieländer diese mitzufinanzieren ... «

Nils fällt ihr ins Wort: »Und was ist mit den Chinesen? Die werden doch ganz bestimmt noch gewaltige Mengen an Treibhausgasen in die Luft blasen, um ihren Energiehunger zu stillen.«

Christel rattert hinunter: »China ist schon jetzt der größte Schadstoffemittent weltweit. Obwohl China nur einen Anteil von 11 % am Weltsozialprodukt hält, liegt der Anteil, was die Weltemissionen anbelangt, bei 21 % – Tendenz steigend. Zum Vergleich: Europas Anteil am Weltsozialprodukt liegt bei 22 % und der Beitrag zu den Weltemissionen bei 13 % – Tendenz sinkend.«

Lia äußert sich empört: »Aber dann muss China mehr in Umweltschutztechniken investieren!«

Christel wirkt nachdenklich und antwortet mit ruhiger Stimme: »Sie fangen zaghaft damit an. Aber um etwas dagegen zu tun, das wirklich Wirkung zeigt, sind in den nächsten zwanzig Jahren Investitionen in einer Größenordnung von 2100 Billionen US-Dollar notwendig. Die erste Priorität der chinesischen Regierung ist zunächst, dafür zu sorgen, dass in diesem riesigen Reich jeder Chinese ausreichend Energie für seinen täglichen Bedarf zur Verfügung hat. Stellt euch vor, in Europa würden 40 Millionen Menschen ohne Strom leben. und dazu würde noch häufig in ganzen Regionen die Stromversorgung wegen technischer Pannen zusammenbrechen. Dieses Beispiel zeigt, dass nicht jedes Land dem Klimaschutz die erste Priorität einräumt. In Indien und Russland ist es ähnlich. Zu unterschiedlich sind die Interessen der einzelnen Nationen.«
Nils schaut mit ernüchtertem Blick in die Runde: »Und dann gibt es bestimmt noch welche, die gar nichts tun wollen, oder?«
»Das kann ich mir nicht vorstellen«, fährt Lia mit entsetzter Miene auf. »So verantwortungslos wird doch wohl niemand sein?!«
»Leider doch«, antwortet Christel mit starrer Körperhaltung, »es gibt genügend Trittbrettfahrer. Saubere Luft ist nicht teilbar, das wissen die und hoffen, dass andere in saubere Techniken investieren und sie dann daraus auch Nutzen ziehen können.«
Nils schlägt ganz wider seine ruhige Natur mit der rechten Faust auf den Tisch und posaunt verächtlich hinaus: »Schmarotzer!«
Lia senkt den Kopf. »Alles hoffnungslos«, murmelt sie niedergeschlagen. Nils berührt sie tröstend am Arm und Lia schenkt ihm einen dankbaren Blick.
»Nicht ganz«, meldet sich Christel zu Wort. »Es gibt schon einen Hoffnungsschimmer, denkt an das Kyoto-Protokoll. Die Treibhausgase sind zwar weltweit angestiegen, aber die Länder, die das Kyoto-Protokoll unterzeichnet haben – insgesamt sind es 156 – werden ihr Versprechen vermutlich schon einhalten. Es gibt vielleicht einige Ausnahmen, aber insgesamt sind wir zuversichtlich, dass sie ihr Ziel erreichen werden – und bis zum Jahr 2012 5,2% der Treibhausgase gegenüber dem Stand von 1990 reduzieren.«
»Und was ist mit den USA?«, wirft Nils ein.
Christel holt tief Luft: »Die USA hatten das Protokoll ratifiziert, doch dann kam der Präsidentschaftswahlkampf und die Demokraten wurden von den Republikanern abgelöst. Bevor der Präsident seine endgültige Unterschrift leisten konnte, stellte sich der Kongress quer. Denn viele Kongressmitglieder und Lobbyisten, die aus den Kohlerevieren West Virginias stammten, waren der Meinung, dass die Reduktionsziele zu ehrgeizig und die Umsetzung zu teuer seien. Sie meinten, die Wirtschaft werde dadurch geschwächt und die internationale Wettbewerbsfähigkeit

werde darunter leiden. Doch mittlerweile hat in den USA ein Umdenken eingesetzt, nicht zuletzt aufgrund des beharrlichen Mahnens der Europäer. Und die Mehrheitsverhältnisse im Kongress haben sich inzwischen auch wieder geändert.«

Lia hebt in einer hilflosen Geste ihre Hände. »Und schon sind dabei viele Jahre ungenutzt verstrichen. Christel, du hast Recht. Man braucht wirklich einen langen Atem.«

Christel nimmt erschöpft ihre Brille von der Nase. »Jetzt lasst uns erst mal Mittagessen gehen.«

Nils macht eine ausholende Bewegung mit seinem linken Arm und ereifert sich: »Das alles ist total unbefriedigend, solange Trittbrettfahrer und Lobbyisten ihre Finger mit im Spiel haben. Gibt es denn keinen verlässlichen Mechanismus, der aufgrund von objektiven Kriterien gewährleistet, dass die Reduktionsziele eingehalten werden und die entstehenden Kosten gerecht verteilt werden können?«

»Den gibt es«, sagt Christel an Nils gewandt, während sie ihre Powerpoint-Präsentation herunterfährt. »Mein Kollege Peter wird euch heute Nachmittag etwas darüber erzählen, das ist nicht mein Metier. Wenn ihr Lust habt, können wir aber heute Abend zusammen in ein Bistro gehen, ich habe mir extra Zeit für euch genommen.«

»Klar, wir kommen gerne mit.«

»Schön, ich hoffe, es wird euch gefallen.«

Wie Umweltinteressen, Wirtschaftsinteressen und staatliche Maßnahmen miteinander verknüpft sind

Pünktlich um 14 Uhr finden sich Lia und Nils nach dem Kantinenbesuch wieder im Besprechungsraum ein. Kurz darauf erscheint Christels Kollege Peter, gekleidet in ein leichtes Sommerjackett und ein lässigbuntes Hemd.

»Hallo, wie ich von Christel gehört habe, habt ihr heute Morgen schon eine Menge diskutiert,«

»Hallo, ja, stimmt«, erwidern die beiden.

»Eine zentrale Frage sollten wir noch vertiefen«, legt er los. »Es herrscht Einigkeit darüber, dass die Treibhausgase reduziert werden müssen. Dass das auch geht, haben die Kyoto-Staaten bewiesen. Doch wie haben sie das geschafft?«

»Mit Sonnenenergie und Wasserkraft«, sagt Lia erfreut.

»Und die Industrie hat effizientere Produktionsverfahren eingesetzt«, fügt Nils hinzu.

»Das war aber nicht allein ausschlaggebend«, erwidert Peter energisch »Ihr müsst bedenken, dass die Unternehmen auch auf ihre Kosten achten müssen. Umweltschutzmaßnahmen kosten viel Geld, sie müssen erst mal finanziert werden. Und Geld ist knapp, es ist nicht unbegrenzt vorhanden«

»Mmm«, Lia gibt einen zustimmenden Laut von sich. »Das stelle ich auch immer wieder fest. Von dem, was ich mir durchs Jobben verdiene, kann ich mir auch nicht alles kaufen, was ich mir wünsche.«

»Und dasselbe gilt für Unternehmen«, erklärt Peter.

»Aber die bekommen doch Kredite«, wendet Nils ein.

»Die hätte ich auch gern«, äußert Lia keck und schiebt eine Hand in die Tasche ihrer Jeans.

»Kredite bekommen Unternehmen aber nur, wenn sie Eigenkapital besitzen und die Bank davon überzeugt ist, dass die Unternehmen die Kredite auch mit Zinsen zurückzahlen können.«

»Aber das gilt doch für jeden«, meint Nils.

»Ja, zumindest wenn man verantwortungsvoll mit dem Geld umgeht, und in der Regel tut ein Unternehmen das auch. Wenn es Umweltschutzmaßnahmen umzusetzen gilt, setzt es das Geld dort ein, wo es den größten Umweltnutzen erreichen kann. Das könnt ihr hier sehen.« Peter fummelt am Laptop herum und kurz darauf erscheint eine Darstellung auf der Leinwand.

»Es setzt das Geld also dort ein, wo der größte Umweltnutzen zu erreichen ist«, greift Peter seine Worte wieder auf. »Hierfür stellt das Unternehmen ein Treibhausgas-Vermeidungskostendiagramm auf, eine Art Hitliste.

CO_2-Vermeidungskostendiagramm

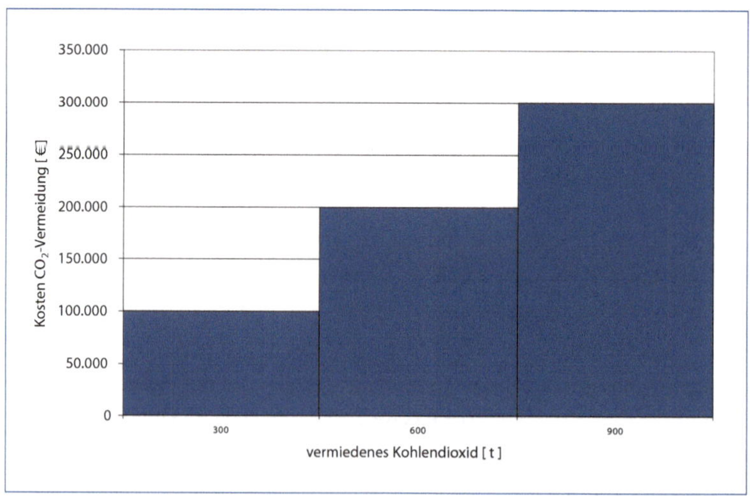

Stellt euch vor, ihr müsstet innerhalb von drei Jahren 900 Tonnen Kohlendioxid bzw. CO_2 vermeiden und euch stünden drei Maßnahmen zur Verfügung, die alle dieselbe Menge CO_2 einsparen, sprich rund 300 Tonnen. Eine Maßnahme kostet 300 000 Euro, eine zweite 200 000 Euro und die dritte 100 000 Euro. Welche … «

Nils fällt Peter ins Wort: »Natürlich würde ich zuerst die Maßnahme für 100 000 Euro realisieren.«

»Richtig«, kommt es erfreut von Peter. »Das ist aus unternehmerischer Sicht eine effiziente ökologische Entscheidung. Aber ist das auch eine sinnvolle Entscheidung für die gesamte Volkswirtschaft?«

Lia guckt nachdenklich von einem zum anderen und zuckt die Schultern. »Keine Ahnung. Woher soll man das auch wissen?«

»Du sagst es.«. Peter unterstreicht seine Äußerung mit einer eifrigen Geste. »Selbst das einzelne Unternehmen kann das nicht wissen. Um aber eben diese Wissenslücke zu schließen, hatten die Wirtschaftswissenschaftler eine glänzende Idee, und diese Idee heißt *Emissionshandel*. Vergesst nicht, die Treibhausgase und infolgedessen der Klimawandel sind globale Phänomene. Deshalb ist es aus volkswirtschaftlicher Sicht schlau, die Treibhausgase dort zu bekämpfen, wo das am kostengünstigsten ist. Wo ich sozusagen mit einem Euro die größte Wirkung erzielen kann.«

»Gehört habe ich von diesem Handel«, sagt Nils, »aber so ganz kapiert hab ich's nicht.«

Peter referiert mit Feuereifer, als würde die Idee in eben diesem Augenblick das Licht der Welt erblicken. »Im Detail ist es kompliziert. Aber der Grundgedanke des Emissionsrechtehandels ist genial, man nennt ihn im englischen Sprachgebrauch übrigens *Cap and Trade*. Europa hat sich, wie ihr ja wisst, dem völkerrechtlich verbindlichen Kyoto-Protokoll angeschlossen und sich verpflichtet, im Zeitraum von 1990 bis 2012 8 % an Treibhausgasen einzusparen. Wahrscheinlich wird das Ziel bis 2012 sogar übererfüllt werden. Was der im Jahre 2005 eingeführte Emissionshandel damit zu tun hat, möchte ich euch jetzt erläutern.«

Peter beginnt zu erzählen. »Ihr seht auf den nächsten Bildern die angestrebte europäische Treibhausgasentwicklung bis zum Jahre 2020. Einen solchen Pfad gibt es auch für jedes europäische Land. Innerhalb eines Landes wird die CO_2-Ausstoßmenge auf Unternehmen mit hohen Schadstoffemissionen, wie zum Beispiel die Stahlindustrie, verteilt. Dies geschieht, indem den Unternehmen Zertifikate zugeteilt werden, die sie berechtigen, eine ganz bestimmte Schadstoffmenge auszustoßen. Diese Zertifikate erhalten sie für jedes Jahr. Und mit jedem Jahr müssen sie die Ausstoßmenge in Höhe ihrer zugeteilten Zertifikate vermindern. Das kostet Geld, das haben wir vorher an dem Vermeidungskostendiagramm

Entwicklung der Treibhausgasemissionen in der EU (EU-27)

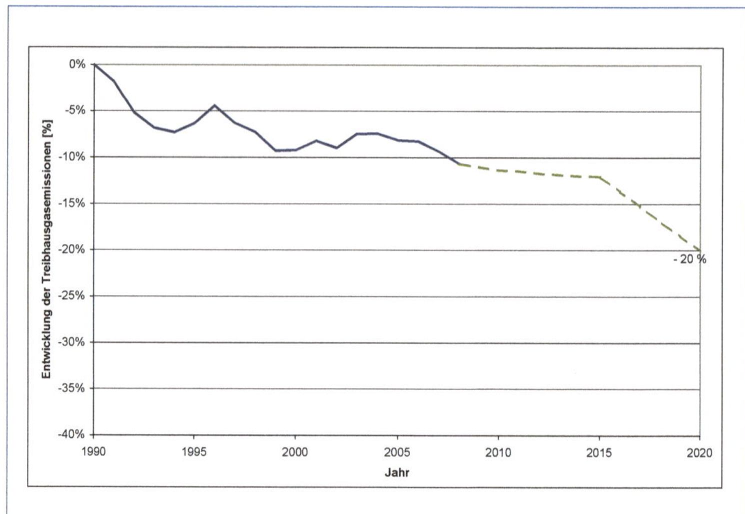

EU-Treibhausgas-emissionspfad der dem Handelssystem unterliegt

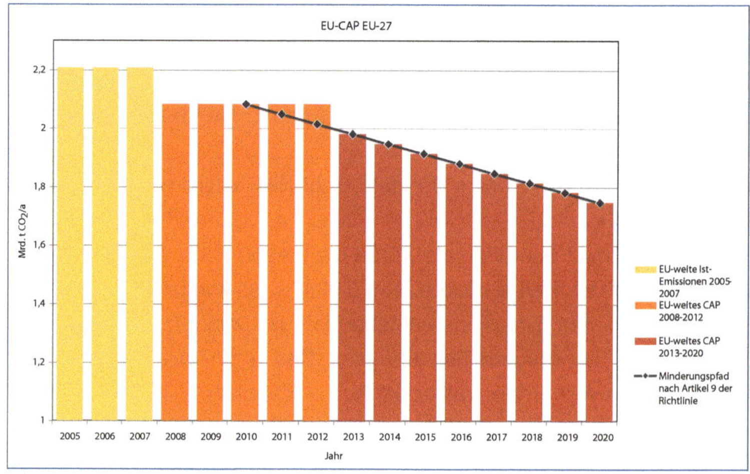

gesehen. Nun kann aber die Situation eintreten, dass ein Unternehmen einen Teil seiner Zertifikate nicht benötigt.«

Lia verwundert: »Wie kann das passieren?«

»Zum Beispiel, wenn die Stahlindustrie aufgrund einer schwachen Nachfrage weniger Stahl produziert und in der Folge weniger Treibhausgase emittiert. Dann hat das Stahlunternehmen Zertifikate übrig, die es an der Börse in Leipzig oder London verkaufen kann. Und dort kaufen Unternehmen diese Zertifikate, die aufgrund einer unerwartet hohen Produktionsauslastung mehr Treibhausgase emittieren und deshalb zusätzlich Zertifikate kaufen, weil diese preiswerter sind als in eigene teure Vermeidungsmaßnahmen zu investieren.«

Lia schaut Peter nachdenklich an: »Und das funktioniert?«

»Ja, weil von der Europäischen Kommission insgesamt nicht mehr Zertifikate ausgegeben werden, als der jährliche Zielwert von CO_2-Emissionen vorgibt. Deshalb wird dieses Ziel automatisch erreicht.«

Peter schließt seine Ausführungen.

»Das ist ja toll, was die sich da ausgedacht haben«, findet Lia.

Nils lehnt sich nachdenklich zurück. »Ich habe da so meine Zweifel, ob das wirklich so reibungslos funktioniert«, meldet sich Nils zu Wort.

»Wieso?«, stellt Peter die Gegenfrage.

»Noch mal von vorn: Wer legt noch gleich die Zielwerte fest?«

Peter nickt nachdenklich mit dem Kopf. »Ich weiß, worauf du hinauswillst. Dazu muss ich etwas weiter ausholen.

Im Rahmen des Kyoto-Protokolls, das bis 2012 gilt, und für das Nachfolgeprotokoll – nennen wir es *Kyoto plus* –, legt die Europäische Kommission in enger Abstimmung mit den nationalen Regierungen ihr Verhandlungsziel für die internationale Staatenkonferenz fest. Dort ist dann großes diplomatisches Geschick gefragt, um einerseits die anderen Staaten auf akzeptable Vermeidungsziele festzulegen, andererseits aber auch selbst nicht überfordert zu werden.«

»Und wie legt die Europäische Kommission die nationalen Ziele fest? Muss jedes Land gleich viel vermeiden?«, fragt Nils dazwischen.

»Nein«, antwortet Peter schlicht.

Lia erhebt erbost die Stimme. »Das ist aber ungerecht!«

»Das kommt darauf an, wie man es sieht«, geht Peter auf Lias Kommentar ein. »Die wohlhabenderen Länder in der EU, wie beispielsweise Deutschland, sparen mehr ein als dein Heimatland Portugal. Während Deutschland sich verpflichtet hat, bis 2012 seine Schadstoffe um 21 % zu reduzieren, ist es Portugal sogar erlaubt, bis 2012 27 % mehr zu emittieren als im Jahr 1990.«

Nils schaut Lia verschmitzt an. »Du hast recht, das ist ungerecht.«

»Jetzt kommen wir schon zu den Detailproblemen«, fährt Peter fort. »Für jedes Land wird ein Kriterienkatalog festgelegt. In diesen fließen der Bevölkerungsanteil, der derzeitige Schadstoffausstoß pro Kopf, Wohlstandsmerkmale und vieles mehr ein.«

»Und das dient dann als Entscheidungsgrundlage?«, fragt Nils nach.

Peter überlegt und antwortet schließlich mit einem lang gezogenen Jein.

»Als Entscheidungsgrundlage schon. Aber am Ende gibt es dann doch noch ein ganz schönes Geschacher. So hat man Polen geringere Reduktionsziele zugestanden, als Polen nach dem Entscheidungskatalog eigentlich zustünden.«

»Warum das?«, fragt Lia an Peter gewandt.

»Weil Polens Stromerzeugung überwiegend auf Steinkohlekraftwerken basiert und es dementsprechend hohe Schadstoffausstöße hat. Die Umrüstung auf emissionsarme Kraftwerke würde Milliarden Euro kosten und die polnische Volkswirtschaft überfordern.«

»Gut, jetzt sind wir also bei den nationalen Zielwerten angekommen. Und wie erhalten die Unternehmen ihre Vorgaben?«, fragt Nils.

»Zuerst wird der durchschnittliche Ausstoß der letzten drei Jahre ermittelt. Anschließend werden die Reduktionsziele vereinbart, Zum Beispiel jährlich 2 %. Es gibt aber auch immer wieder Ausnahmen, insbesondere für Industrien, die im harten internationalen Wettbewerb stehen, wie beispielsweise die Stahlunternehmen. «

Lia schlägt die Hände über dem Kopf zusammen. »Was für eine Wahnsinnsbürokratie, und dann noch so viele Schlupflöcher!«

»Das stimmt«, meint Peter. »So ein ausgeklügeltes Regelwerk hat es in sich. Und es müssen ja auch Kontrollen durchgeführt werden, die sind sehr wichtig. Deshalb entstanden in jedem Land große bürokratische Apparate – riesige Behörden. Unternehmen, die mehr ausstoßen, als sie dürfen, müssen empfindliche Strafen zahlen.«

»Warum sind die Ökonomen denn nicht schon viel früher auf diese Idee gekommen?«, fragt Lia mit vorwurfsvoller Miene.

»Ja, dann wär uns die ganze Klimamisere erspart geblieben«, meint auch Nils.

Peter fühlt sich in seiner Ehre als Ökonom gekränkt. »Nun ja, früher war man von dem Grundsatz überzeugt, dass Luft ein freies Gut sei, das allen frei zur Verfügung stünde, und so haben die Unternehmen ihre Schadstoffe in die Luft geblasen. Aber als sich das Debakel langsam abzeichnete, haben die Wirtschaftswissenschaftler doch ruck, zuck reagiert und kurz darauf das Emissionshandelssystem entwickelt«, verteidigt er seinen Berufsstand. »Es hat leider noch Jahre gedauert, bis sich die Idee durchsetzen konnte. Die Europäer aber waren die Vorreiter auf diesem Gebiet«, erläutert Peter, jetzt ganz in seinem Element. »Eine Idee durchzusetzen dauert leider häufig Jahre, wenn es überhaupt gelingt, da sind viele Interessen mit im Spiel. Aber dabei handelt es sich um durchaus legitime Interessen. Denn wenn ein Unternehmen hohe Umweltkosten hat, verteuern sich dadurch bei den Industrien, die viel Energie verbrauchen, die gesamten Produktionskosten. Das ist zum Beispiel in der Aluminium- und Ziegelindustrie der Fall. Dann besteht die Gefahr, auf den internationalen Märkten nicht mehr wettbewerbsfähig zu sein. Also versucht ein Unternehmen seinen Einfluss schon im Gesetzgebungsverfahren geltend zu machen, damit die Belastungen tragbar bleiben. Oder es droht damit, seine Produktion ins Ausland zu verlagern, wo es keinen Emissionshandel gibt.

Ihr seht, wie wichtig es ist, dass sich möglichst alle Länder, wie beispielsweise die USA und China, diesem Handel anschließen. Das Ideal wäre ein weltweiter Kohlenstoffmarkt«, schließt Peter seine Ausführungen.
Lia wendet mit erhobener Hand ein: »Aber das ist doch gelenkte Demokratie!«
»Vielleicht«, meint Nils an Lia gewandt. »Aber sei nicht zu kritisch, denk an dein Portugal.
Aber mal was anderes. Ich weiß nicht genau, ob meine Frage zum Thema gehört. Aber wenn es richtig ist, dass sich durch das Handelssystem eine durch den Markt gesteuerte, effiziente Schadstoffreduktion ergibt, warum leisten sich dann noch so viele Länder zusätzlich eine staatliche Förderung der regenerativen Energien?«
Peter klingt schon leicht erschöpft, als er auf Nils' Frage eingeht. »Damit eröffnest du jetzt ein ganz neues Themenfeld; aber Schnittmengen gibt es schon. Zwar ist es die Aufgabe des Staates, Grundlagenforschung zu betreiben und neue Technologien, zum Beispiel durch die Förderung von sogenannten *Demonstrationsanlagen*, die die neuen Technologien testen, bis zur Marktreife zu entwickeln. Die Marktdurchsetzung ist in einer Marktwirtschaft aber die Aufgabe der Unternehmen – nicht die des Staates. In vielen Ländern aber werden Milliardeneurobeträge für Technologien ausgegeben, die zur Treibhausgasreduktion so gut wie nichts beitragen. In Deutschland ist hierüber eine Diskussion entbrannt. Ein wichtiges Argument findet ihr in diesem kurzen Artikel, den ich in meinem Ordner dabeihabe. Lest ihn in Ruhe durch, ich schone so lange meine Stimme.«

Erklärung zum Emissionshandel und Erneuerbaren-Energien-Gesetz (EEG)

... **in Deutschland** leistet man sich zwei parallele Systeme: Den Emissionshandel und ein öffentliches Fördersystem, das Erneuerbare-Energien-Gesetz (EEG) für regenerative Energien.
Der grüne Strom wird durch die Einspeisetarife des EEG stark gefördert.

Solarstrom kann in Deutschland um 700% und Windstrom um 80% über dem Großhandelspreis in das Netz eingespeist werden. Hierdurch verdrängt der grüne Strom den fossilen Strom. Das hilft aber der Umwelt nicht, weil die bei den Kraftwerken frei werdenden Emissionszertifikate über die Börse an andere EU-Länder verkauft werden und dort zu entsprechend mehr Emissionen führen. Die deutschen Fördermaßnahmen verteuern den Strom in Deutschland, senken den Preis der Emissionszertifikate und fördern so in anderen EU-Ländern den fossilen Strom zu Lasten des grünen Stroms.

Die Windkraftanlagen oder Fotovoltaikdächer, die in Deutschland wegen des EEG zusätzlich aufgestellt werden, verhindern entsprechend viele Windanlagen oder Fotovoltaikdächer in anderen europäischen Ländern. Dies bedeutet, dass gegenüber der von der EU festgelegten Menge an Emissionszertifikaten nicht eine einzige Tonne weniger Kohlendioxid in die Luft geblasen wird ...
> Wirtschaft Seite 9

Als Lia und Nils von dem Text wieder aufschauen setzt Peter seine Ausführungen fort: »Ihr seht an diesem Beispiel, dass staatliche Eingriffe in das Wirtschaftsgeschehen zu unverhofften Ergebnissen führen können und die guten Absichten der Politik oft wirkungslos, vielleicht sogar schädlich sind. Auch muss man bedenken, dass sich hinter so mancher von der Politik nach Außen hin als *gute Tat* verkaufter Klimaschutzmaßnahme ganz andere Interessen verbergen. Wie beispielsweise die Schaffung neuer staatlich finanzierter Arbeitsplätze und die Förderung strukturschwacher Regionen.«

Nils lässt nicht locker. »Aber es werden doch zukunftsweisende Arbeitsplätze geschaffen. Und wenn die regenerativen Energietechniken auf lange Sicht kostengünstiger werden als die klassischen Energietechniken, dann ist mit ihnen in Zukunft doch ein Kostenvorteil verbunden.«

»Ihr seid ja ganz schön hartnäckig, aber dein Einwand ist berechtigt.« Peter geht an das Flipchart und zeichnet eine Kurve. »Schaut, hier.«

»Nach dem Verständnis der klassischen Umweltökonomie kann durch den Emissionshandel ein angestrebtes Klimaziel, das ihr hier als E-X dargestellt seht, mit minimalem Kostenaufwand erreicht werden. Das ist die Fläche B, die sich unter dem Kurvenverlauf (GVK) der traditionellen CO_2-Vermeidungsmaßnahmen auftut.

Anfänglich sind die Emissionsvermeidungskosten niedrig. Doch mit zunehmender Vermeidung (Richtung E-X) steigen die Kosten rapide an. Wenn die Kostenkurve den Zertifikatpreis (P) schneidet, ist es günstiger Zertifikate zu kaufen, als weiterhin Vermeidungsmaßnahmen umzusetzen. Nehmen wir nun an, es existiert ein zweiter Kurvenverlauf (GVK') für die regenerativen Energien, der sich mit der anderen Kurve schneidet.

Strategische und dynamische Kosten im Klimaschutz

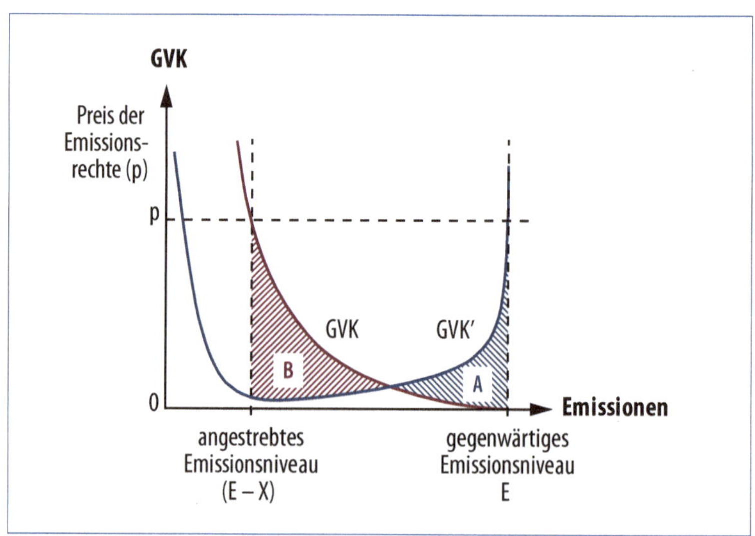

Dann sind die Kosten (GVK') zunächst zwar höher, fallen aber im späteren Verlauf deutlich ab. Und wenn, wie ihr hier seht, die Fläche B in Zukunft größer ist als die Fläche A, dann sind die regenerativen Energietechniken bei einer dynamischen Betrachtung wirklich kostengünstiger.«
»Davon kann man doch ausgehen«, meint Nils.
»Vielleicht hast du recht. Aber wir kennen weder den genauen Kurvenverlauf noch den Schnittpunkt. Auch ist es nicht die Aufgabe des Staates, durch Fördermaßnahmen eine Kostenabnahme herbeizuführen. Dafür sind die Unternehmen zuständig. Oder anders formuliert: Wenn der Schnittpunkt absehbar wäre, könnte die staatliche Förderung durch unternehmerisches Risikokapital ersetzt werden.«
Mit einem Stoßseufzer und ermatteter Stimme kommentiert Nils: »Puha, die ökonomischen Wirkungszusammenhänge sind ganz schön verzwickt. Heute habe ich eine Menge gelernt, danke.«
Lia, der ebenfalls der Kopf schwirrt, stimmt zu. »Wohl wahr. Danke, Peter.«
»Ich muss euch danken. Ihr wart sehr aufmerksame Zuhörer. Ihr seht ja heute Abend noch mal Christel. Sie bat mich, euch auszurichten, dass ihr sie um 19 Uhr im ersten Arrondissement an der Pont Neuf unter dem Bronzepferd treffen sollt.«
»Vorher gehen wir aber erst mal ein bisschen an die frische Luft«, meinen die beiden, während sie sich von den Stühlen erheben. »Und genießen die Maisonne«, fügt Lia mit einem Augenzwinkern hinzu. »Ich wünsch' euch eine schöne Zeit«, verabschiedet sich Peter winkend.

Wie die Interessen der unterschiedlichen Generationen bewertet werden können

Als Lia und Nils am verabredeten Treffpunkt eintreffen, ist Christel schon dort. »Sich als Fremde durch das Pariser Verkehrsgetümmel zu wuseln, ist wirklich eine Kunst«, meint Christel, die in ihrem langen Faltenrock, der halblangen Baumwolljacke und den flachen Schuhen etwas altbacken und wenig lebenslustig aussieht.
»Ja, die U-Bahnen waren rappeldickevoll«, erwidert Nils.
Lia zeigt auf die Bronzestatue und fragt interessiert: »Was ist das für ein Standbild?«
»Ich stamme aus Tschechien, bin also keine gebürtige Pariserin, auch wenn ich schon viele Jahre hier lebe. Aber fragt man die Pariser, so bekommt man widersprüchliche Antworten. Die einen sagen, es zeige König Heinrich IV, unter dessen Regentschaft die Brücke 1640 fertiggestellt wurde. Andere wiederum behaupten, es handele sich um den

Großherzog Ferdinand von Toskana, einen Medici. Das Pferd war lange Zeit ohne Reiter, viele nennen es deshalb einfach das *Bronzepferd*. Wir gehen jetzt über die Brücke hier«, weist Christel ihnen den Weg und fährt dabei fort: »Die Pont Neuf, zu Deutsch *Neue Brücke*, ist ironischerweise die älteste noch erhaltene Brücke über die Seine. Hier schlägt das Herz von Paris. Sie ist ein Tummelplatz für Clowns, Gaukler und Straßenhändler. Ich habe uns einen Tisch im *Caveau du Palais* am Place Dauphine reserviert, ebenfalls ein Ort mit Geschichte. Es wird erzählt, dass in diesem Restaurant der berühmte Kommissar Maigret die traditionelle französische Küche genossen habe. Um dorthin zu kommen, biegen wir jetzt auf den Quai des Orfèvres ab, sie gilt als die Uferstraße der Goldschmiedemeister. Über die berüchtigten und geheimnisvollen Quais von Paris flanierten in der Vergangenheit übrigens auch viele deutsche Künstler und Literaten. Sie durchstöberten die unzähligen Buchläden und verbrachten Stunden in den kleinen, romantischen Straßencafés.«
»Hier hat ja wirklich ein lebhaftes Treiben geherrscht«, meint Lia.
»Von 1831 bis zu seinem Tod im Jahr 1856 hat auch der Schriftsteller Heinrich Heine, der wohl berühmteste Sohn Düsseldorfs, in Paris gelebt«, spricht Christel weiter, als sie merkt, dass Nils und Lia ihr interessiert lauschen. »Hier bezog er seine *Matratzengruft*, wie er sein Krankenlager nannte, und fand schließlich auf dem Friedhof Père Lachaise neben anderen Berühmtheiten seine letzte Ruhestätte. Die Verlockungen und der Zauber des frivol-verrufenen Paris des Fin de Siècle und der 20er- und 30er-Jahre zogen dann später ganze Generationen von Künstlern in ihren Bann. Nicht nur Schriftsteller wie Hemingway oder Joyce waren dem Flair dieser faszinierenden Großstadt erlegen. Auch für deutsche Literaten wurde sie zu einem wohl einzigartigen Mekka künstlerischer Inspiration. Wusstet ihr eigentlich, dass hier einige der bedeutendsten Werke der literarischen Moderne entstanden sind, wie zum Beispiel Rilkes *Die Aufzeichnungen des Malte Laurids Brigge*?«
Schweigend gehen sie weiter, bis Christel die Stille mit den Worten »wir sind angekommen« unterbricht.

Nachdem sie aus dem reichhaltigen Angebot auf der Speisekarte ihr Menü gewählt und beim Ober bestellt haben, fragt Christel neugierig, aber auch um das Gespräch anzukurbeln: »In welchem Beruf möchtet ihr denn später mal arbeiten?«
»Ich möchte meine Kröten als Entwicklungsingenieur in einem Unternehmen verdienen«, ergreift Nils zuerst das Wort.
»Und ich möchte gerne im Umweltschutz arbeiten und neue Siedlungskonzepte für Städte entwickeln. Schon bald werden über 50 % der Weltbevölkerung in Ballungsgebieten leben. Wie man diese ökologisch und

menschenfreundlich gestalten soll, weiß niemand so recht. Auf keinen Fall aber möchte ich für ein Unternehmen arbeiten. Deren Horizont reicht doch nur bis morgen. Was dahinter liegt, bleibt ihnen verborgen, oder vielleicht ist es ihnen auch egal.«

Nils fühlt sich angegriffen und äußert mit erregter Stimme: »Wie soll ich denn das verstehen?«

Lia legt mit anklagendem Tonfall nach: »Na ja, erst bauen die Ingenieure Ölkraftwerke, bis sie merken, dass ihnen die Scheichs den Ölhahn abdrehen. Dann Kohlekraftwerke, bis sie merken, dass die Luft immer grauer wird. Dann Erdgaskraftwerke, bis sie ahnen, dass ihnen eines nicht zu fernen Tages der Sibirische Bär wohlmöglich den Gashahn abdrehen könnte. Dann Atomkraftwerke, bis sie merken, dass sie damit gegen eine gesellschaftliche Wand laufen. Immer nur vom Holzweg in die Sackgasse, keine vorausschauende Planung. Die Folgen ihres Handelns bedenken sie nur selten.«

Nils entgegnet mit erhobener Stimme: »Glaubst du etwa, Stadtplaner wären weitsichtigere Menschen? Dann geh doch mal durch eines deiner Betonlabyrinthe.«

»Als die Städte des Mittelalters erbaut wurden, kannten die Menschen nur Pferdekutschen, Autos waren noch unbekannt. Auch wusste man damals noch nicht, wie viele Menschen eines Tages die Städte bevölkern würden. Das alles konnten sie ja gar nicht vorausplanen«, meint Lia.

»Aber die Ingenieure sollen alles im Voraus wissen«, ereifert sich Nils. »Und wenn du mir richtig zugehört hättest, wüsstest du, dass ich nicht vom Mittelalter gesprochen habe, sondern von den heutigen modernen Betonwüsten.«

»Du hast recht, aber daran sind nicht die Stadtplaner Schuld, sondern vor allem die privaten Immobilienfonds, die auf möglichst wenigen Quadratmetern möglichst viele Etagen unterbringen wollen. Je höher desto besser, und umso üppiger fließen die Mieteinnahmen.«

»Und umso kürzer die Zeit, bis ihr eingesetztes Kapital zurückfließt. Für eine Stadtplanerin mit Visionen ist da kein Platz.«

»Du sagst es.«

»Entschuldigt, dass ich mich einmische«, meldet sich Christel zu Wort, die den Schlagabtausch amüsiert verfolgt hat. »Die Vorspeise steht schon seit einigen Minuten auf dem Tisch.«

Alle machen sich über den ersten Gang her.

»Mit eurem Gespräch habt ihr gerade ein Kernproblem angeschnitten«, beginnt Christel und legt die Gabel zur Seite.

»Welches Problem meinst du?«, fragt Nils.

»Die Diskrepanz – also das Missverhältnis – zwischen *Lebenszeit* und *Weltzeit*«, meint Christel mit ernster Miene.

»Ich bin gespannt«, sagt Lia und wirft Nils einen Seitenblick zu.
»Stellt euch vor, ihr hättet nur eure Zeitgenossen in euren Heimatländern im Blick, dann würde sich eure Verantwortung allein auf deren heutiges Wohlergehen reduzieren. Auf das Hier und Jetzt. Die zukünftigen Generationen blieben dabei auf der Strecke. Wenn ihr aber diesen eingeschränkten Blickwinkel erweitert und die Bedürfnisse der kommenden Generationen ebenso in Betracht zieht und achtet wie die der jetzt lebenden Menschen, dann habt ihr die Pflicht, zumindest ein ausreichendes Maß an Erdressourcen und intakter Umwelt zu erhalten. Oder anders formuliert: Ihr müsstet den zukünftigen Generationen alternativ mehr technologisches Wissen an die Hand geben, als ihr von euren Eltern geerbt habt, um die aufgebrauchten Rohstoffe ersetzen zu können. Im Idealfall hinterlasst ihr den Menschen, die nach euch kommen, einen Wissenszuwachs, ein Mehr an Know-how als ihr vorgefunden habt. Sodass sie die Probleme ihrer jeweiligen Lebenszeit besser lösen können als ihr.«
»Das ist ja wirklich interessant – und hört sich schon viel verantwortungsvoller an. Aber trotzdem bleibt es doch bei einer Art Durchwurschteln von Generation zu Generation«, meint Lia nachdenklich.
Nils, der die Ellenbogen auf den Tisch gestützt hat, gibt zu bedenken: »Unser Universum ist vor 14 Milliarden Jahren entstanden, unsere Erde vor 4,6 Milliarden Jahren.«
»Wie du siehst, hab ich auch ein paar Zahlen drauf«, meint Nils mit einem Augenzwinkern zu Lia.
»Ja, ich bin beeindruckt«, lächelt Lia ihn an.
»Also, die ersten Frühmenschen in Afrika traten erst vor fünf Millionen Jahren ins Weltgeschehen ein«, nimmt Nils den Faden wieder auf. »Stell dir vor, der Neandertaler hätten schon vor 150 000 Jahren die Probleme aller Zeiten gelöst.«
»Das wär' doch wunderbar«, sagt Lia erfreut und lässt sich ihr Bressehuhn in Weißweinsoße schmecken. »Ich muss sagen, so bei leckerem Essen zu philosophieren bringt echt Spaß..«
Christel knüpft an das an, was Nils sagte: »Das bleibt eine Utopie, ein Nicht-Ort, den es wohl niemals geben wird, aber den es sich durchaus anzustreben lohnt. Doch bereits über das Lebensideal von Leuten wird es Streit geben. Erst recht, wenn Machteliten ohne demokratisches Verständnis versuchen, ihre Utopien umzusetzen. In der Geschichte finden sich zahlreiche solcher Irrtümer.«
»Aber der Mensch ist auch unersättlich neugierig«, bringt Nils einen anderen Aspekt ins Spiel. »Und das ist der Motor für laufend neue Ideen auf den Gebieten Kultur, Wissenschaft und Technik.«
Nun schaut er zu Lia hinüber: »Deshalb würde ich den Menschen auch nicht die Fähigkeit zur Entwicklung und Weitsicht absprechen und das so

abschätzig *Durchwurschteln* nennen. Der Neandertaler hat mit seinem Wissen für sich bestimmt das Beste aus der Situation gemacht.«
»Der Mensch ist immer auf der Suche nach der optimalen Lösung. Ist er davon überzeugt, eine bessere gefunden zu haben, löst er die überkommene damit ab«, ergänzt Christel.
»Ja, so ist es in den Naturwissenschaften«, Nils nickt zustimmend. »Und so werden Schritt für Schritt neue, ausgeklügelte Techniken entwickelt.«
»Bist du da nicht ein bisschen blauäugig?«, meint Lia leicht vorwurfsvoll. »Wenn du demnächst in einem Unternehmen eine neue Umwelttechnik erfindest, lässt dein Chef die doch erst mal in der Schublade verschwinden.«
»Warum sollte er das tun?«, fragt Nils ganz erstaunt.
Meine Güte, ist der naiv, denkt Lia und antwortet mit energischem Tonfall: »Nur wenn der Staat den Unternehmen zwingend neue Gesetze und Normen vorschreibt, oder wenn deine Erfindung wirtschaftlicher ist als die alte Technik, wird sie auch eingesetzt. Dessen kannst du dir sicher sein.«
»Natürlich muss sich eine neue Technik lohnen. Was ist denn so verwerflich daran?«, reagiert Nils ganz gelassen.
»Weil die alte Technik hohe Umweltschäden verursacht, die den zukünftigen Generationen aufgebürdet werden, natürlich«, kommt es von Lia schon leicht genervt. »Dabei sollten wir doch alle Kants Kategorischen Imperativ kennen.«
Nils, der gerade einen Bissen zu sich genommen hat, verschluckt sich. »Verzeihung.« Gleich darauf hakt er provozierend nach: »Und der lautet?«
Lia fährt ihn an: »Den habe ich verinnerlicht, und das solltest du auch – *Handle so, dass du die Menschheit sowohl in deiner Person, als in der Person eines jeden anderen jederzeit zugleich als Zweck, niemals bloß als Mittel brauchst*. Für Generationsinteressen oder Interessen Einzelner ist da kein Platz mehr«, platzt es leidenschaftlich aus Lia heraus. »Dieser universale Wert gilt für alle Menschen – heute wie morgen.«
Nils kommentiert das nicht weiter, er sagt nur ganz ruhig: »Dann reiß du als revolutionäre Stadtplanerin doch demnächst alle Städte ab und baue sie interessenfrei wieder neu auf.«
Lia entgegnet über den Tisch gelehnt: »Und du deine altmodischen Kraftwerke.« Im nächsten Moment müssen sie beide grinsen.
Christel lächelt beide an. »Wenn ihr euch wieder beruhigt habt, hätte ich da auch noch einen Aspekt, den ich gerne in die Waagschale werfen würde, während ihr euren Nachtisch genießt. Die Frage, die sich jetzt stellt, ist doch, wie der Wirtschaftswissenschaftler diesen universellen Wert in praktische ökonomische Vernunft umsetzt.

Bewertung von Umweltschäden

Zukünftige Umweltkosten werden mit einem Diskontsatz, den die Ökonomen für angemessen halten, auf den heutigen Wert abgezinst.
Beträgt beispielsweise im Jahr 2050 ein Umweltschaden 10 Millionen Euro, so wird dieser Schaden im Jahr 2010 bei einer Abzinsung von 3 % pro Jahr mit 3,01 Millionen und bei einer Abzinsung von 10 % pro Jahr nur noch mit 0,18 Millionen bewertet.
Wählt die heutige Generation eine hohe Abzinsung, verniedlicht sie den Umweltschaden in der Zukunft. Ökonomische Modelle, die mit diesem Ansatz rechnen, kommen wahrscheinlich zu dem Schluss, dass sich Emissionsreduktionen nicht lohnen, weil der Nutzen zu gering ist oder erst in vielen Jahrzehnten sichtbar wird. Unternehmen rechnen häufig mit einem Marktzins von 6–8 %, der ungefähr dem durchschnittlichen Renditesatz risikobehafteter Aktien entspricht.
Hierdurch wird zukünftigen Kosten und Nutzen wenig Gewicht beigemessen. Wird ein Umweltschaden, der in etwa 50 Jahren auftritt, jährlich mit 6 % diskontiert, hat er einen zwanzigfach niedrigeren Wert, als wenn er heute auftreten würde.

Wie bewertet er die unterschiedlichen Interessen der Generationen?«

»Ich glaube ja persönlich immer noch, dass sie sich darüber überhaupt keine Gedanken machen«, meint Lia. »Das sehen wir doch.«

»Ganz so einfach solltest du es dir nicht machen«, wendet Christel ein. »Und auch nicht die Wirtschaftswissenschaftler und die Unternehmer über einen Kamm scheren und so pauschalisieren. Der methodische Standard ist die Diskontierung. Was das ist und wie das funktioniert, erkläre ich euch mal. Ich habe immer Papier, Bleistift und einen Taschenrechner dabei, um mir Gedanken, die ich gerade für wichtig halte, aufzuschreiben oder schnell eine Berechnung durchzuführen.«

Als Christel ihre Ausführungen beendet hat, resümiert Lia: »Wenn ich das richtig verstanden habe, dann führt das dann aber doch dazu, dass die Kosten von zukünftigen Umweltschäden abgezinst und diese mit den Kosten der heutigen Treibhausgasreduktionsmaßnahmen verglichen werden. Da dieser *Gegenwartswert* aber häufig höher liegt als der so abdiskontierte Schaden, unterbleiben sie doch. Das hab ich schon immer geahnt«, fügt Lia nach einer kurzen Pause noch hinzu.

»Wenn die Unternehmen bei ihrer Entscheidung für den Bau von Windanlagen geringere Zinserwartungen haben als bei normalen Investitionen, dann ist schon viel gewonnen«, gibt Christel zu bedenken. Lias Schlussfolgerung klingt messerscharf. »Dann muss der Staat die Windanlagen bauen.«

»Da bist du aber auf dem Holzweg, das wäre eine ganz falsche Weichenstellung«, wendet Christel mit resoluter Stimme ein. »Die großen Industrienationen haben als Wirtschaftsmodell die Marktwirtschaft gewählt und China ist auf dem Weg dorthin. In einer Marktwirtschaft ist das Wissen über das Wirtschaftsgeschehen auf unzählige Köpfe verteilt. Auf viele Anbieter und noch mehr Abnehmer von Gütern. Selbst wenn die Planungsbürokratie eines Staates noch so gut wäre, könnte sie niemals auch nur ansatzweise das Wissen der vielen Millionen Wirtschaftssubjekte bündeln und so umsetzen, dass eine optimale Güterverteilung gewährleistet ist. Wir bekämen Autos ohne Reifen oder Anzüge ohne Hosen. Eine graue Tristesse im Mangelland. In meinem Heimatland Tschechien mussten wir auch für alles Schlange stehen.«

»Aber wie lösen wir das Marktversagen?«, wirft Nils ein.
»Jedenfalls nicht dadurch, dass wir Marktversagen durch Staatsversagen ersetzen, sondern dadurch, dass der Staat den Unternehmen einen Rahmen vorgibt. Innerhalb dieses Rahmens können die Unternehmen dann selber entscheiden, mit welcher Technologie sie Strom umweltfreundlich erzeugen wollen.«
»Wie muss man sich diesen Rahmen vorstellen?«, fragt Nils nach.
»Dazu gehören gesetzliche Auflagen, wie beispielsweise Schadstoffgrenzwerte, Steuern und Abgaben auf Energie und das Emissionshandelssystem.«
Lia macht eine abwehrende Geste. »Bitte nicht noch mal erklären, das war heute Nachmittag schon kompliziert genug.«
Christel lacht auf. »Das hab ich auch nicht vor. Es ist schon spät.«
Lia schaut Nils schmunzelnd an. »Der Staat murkst, die Wirtschaft murkst. Es gibt viel für uns zu tun.«
»Gestaltet eure Zukunft nach euren Vorstellungen«, sagt Christel, während sie ihren Blick zwischen Nils und Lia hin- und herschweifen lässt. »Aber lasst euren Kindern und Kindeskindern auch noch ein wenig Gestaltungsfreiheit.«
»Eigentlich bin ich ganz froh, dass uns die Neandertaler noch ein paar Probleme zurückgelassen haben«, meint Lia vergnügt, »sonst hätten wir nachher gar nichts mehr zu tun. Wie langweilig!«
»Stattdessen würden wir uns noch vor lauter Langeweile die Köpfe einhauen«, setzt Nils noch eins drauf.
»Und das Spiel würde von vorne beginnen«, zieht Lia ihr Fazit. Alle lachen. »Nach dem heutigen Tag muss ich im Kopf erst mal einiges neu ordnen«, meint Lia, während sie sich erheben.
»Merci, dass du dir so viel Zeit für uns genommen hast, Christel. Und das Bistro war auch 'ne klasse Idee!«, sagt Nils lächelnd.
Mit einer herzlichen Umarmung verabschieden sich Lia und Nils vor der Bistrotür von Christel und nehmen Kurs auf ihre Unterkunft. Während sie im nächtlichen Menschengewimmel über die Pont Neuf zurückschlendern, sagt Lia: »Es macht Spaß, mit dir zu streiten.«
Nils berührt sie an der Schulter. «Ja, auch wenn du manchmal eine Plage bist.« Lia wirft ihm spielerisch eine Kusshand zu. Ihre Blicke verhaken sich ineinander.

Wieso sich nicht alles nur ums Klima dreht

Am nächsten Morgen nutzen Lia und Nils die freie Zeit, um ein wenig am Ufer der Seine entlangzubummeln.
»Ich glaub ich hab mich zu warm angezogen, wollen wir uns nicht einen Moment hinsetzen?«, meint Nils.
»Die Bänke sind aber alle besetzt«, erwidert Lia.
»Da drüben ist doch noch ein Plätzchen frei, neben dem alten Herrn.«
Nachdem Lia und Nils den Mann gefragt haben, ob sie sich setzen dürften, nehmen sie Platz und schauen auf die vorbeischippernden Touristenschiffe. Nils legt seinen Arm auf die Lehne hinter Lia, der kurz darauf wie zufällig auf ihre Schultern rutscht. Lia lässt sich nichts anmerken, rückt aber auch nicht weg.
Sich zu Lia und Nils umdrehend, sagt der alte Mann, der bis eben noch seine Zeitung studiert hat: »Schön, hier auch mal ein paar junge Leute zu treffen. Nur schade, dass Sie schon bald wieder fortmüssen.«
Lia und Nils schauen den alten Mann erstaunt an.
»Ihr fragt euch, wie ich das wissen kann? Der Mensch ist immer auf der Durchreise. Er kommt nirgends richtig an. Selbst kurz vor dem Tod wissen wir nicht, ob dieser das endgültige Ende bedeutet oder ein neuer Anfang ist. Ich wohne in der Bretagne, in der Nähe eines kleinen Fischerdorfes. Die Häuschen sind aus Granitblöcken gebaut und ducken sich vor den Herbststürmen. Wenn ich aus meinem Haus schaue, dann sehe ich die unendliche Weite des Meeres. Ebbe und Flut wechseln sich ab. In einem unabänderlichen Rhythmus. So vergeht die Zeit.«
»Davon habe ich immer geträumt, ich möchte auch mal in so engem Einklang mit der Natur leben«, bemerkt Lia leise.
»Ja, das ist wunderschön. Keine Hektik. Kein Beton. Kein Geplapper von städtischen Wichtigtuern«, meint er.
»Sie haben es bestimmt romantisch und kennen nicht das Geflimmer greller Neonröhren vor grauen Hausfassaden«, seufzt Lia. »Ich möchte kein Sandkorn im Treibsand der Menschenströme sein«, fügt sie in Gedanken versunken hinzu.
»Wie kommt es, dass Sie in Ihrem Alter schon so gut meine Gefühle und Gedanken nachvollziehen können?«, meint der alte Mann.
»Hin und wieder besuche ich meine Kinder in Paris«, fährt er fort. »Mein Enkelkind Jeanette ist eine richtige Öko-Aktivistin.«
»Es ist bestimmt beruhigend zu wissen, dass Ihre Kinder und Enkel auch der Natur verbunden sind, obwohl sie in der Stadt wohnen.«
»Ja, schon«, antwortet der Mann. Zaghaft fährt er fort: »Gestern hat Jeanette gesagt, ich solle doch für immer nach Paris ziehen. Ich fühlte mich geschmeichelt und dachte, sie würde sich um ihren alten Opa sorgen.«

»Das tut sie sicher.«

»Nein, nein, es kam ganz anders. Sie erklärte mir nämlich, dass mein *narzisstisches Tun* in der Bretagne der Natur sehr abträglich sei.«

»Wieso das denn?«

»Sie hat mir wie ein Buchhalter vorgerechnet, dass Menschen auf dem Lande mehr Schadstoffe in die Luft pulvern als Städter.«

»Die Rechnung will ich hören«, schaltet sich jetzt auch Nils ein.

»Ich habe die Zahlen nicht mehr im Kopf, aber sie erklärte mir, dass ein frei stehendes Haus viel mehr Wärmeenergie verbraucht als eine Wohnung in der zwanzigsten Etage eines Hochhauses. Und das die Wege zur Arbeit, zum Bäcker, zum Metzger, zum Arzt und so weiter auf dem Land viel mehr Energie verschlingen als der Weg zum Bäcker um die Ecke in der Stadt. Auch müssten für jeden Landbewohner viel mehr Lastwagen unterwegs sein, um die Geschäfte mit Lebensmitteln zu füllen.«

»Diese Jeanette spinnt doch. Das hat sie doch nicht ernst gemeint«, sagt Lia mit Nachdruck.

»Ich glaube schon«, antwortet der alte Mann darauf.

»Die Rechnung mag stimmen«, äußert sich Nils.

»Meine Großmutter Elisabeth pflegte immer zu sagen: *Gefühlt ist anders als gezählt*!«, führt Lia ins Feld. »Sollen wir denn etwa alle in rechteckigen Betonschluchten leben?«

Nils lächelt verschmitzt. »Sieht wohl so aus.«

»Niemals. Ich nicht!«, sagt Lisa vehement.

Der alte Mann äußert ganz offen: »Diese Rechnung hat mich nicht sonderlich beeindruckt. Ich lebe weiter wie bisher.«

»Das ist auch richtig so. Ihr Leben sollten Sie nicht ändern«, stimmt Lia ihm zu.

»Also *Business as usual* und weiterwurschteln wie bisher. Oder vielleicht sogar murksen?!«, wendet sich Nils provozierend an Lia und grinst sie an.

»Blödmann!«, sagt Lia und greift nach der Zeitung, um ihm damit spielerisch eins überzuziehen. Nils duckt sich und lacht.

»Nanu, wo ist denn der alte Mann abgeblieben?«, meint Lia da.

»Der alte Mann ist gerade gegangen«, fügt Nils sanft hinzu und hält ihren Blick fest.

Da schaut Lia auf die Uhr und sagt hektisch: »Mensch, in zwei Stunden fährt der Zug! Wir müssen uns beeilen! Unser Gepäck ist noch im Hotel.«

»Na, dann mal los«, kommt es trocken von Nils. Sie springen auf und machen sich auf den Weg.

Abgehetzt kommen sie am Gare du Nord an, gerade noch rechtzeitig, um in den TGV zu springen. Ermattet sinken sie auf die Sitze, wo Lia ihre

Beine dicht neben Nils' ausstreckt. Nach einer kleinen Verschnaufpause nimmt Lia ihre Schirmmütze vom Kopf und sagt ernüchtert zu Nils, der ihr gegenüber sitzt: »Der Klimawandel ist wohl das Problem des 21. Jahrhunderts. Das ist mir gerade noch mal so durch den Kopf gegangen, nach all dem, was wir hier in Paris erfahren haben.«

»Ich lese gerade einen Zeitungsartikel mit der Überschrift *Eine Milliarden Menschen hungern.*«

»Lies mal vor.«

»Es ist ein Interview, das ein Journalist mit einer Mitarbeiterin der Welternährungsorganisation führt. Der Journalist sagt, dass so viele Menschen hungern, habe er bis heute noch nicht verstanden. Die Frau antwortet, dass das keine Folge echter Knappheit sei. Auf der Erde leben 6,6 Milliarden Menschen. Um das Jahr 2030 werden es 8,2 Milliarden Menschen sein. Die könnten wir alle ernähren. Die Landwirtschaft hat große Fortschritte erzielt. Es ist eine Folge politischer Ignoranz und Kurzsichtigkeit. Viele Menschen wurden in Afrika noch nie richtig satt. Zudem fordern Malaria und Diarrhö jedes Jahr etwa eine Million Kinderleben. Diesen armen Seelen hat man den Hunger erspart. Der Journalist ist der Auffassung, dass verdorrte Ackerböden und Krankheiten doch die Auswirkungen des Klimawandels seien. Die Vertreterin der Welthungerorganisation dagegen wendet ein, dass der Klimawandel auf die heutige Armut trifft und das Elend verschärft. Der Journalist schließt daraus, dass dann die erste Priorität die Bekämpfung der Armut sein muss. Die Bekämpfung des Klimawandels kommt dann erst an zweiter Stelle. In dem Artikel betont die Frau, dass man Armut nicht gegen den Klimawandel ausspielen darf.«

Lia unterbricht Nils mit einer knappen Zwischenbemerkung: »Das sehe ich genau so.«

»Ich auch. Aber ich lese jetzt mal weiter vor:

Die Mitarbeiterin der WHO warnt – ich zitiere mal wörtlich: *Die Maßnahmen zur Bekämpfung des Klimawandels müssen finanziert werden. Die EU-Staaten beabsichtigen die Entwicklungsländer mit Millionen Eurobeträgen zu unterstützen. Diese Maßnahmen wirken aber erst mittel- bis langfristig. Und deshalb ist es wichtig die Armut heute zu bekämpfen.*

Der Journalist entgegnet ihr: *Dafür gibt es doch die Entwicklungshilfe.*

Die Frau: *Aber ich befürchte, dass diese Gelder zur Finanzierung von Klimaschutzmaßnahmen umgelenkt werden. Und für die Bekämpfung der Armut weniger übrig bleibt als bisher. Auch habe ich häufig erfahren müssen, dass die reichen Länder ihr Versprechen nicht einhalten.*«

Lia und Nils schütteln unverständlich ihre Köpfe.

»Das ist aber frustrierend.«

»Aber so tickt wohl die Welt.«

Halle
Paris
Jülich
Boston
3

München → Wien

Nevada → Shanghai → Paris

Das Morgen und das Gestern

Im renommierten Forschungszentrum Jülich werden sie in die naturwissenschaftlich-technischen Grundlagen der Energietechnik und des Klimawandels eingeführt und erhalten einen Einblick in innovative Energiesysteme. Ein Ausflug in das fossile Energiezeitalter rundet ihren Besuch ab.

Die naturwissenschaftlichen und technischen Grundlagen der Energieversorgung

Der Zug saust weiter und verlässt französischen Boden. Lia und Nils schauen aus dem Fenster und hängen ihren Gedanken nach. Hin und wieder werfen sie sich verstohlene Blicke zu.

»Von Paris in die Pampa«, ergreift Nils nach einer Weile das Wort. »Dabei dachte ich, wir fahren in ein Forschungszentrum.«

»Na klar, aber da gibt's kein Meer. Keine Berge. Nur flachen Acker«, sagt Lia. »Keine Ablenkungen, so lässt es sich wohl besonders gut forschen. Im internationalen Ranking zählen die Forscher in Jülich zur weltweiten Spitzengruppe. Das heißt die müssen richtig gut sein. 4500 Mitarbeiter widmen sich dort der Forschung, darunter 1300 Wissenschaftler aus sämtlichen naturwissenschaftlichen Disziplinen. Ein internationales Netzwerk sorgt zudem für einen regen Gedankenaustausch. Zusätzlich arbeiten in den Laboren fast 1000 Gastwissenschaftler aus über 60 Ländern. Hab ich im Internet gelesen.«

»Bloß schade, dass wir in Paris so wenig Zeit hatten«, wechselt Nils das Thema. »Ich hätte gerne noch so vieles gesehen.«

»Ich auch«, stimmt Lia ein. »Sogar mit dir.« Sie lächelt ihn an und ihre Blicke tauchen einen langen Moment ineinander. Dann wenden sich beide mit einer abrupten Bewegung ab und starren geradeaus. Aber während der restlichen Fahrt rücken sie wie zufällig immer dichter zusammen. Als es vom Kölner Hauptbahnhof mit dem Regionalzug nach Düren geht, schlafen sie eng aneinandergekuschelt ein. Ein feines Lächeln liegt auf ihren Gesichtern.

Am Bahnhof von Düren werden Nils und Lia von der Fahrbereitschaft des Forschungszentrums abgeholt und zu ihren Quartieren gebracht. Am nächsten Morgen um Punkt neun Uhr finden sie sich am Institut für Energieforschung ein.

In einem kleinen, schmucklosen Hörsaal werden sie von Prof. Dr. Hansen begrüßt: »Moin, moin und herzlich willkommen bei der Summer School des Forschungszentrums Jülich.« Mit seiner schlanken, drahtigen Figur und seinem leicht ergrauten schütteren Haar wirkt er eher wie ein Fregattenkapitän als wie ein Professor.

Die jungen Studenten in der Runde heißen Lia und Nils mit lautem Tischklopfen willkommen. Nach diesem Begrüßungsritual beginnt Professor Hansen mit seinem Vortrag.

»Heute stehen die naturwissenschaftlichen und technischen Grundlagen der Energieversorgung und des Klimas auf dem Programm. Und Morgen besuchen wir dann die Forschungslabore. Welche Themen uns beschäftigen werden, sehen Sie hier auf dem Flipchart. In meiner Vorlesung komme ich zum ersten Thema:

Themen

Grundlagen der Energieversorgung
- Was ist Energie?
- Hauptsätze der Wärmelehre
- Reversible und irreversible Vorgänge
- Was ist Entropie?
- Die Physik eines Kraftwerksprozesses

Wofür brauchen wir Energie?
Umwelt und Rohstoffe
Fortschrittliche Kraftwerkstechniken
Klimaphysik

Laborerkundungen
- Fotovoltaik
- Plasmaphysik
- Brennstoffzellen
- Wasserstoff

Systemanalyse
Energiesysteme heute und morgen
Neue, pfiffige Ideen

Was ist Energie?

Zunächst: Energie ist eine grundlegende physikalische Größe. Niemand weiß, was vor dem Urknall und in der anschließenden allerheißesten ersten Phase geschah; wir können noch nicht mal irgendwelche intelligenten Vermutungen anstellen. Dieser fundamentale Vorgang bedarf in seinen Prozessabläufen noch der wissenschaftlichen Forschung. Wir wissen aber mit ziemlicher Sicherheit, dass am Anfang unserer Welt ein riesiges *Startkapital* an Energie stand. Und diese Energie liegt in Form von elektromagnetischer Strahlung vor, das heißt Licht. Sie kennen ja sicher den Spruch *Am Anfang war* ... «, meint Prof. Dr. Hansen an die Studenten gewandt. Einige nicken. »Von diesem Energiekapital zehrt das gesamte Universum noch heute, denn Energie kann nicht erzeugt und nicht vernichtet werden. Aber Energie kann in die verschiedensten Formen umgewandelt werden.

Einstein hat einst genial erkannt, dass Energie auch in Materie umgewandelt werden kann. Man braucht allerdings sehr viel Energie, um daraus Materie herzustellen. Aber so gesehen, ist Materie ein gigantischer Energiespeicher. Umgekehrt kann Materie unter gewissen Voraussetzungen aber auch zu Energie *zerstrahlen*. Diese ständige Umwandlung von Strahlungsenergie in unterschiedliche Materieformen steht am Anbeginn der Welt. So besagt die berühmteste Gleichung der Relativitätstheorie, dass Materie und Energie ineinander verwandelt werden können. Das können Sie hier sehen«, meint der Professor zu den Studenten.

Einstein-Gleichung

$$E = m \cdot c^2$$

Energie = Masse · Lichtgeschwindigkeit^2

»Aber wie definieren wir Energie?«, fährt er fort und dreht sich den aufmerksam lauschenden Studenten zu. »Wir Wissenschaftler tun uns schwer, den Begriff Energie präzise zu definieren. Wir kennen allerdings verschiedenste Formen von Energie und können sie nutzbar machen.

Man kann es vielleicht auf folgenden Nenner bringen: Energie ist letztlich alles, was sich in Arbeit umwandeln lässt.«
»Da verzichte ich doch lieber auf Energie«, meint ein Student scherzend, »Arbeit hört sich nie gut an.«
Prof. Dr. Hansen lächelt über den Kommentar, geht aber nicht darauf ein. »Also«, wiederholt er noch einmal, »Energie ist das, was sich in Arbeit umwandeln lässt. Die Umwandlung und die Nutzung der Energie hingegen unterliegen strengen physikalischen Regeln. Nun beobachten wir in der Natur folgendes Phänomen: Bei allen Vorgängen, bei denen Reibung mit im Spiel ist, wird mechanische Energie in Wärmeenergie überführt. Ebenso kann elektrische Energie in Wärmeenergie umgewandelt werden. Das geschieht zum Beispiel in einer Heizplatte oder in einem Tauchsieder. Auch in einem Elektromotor oder einer Glühlampe wird ein Teil der zugeführten elektrischen Energie in Wärmeenergie umgewandelt, was allerdings ein unerwünschter Nebeneffekt ist, der sich durch gezielte Maßnahmen zwar verringern, jedoch nicht ganz beseitigen lässt. Man versucht deshalb in der Technik diese sogenannten Verlustenergien so klein wie möglich zu halten. Und hier kommen weitere physikalische Gesetze zum Tragen, wie der 1. Hauptsatz der Wärmelehre.«

1. Hauptsatz der Thermodynamik

Es wird zunächst untersucht, was geschieht, wenn einem Körper die Wärmeenergie (Q) zugeführt wird. Die Erfahrung zeigt, dass im Allgemeinen zweierlei geschieht: Ein Teil der zugeführten Wärmeenergie wird im Körper gespeichert. Sie erhöht die kinetische und die potentielle Energie der Moleküle und damit die innere Energie (U) des Systems. Der Zuwachs der inneren Energie wird mit Δ U bezeichnet. Dies äußert sich in der Erhöhung der Temperatur oder in einer Änderung des Aggregatzustandes. Andere Teile der zugeführten Wärmeenergie werden in mechanische Arbeit W umgesetzt. Somit kann die allgemeine Formulierung des 1. Hauptsatzes der Wärmelehre wie folgt geschrieben werden:

$$Q = \Delta U + W$$

Die exakte mathematische Formulierung des 1. Hauptsatzes lautet:

$$dQ = dU + dW \,[J]$$

Das *d* vor den physikalischen Symbolen bedeutet, dass sehr, sehr kleine Änderungen erfolgen.

Der 1. Hauptsatz der Wärmelehre

»Die fangen ja hier bei Adam und Eva an«, flüstert Lia Nils zu und berührt ihn am Arm. »Das kann ja lange dauern.«
»Die anderen hören aber ganz konzentriert zu«, erwidert Nils. Während sie noch tuscheln, führt Prof. Dr. Hansen aus: »Dieser 1. Hauptsatz der Wärmelehre postuliert, dass bei der Energieumwandlung keine Energie verloren gehen kann. Man nennt ihn auch Energieerhaltungssatz. Ich will ihn kurz erläutern. Die exakte Formulierung habe ich Ihnen vorab hier auf das Flipchart geschrieben.«
Prof. Hansen lässt die Studenten lesen und setzt dann fort: »Was lernen wir vom 1. Hauptsatz? Wir lernen, dass in der Regel zweierlei geschieht, wenn wir einem Körper von außen Wärmeenergie zuführen: Die innere Energie erhöht sich und das System kann mechanische Arbeit verrichten.«
»Das hatten wir doch schon alles in der Schule. Hoffentlich wird's bald spannender«, meint Lia.
»Gedulde dich, das ist doch nur zur Einführung«, erwidert Nils mit einem kurzen Seitenblick.

Reversible und irreversible Vorgänge

Professor Hansen bleibt konzentriert bei seinem Thema und räuspert sich: »Ich komme nun zu den sogenannten reversiblen und irreversiblen Vorgängen. Unter dem Begriff reversibel verstehen wir einen völlig umkehrbaren Vorgang. Bei diesem Vorgang muss der Anfangszustand wieder erreicht werden, ohne dass eine Veränderung der Umgebung eingetreten ist. Das heißt, dass keine Energie, zum Beispiel in Form von Wärme, an die Umgebung abgegeben wird. Man hat eine hundertprozentige Wärmeisolation – allerdings nur im Idealfall, bei entsprechenden Grenzfällen. Das hat uns die Erfahrung gelehrt.

Nun zu den nicht umkehrbaren – also den irreversiblen – Vorgängen. Dazu ein Beispiel: Reibt man einen Holzklotz mit kreisenden Bewegungen über eine Tischplatte, so wird ebenfalls mechanische Energie in Wärmeenergie umgewandelt. Eine Rückverwandlung der Wärmeenergie in die kreisende, mechanische Bewegung ist, wie wir wissen, leider nicht möglich.

Ein weiteres Beispiel für einen nicht umkehrbaren Vorgang ist der Bremsvorgang eines Autos. Beim Bremsen wird die kinetische Energie, also die Bewegungsenergie des Fahrzeuges, über die Reibung der Bremsen in Wärme überführt, die an die Umgebung abgegeben wird. Für den Bewegungsvorgang ist diese Energie verloren gegangen. Das bedeutet, dass die tatsächlichen – in der Natur vorkommenden – Vorgänge nicht völlig umkehrbar, sondern nur teilweise umkehrbar, also irreversibel sind.

Mit einer neuen Zustandsgröße ist es möglich, die Umkehrbarkeit der Reversibilität eines Prozesses beziehungsweise eines Vorgangs durch eine messbare Größe auszudrücken.

Was ist Entropie?

Weiß jemand von Ihnen zufällig, wie diese heißt?«, wendet sich der Professor an die Studenten. In der zweiten Reihe meldet sich eine Studentin zu Wort: »Man nennt sie Entropie, auch bezeichnet mit (S); der Begriff geht auf den Physiker Rudolf Clausius zurück.« Ihr Banknachbar ergänzt: »Man hat bei zahlreichen Versuchen festgestellt, dass bei einem reversiblen Vorgang die Entropieänderung ΔS gleich null ist. Zum Beispiel, wenn in einem vollkommen wärmedichten Ölzylinder die zugeführte Arbeit gleich der zurückgewonnenen Arbeit ist. Läuft der Vorgang aber nur teilweise reversibel oder irreversibel ab, so ist ΔS größer als null.«

»Der kennt sich aus«, meint Nils anerkennend.

»Prima, da haben Sie schon etwas vorweggenommen, was Sie hier auf dem Bild sehen«, sagt Prof. Dr. Hansen auf die Erläuterungen der Studenten hin.

Entropie

dS = dQ/dT [J/K]

Q = aufgenommene Wärme [J]
T = absolute Temperatur bei der Aufnahme [K]
dS = 0 für reversible Vorgänge
dS > 0 für irreversible Vorgänge

Der Professor fährt fort: »Die Zustandsgröße Entropie lehrt uns also, dass in einem nach außen isolierten System die Entropie reversibel verlaufender Vorgänge nur konstant bleiben kann oder bei irreversiblen Vorgängen nur zunehmen kann. Prozesse mit abnehmender Entropie kommen in der Natur nicht vor.« »So langsam wird's spannend«, meint Lia und Nils nickt.
»Vielfach wird die Entropie über die thermodynamische Wahrscheinlichkeit erklärt. Dabei wird untersucht, in welche Richtung Naturvorgänge von selbst, das heißt spontan ablaufen können. Wir wissen, dass sich heißes Wasser mit kaltem zu lauwarmem Wasser mischt. So etwas wie eine *Entmischung* tritt niemals von selbst auf. In der Natur wird der Zustand größter thermodynamischer Wahrscheinlichkeit angestrebt. Einfacher ausgedrückt kann man sagen: Das System strebt von sich aus einen Zustand größerer Unordnung an, weil dies der Zustand größter Wahrscheinlichkeit ist. So ist es wahrscheinlicher, dass sich, zum Beispiel in einem luftgefüllten Raum, die Sauerstoff-, Stickstoff- und Kohlendioxidmoleküle völlig ungeordnet auf den gesamten Raum verteilen, als dass sich jeweils in einer Ecke des Raumes die einzelnen Molekülarten sortieren. Die letztere Annahme ist wohl die unwahrscheinlichste.
Der 1. Hauptsatz der Wärmelehre macht allerdings keine Aussage über die Richtung, mit der ein Prozess abläuft. Ich habe soeben erläutert, dass die Natur den Zustand größter thermodynamischer Wahrscheinlichkeit, also den Zustand größter Unordnung anzustreben versucht. Diese Beobachtung formuliert der 2. Hauptsatz der Wärmelehre, und der geht so.« Professor Hansen dreht sich den Studenten zu:

Der 2. Hauptsatz der Wärmelehre

»In einem abgeschlossenen System verlaufen alle Zustandsänderungen so, dass die Entropie nicht abnimmt, sondern dass sie bei reversibel verlaufenden Vorgängen konstant bleibt. Bei irreversiblen Vorgängen nimmt sie zu.
Jetzt haben wir die Grundlage – Ergänzungen werde ich im Laufe der Vorlesung vornehmen –, um die Physik eines Kraftwerksprozesses zu

verstehen. Und diese ist unabhängig davon, ob ich große oder kleine Kraftwerke betreibe oder sie mit fossilen oder nachwachsenden Brennstoffen versorge. Auch die großen solarthermischen Kraftwerke, die vielleicht eines Tages in der Wüste stehen werden, arbeiten auf der Basis dieser physikalischen Gesetze.«

Die Physik eines Kraftwerksprozesses

Professor Dr. Hansen erläutert den Studenten anhand mehrerer Schaubilder die Prozessschritte, die in einem Kraftwerk stattfinden.
Die Studentenschar wird langsam unruhig. Lia meint zu Nils: »Puh, hätte ich vorhin doch bloß nichts gesagt! Jetzt hat er ja richtig aufgedreht.«
»Aber interessant war es«, sagt Nils und streicht sich eine widerspenstige Haarsträhne aus dem Gesicht.
»Bevor wir in die Pause gehen, teile ich Ihnen hier noch ein Merkblatt mit einigen wichtigen Begriffen und physikalischen Einheiten aus, die Sie in der Energiewirtschaft immer wieder antreffen werden.« Der Professor lässt das Blatt herumgehen.

Ausgewählte wichtige Begriffe in der Energiewirtschaft

Primärenergieverbrauch
... ist der Verbrauch eines Energieträgers, wie er in der Natur vorkommt, d. h. er wurde noch keinem Umwandlungsschritt unterzogen. Ein Primärenergieträger ist z. B. in einem Tagebau abgebaute Braunkohle oder auf einer Ölplattform gefördertes Rohöl.

Sekundärenergieträger
... sind Primärenergieträger, die einem Umwandlungsschritt unterworfen wurden. Sekundärenergieträger sind Veredelungsprodukte wie Kohlebriketts oder Mineralölprodukte und Energieträger wie Strom und Fernwärme.

Endenergieverbrauch
... ist die vom Verbraucher bezogene Energie, wie z. B. das Heizöl im Tank.

Nutzenergie
... ist die Energieform, die dem Verbraucher nach ihrem letzten Umwandlungsschritt zur Verfügung steht, wie z. B. Licht oder Wärme.

Arbeit
... Kraft x Weg [Nm]

Leistung
... ist Arbeit pro Zeit [J/s]

Joule	**Exajoule**	**Petajoule**
... kgm^2/s^2	... EJ $\triangleq 10^{18}$ J	... PJ $\triangleq 10^{15}$ J

Vereinfachter Wärmeschaltplan eines Kondensations-Kraftwerkes und Darstellung im T,s-Diagramm

1-2 Durch die Speisewasserpumpe erfährt das Arbeitsmedium (Wasser) eine Druckerhöhung. Durch diese Druckerhöhung ist die stetige Zirkulation des Arbeitsmediums gewährleistet. Zusätzlich steigt die Temperatur des Wassers leicht an.

2-3 Im Kessel wird dem Wasser solange Energie in Form von Wärme zugeführt, bis es anfängt zu verdampfen (Siedelinie). Durch die weitere Energiezufuhr steigt der Dampfgehalt des Wassers an, die Temperatur ändert sich jedoch nicht (Nassdampfgebiet), bis das Wasser vollständig in die gasförmige Phase übergeht (Taulinie) und im Überhitzer auf die maximale Prozesstemperatur gebracht wird.

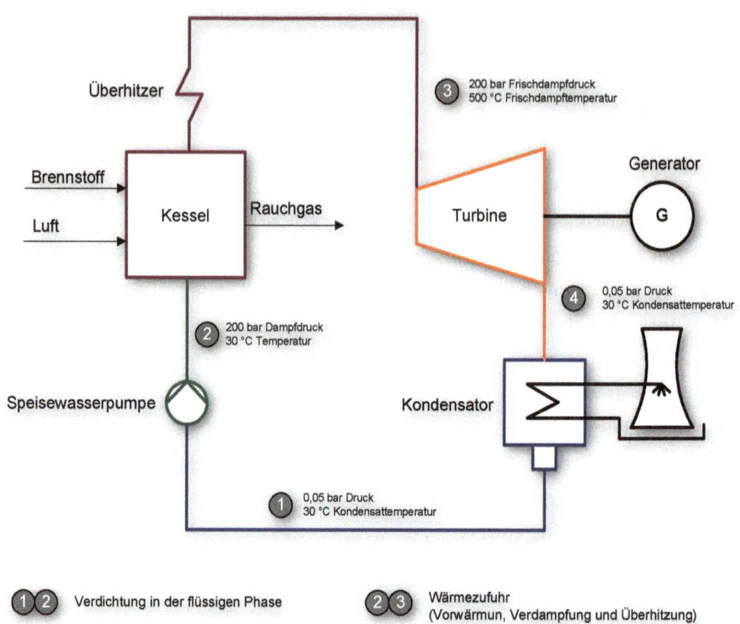

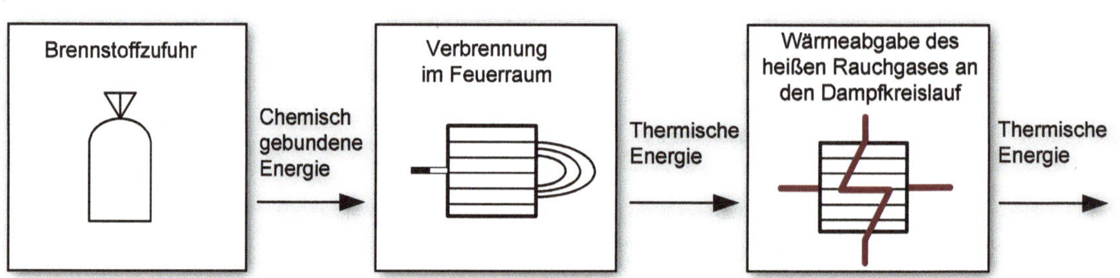

Prozessschritte in einem thermischen Dampfkraftwerk

Der fossile Brennstoff z. B. die chemisch gebundenen Energie der Kohle wird im Feuerraum (Kessel) verbrannt. Hierdurch entstehen Rauchgase. Die heißen Rauchgase erhitzen Wasser, welches im oberen Kesselbereich Rohre durchströmt. Oder etwas präziser: Die Rauchgase kühlen sich an den wassergeführten Rohrbündeln ab. Das Wasser verdampft und überhitzt sich in den Rohrbündeln. Auch Wasserdampf genannt (Thermische Energie).

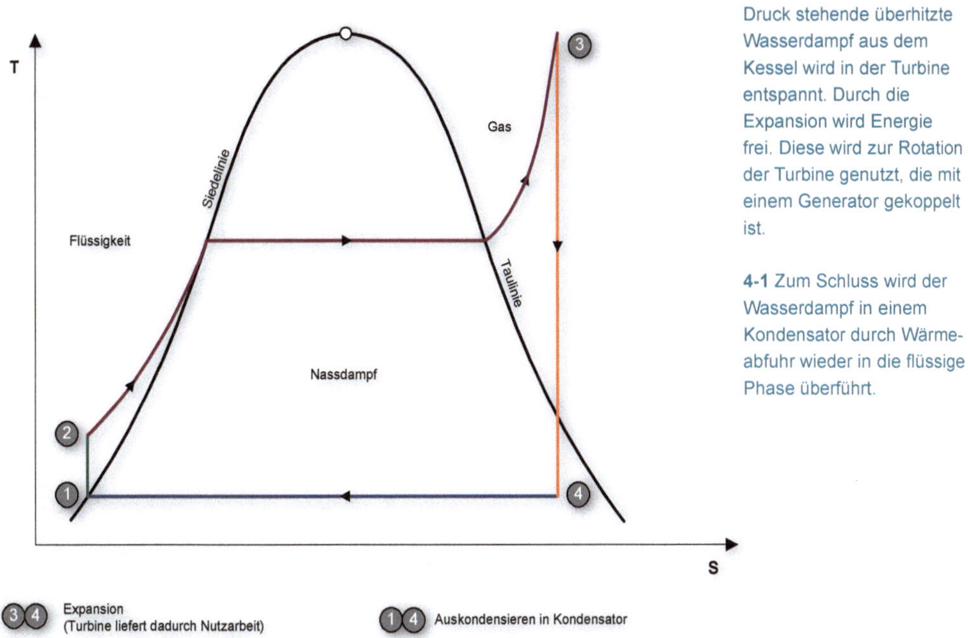

3-4 Der unter hohem Druck stehende überhitzte Wasserdampf aus dem Kessel wird in der Turbine entspannt. Durch die Expansion wird Energie frei. Diese wird zur Rotation der Turbine genutzt, die mit einem Generator gekoppelt ist.

4-1 Zum Schluss wird der Wasserdampf in einem Kondensator durch Wärmeabfuhr wieder in die flüssige Phase überführt.

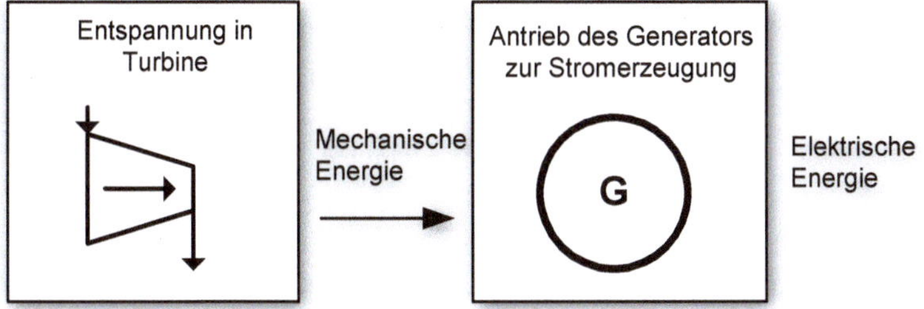

Der Wasserdampf wird anschließend einer Turbine zugeführt (Mechanische Energie). Die in der Turbine erzeugte mechanische Energie wird in Generatoren in elektrische Energie umgewandelt.
Diese Schritte werden im Kreisprozess geführt. Es reihen sich mehrere Zustandsänderungen wie beispielsweise Druck (P) und Temperatur (T) so aneinander, dass der Anfangszustand wieder erreicht wird.

Wirkungsgrad eines Kraftwerkes

Bei ökonomischer Betrachtungsweise ist der Wirkungsgrad eines Kraftwerkes von besonderer Bedeutung. Er wird durch den Betrag der gewonnenen Arbeit W bestimmt, der sich aus der zugeführten Wärmeenergie Q_1 gewinnen lässt. Hierbei treten jedoch Wärmeverluste Q_2 auf, die sich nicht immer ganz vermeiden lassen. Die praktisch nutzbare Wärme ist die Differenz zwischen Q_1 und Q_2.
Die allgemeine Definition des Wirkungsgrades η lautet:

$$\text{Wirkungsgrad} = \text{Nutzen} / \text{Aufwand}$$

Für den thermischen Wirkungsgrad des Kraftwerkes gilt:

$$\eta = (Q_1 - Q_2) / Q_1$$

Die Aufgabenstellung der Ingenieure besteht darin, den Wirkungsgrad so günstig wie nur eben möglich zu gestalten. Dabei müssen die Wärmeverluste Q_2 minimiert werden. Der von dem Franzosen Sadi Carnot vor 200 Jahren erdachte Kreisprozess besagt, bis zu welcher Grenze dies überhaupt möglich ist. Diesen Grenzwert kann man nach einigen komplizierten Umformungen wie folgt schreiben:

$$\eta = (T_1 - T_2) / T_1$$

Man sieht, der Wirkungsgrad des Carnotschen Kreisprozesses ist allein abhängig von den beiden Temperaturen T_1 und T_2, zwischen denen er verläuft. Hierbei wird sofort klar, warum in modernen Kraftwerken mit hohen Dampftemperaturen von etwa $T_1 \geq 550$ °C und sehr niedrigen Abdampftemperaturen von $T_2 \leq 35$ °C gearbeitet wird.

Die Studenten verlassen den Hörsaal, und auch Nils und Lia gehen in den Vorraum.
»Langsam verstehe ich, dass ein modernes Kraftwerk nur einen Wirkungsgrad von höchstens 50 hat. Und die Autos nur schlappe 30 %. Das gibt einem ja echt zu denken«, sagt Lia grüblerisch. »Hm«, macht Nils nur, gedanklich noch ganz bei der Vorlesung.
»Hallo, mein Name ist Antonio«, kommt einer der Studenten auf sie zu. »Ich studiere eigentlich Biologie, aber hier bei der Summer School mal in Energietechnik reinzuschnuppern, ist auch spannend.«
Die anderen Studenten tun es ihm gleich und begrüßen Nils und Lia ebenfalls. Ein paar Minuten später hat sich eine Menschentraube um die beiden gebildet.
»Hi, wie ich höre, habt ihr den Kopernikus-Preis gewonnen, toll! Ich bin übrigens Robert, ich komme aus Chicago und studiere Ökonomie. Chicago gilt als die Hochburg der Wirtschaftswissenschaftler, dort forschen die meisten Nobelpreisträger.«
»Und wie gefällt dir die Vorlesung?«, fragt ein anderer Student namens Mark an Lia gewandt.
»Na ja, ich muss zugeben, zuerst dachte ich, boah, wie langweilig«, gibt Lia zu, »aber dann ging es ja doch noch richtig ans Eingemachte.«
»Ich studiere übrigens in Österreich Geologie«, sagt Mark. »Ich ... «. Er will noch etwas hinzufügen, aber da fällt ihm schon Undine ins Wort: »Hallo, ich bin Undine und lebe in Brasilien.«
Bevor Lia noch nachfragen kann, wie sie dann zu dem Namen *Undine* kommt, stellt sich ein anderer Student zwischen sie und stellt sich vor: »Hallo, ich studiere normalerweise Mathematik. Meine Freunde nennen mich Chè. Wo ich zu Hause bin, kann ich allerdings nicht so genau sagen. Mein Vater arbeitet überall auf der Welt und meine Mutter und ich reisen immer mit. Ich war sogar schon mal in Schweden«, meint er an Nils gewandt und schiebt grinsend ein »Hej«, hinterher. Eine Studentin mit langen braunen Locken und funkelnden Augen erklärt: »Und ich komme aus Rom und studiere Energietechnik. Mein Name ist Fatima. Später möchte ich gerne jede Menge Solarkraftwerke bauen.« Bald schon ent-

wickelt sich unter den Studenten und Lia und Nils ein reges Gespräch über die Summer School und ihre jeweiligen Zukunftspläne.
Zuletzt kommt ein weiterer Teilnehmer angeschlendert. »Hallo, ich bin Li. Ich habe heute leider verschlafen«, sagt er mit zerknirschtem Gesicht. »Ich studiere in Peking Physik, mein Steckenpferd ist allerdings die Atomphysik.« Der Vorraum des Hörsaales ist von Stimmengewirr angefüllt. Ganz überrascht stellen sie fest, dass die Pause schon um ist, als Prof. Dr. Hansen den Kopf durch die Tür steckt. »Essen wir nachher zusammen Mittag?«, fragt Mark noch in die Runde, und alle nicken zustimmend, während sie in den Vorlesungssaal zurückgehen.
»Dann wollen wir mal weitermachen«, sagt Professor Hansen mit kräftiger Stimme. »Energie leistet unersetzliche Dienste und geht dabei nicht verloren.« Dann wendet er jedoch zögernd ein: »Aber der Wert der Energie wird bei jeder Umwandlung geringer und schließlich bleibt viel wertlose Abwärme übrig. Das haben wir vor der Pause gelernt.« Mit einem schweifenden Blick in die Runde fährt er fort: »Nun stellen wir uns die Frage:

Wofür brauchen wir Energie?
Und da lautet meine erste Antwort: Vor allem brauchen wir Energie zum Leben. Deshalb essen wir täglich unseren *Brennstoff* und müssen zu seiner Verwertung beständig Sauerstoff atmen. Nur wenige Minuten ohne Sauerstoff, und die Energiezufuhr für unseren Stoffwechsel wird unterbrochen – der Gehirntod ist die Folge. Um unseren persönlichen Energiebedarf zu decken, braucht es nicht viele Lebensmittel – aber es braucht welche.
Wie viel nötig ist, ergibt sich aus dem Stoffwechsel-Grundumsatz von circa 100 Watt bzw. W. Das entspricht dem Energiebedarf – wir sagen auch Leistung – einer hellen Glühbirne. An jedem Tag macht das eine Energiemenge von 2,4 Kilowattstunden bzw. kWh aus. Diese Zahl ergibt sich, wenn Sie die 100 Watt mit 24 Stunden multiplizieren. Und pro Jahr ergeben sich so großzügig aufgerundet 1 000 kWh.
Auch die Produktion von Lebensmitteln verbraucht Energie. Die Wärme und das Licht der Sonne, die die Pflanzen wachsen lassen, sind zwar noch gratis, aber die landwirtschaftliche Arbeit, der oft teure Transport – zum Teil mit Luftfracht – und die Zubereitung dieser Lebensmittel verbrauchen natürlich zusätzlich erhebliche Energiemengen. Auch, weil für ein Kilojoule bzw. kJ Energie aus Fleisch oft mehr als die zehnfache Energie in Form von Futtergetreide eingesetzt werden muss.
»Deshalb ist es ja auch sinnvoll, die Lebensmittel zu essen, die in unserer Heimat vorkommen oder angebaut werden«, gibt eine Studentin im Hinblick auf die oft langen Transportwege zu bedenken.

»Ganz richtig«, antwortet der Professor und spricht weiter: »Erst in zweiter Linie brauchen wir Energie, um bequem leben zu können. Die Betonung liegt auf *bequem*. Wir benötigen Energie, um unsere Häuser zu heizen, zu kühlen und zu beleuchten, aber auch für unsere Fahrzeuge, Maschinen und Computer. Dazu kommt der Energiebedarf für Lkws, Busse, Bahnen und Flugzeuge sowie der Bedarf für das Heizen und Beleuchten von Rathäusern, für Fabriken und Maschinen. Und so könnte man bis in alle Ewigkeit fortfahren.

»Lieber nicht«, sagt Nils leise und Lia verpasst ihm einen leichten Stoß mit dem Ellenbogen. Nils grinst ihr zu.

»Wie sich der Energiebedarf in einer modernen Volkswirtschaft aufteilt,

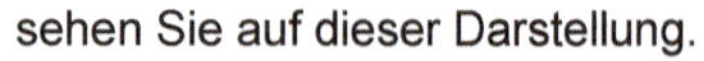

sehen Sie auf dieser Darstellung.

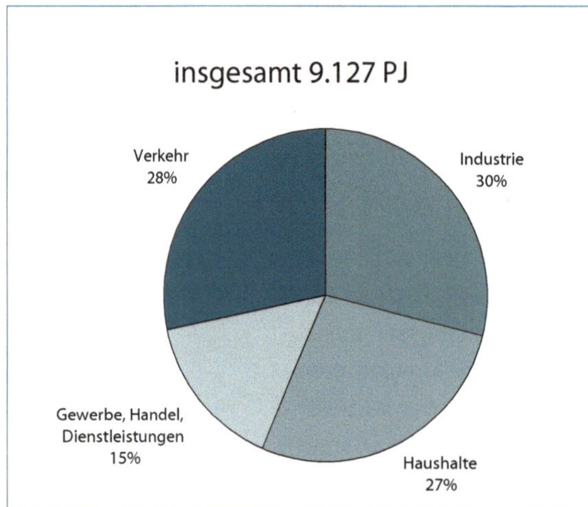

Endenergieverbrauch in Deutschland (2008)

Bevor die Endenergie in Form von Benzin oder Strom genutzt werden kann, wird die Primärenergie zuvor in einer Raffinerie oder in einem Kraftwerk zu Benzin oder Strom *veredelt*. Dies geschieht, wie Sie der Darstellung entnehmen könnten im Umwandlungssektor. Das ist hier zu sehen.« Professor Dr. Hansen drückt eine Taste auf dem Laptop und die nächste Grafik erscheint auf der Leinwand.

Wie hier zu sehen ist, büßen wir 40 % der Primärenergie durch Umwandlungs- oder Transportverluste ein. Der volkswirtschaftliche, energetische Wirkungsgrad liegt in einer industrialisierten Volkswirtschaft bei circa 60 %. Dies hat zur Folge, dass Rohstoffe verbraucht werden und die Umwelt mit Schadstoffen belastet wird. Deshalb jetzt einige Aspekte zur Thematik

Umwelt und Rohstoffe

Lia richtet sich interessiert auf. Über diesen Zusammenhang wollte ich schon länger etwas erfahren, denkt sie.

»Bei der Verbrennung fossiler Brennstoffe in einem Kraftwerk wird Kohlen- und Sauerstoff in Energie und Kohlendioxid umgewandelt. So entstehen bei der Verbrennung von einem Kilogramm Sauerstoff bzw. 1 kg C 3,7 kg CO_2. Schauen Sie sich diese Illustration an: Darauf sieht man, dass bei der Verbrennung von Braunkohle die höchsten Schadstoffbelastungen und bei der Verbrennung von Erdgas die geringsten Schadstoffbelastungen auftreten. Neben dem Umweltaspekt ist aber auch der Ressourcenaspekt von größter Bedeutung. Deshalb wenden wir uns jetzt

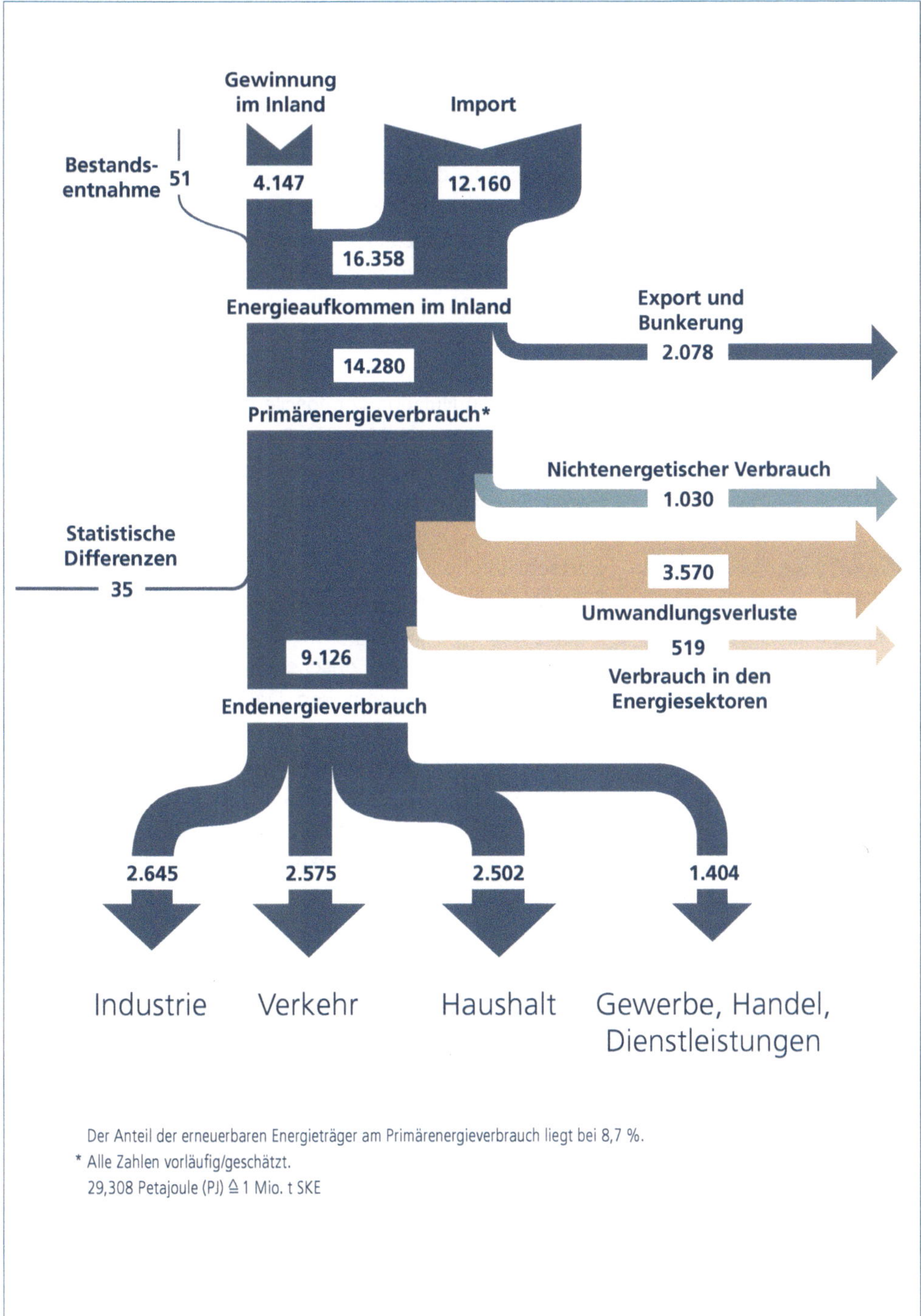

Energieflussbild (Deutschland 2008) in Petajoule (PJ)

den Energievorkommen zu. Dafür ist es zunächst wichtig, dass wir die Begriffe Reserven und Ressourcen definieren. Schauen Sie sich bitte hierzu das Bild und den Text an.«

Prof. Hansen setzt nach einer kurzen Pause seine Ausführungen fort: »Sowohl hinsichtlich der Reserven als auch der Ressourcen ist die Kohle der Energieträger mit den weltweit größten Vorkommen. Diese wird auch – im Gegensatz zu Öl und Gas, die nur noch für mehrere Generationen ausreichend zur Verfügung stehen werden – noch viele hundert Jahre verfügbar sein. Doch ihre Achillesverse ist die unsaubere Verbrennung im Kraftwerk. Das bedeutet,« zieht Prof. Dr. Hansen ein Fazit, »dass es hinsichtlich einer nachhaltigen bzw. längerfristigen Nutzung von fossilen Energieträgern geboten ist, die Vorkommen der fossilen Energien durch eine effiziente Nutzung zu schonen und so auch den CO_2-Ausstoß zu reduzieren. Deshalb befassen wir uns nun mit dem Thema:

Fortschrittliche Kraftwerkstechniken

Eine wichtige Rolle hierbei spielt die Verbesserung der Wirkungsgrade von fossil gefeuerten Kraftwerken. Dies kann beispielsweise dadurch geschehen, dass man Werkstoffe für höhere Temperaturen und Drücke entwickelt und mit neuen Verfahren den vorhin schon erwähnten Kreisprozess optimiert. Mit ausgeklügelten Nickel-Basis-Legierungen versuchen wir, einen besseren Schutz vor Zersetzung und eine größere Hitzebeständigkeit zu erzielen. So wird es in naher Zukunft möglich sein, den Wirkungsgrad auf 50 % zu steigern.

Reserven und Ressourcen

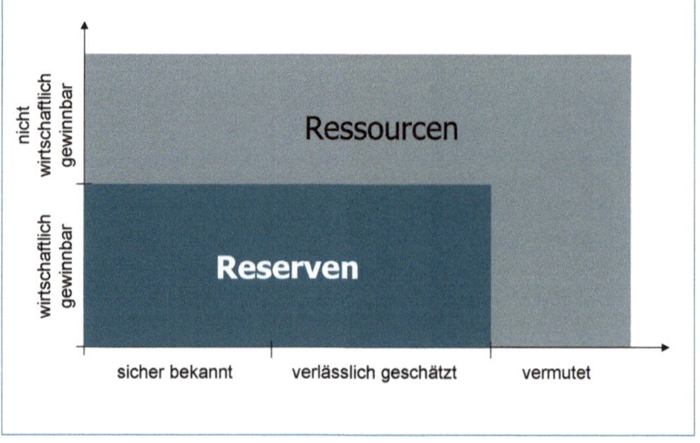

Chemische Energie- und CO_2-Freisetzung

Verbindet sich Kohlenstoff (C) mit Sauerstoff (O_2) zu Kohlendioxid (CO_2), wird Energie frei:

$$C + O_2 \leftrightarrow CO_2 + 4{,}2\ \text{eV}$$

Bei der Verbrennung von 1 kg reinem Kohlenstoff werden eine Energie von etwa 9 kWh und 3,7 kg CO_2 in die Atmosphäre frei gesetzt. Da der Energieinhalt pro kg in den einzelnen fossilen Energieträgern unterschiedlich ist, fällt bei der Verbrennung auch ein verschieden hoher CO_2-Ausstoß an.

	kg CO_2/GJ
Braunkohle	110,88
Steinkohle	91,44
Mineralöl	78,47
Erdgas	51,18

Reserven und Ressourcen

Als *Reserve* wird die Menge fossiler Energieträger verstanden, die nachgewiesen ist oder als wahrscheinlich angesehen wird und sich mit der heutigen Technik wirtschaftlich gewinnen lässt. Als *Ressource* wird die Menge fossiler Energieträger verstanden, die nachgewiesen aber mit der heutigen Technik nicht wirtschaftlich zu gewinnen ist. Des Weiteren gehören zu den Ressourcen geologisch mögliche Lagerstätten, die aber noch nicht nachgewiesen wurden. Die Summe aus Reserven und Ressourcen ergibt das Gesamtvorkommen. Wobei zu beachten ist, dass die Reserven nicht Teil der Ressourcen sind.

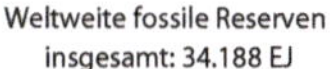

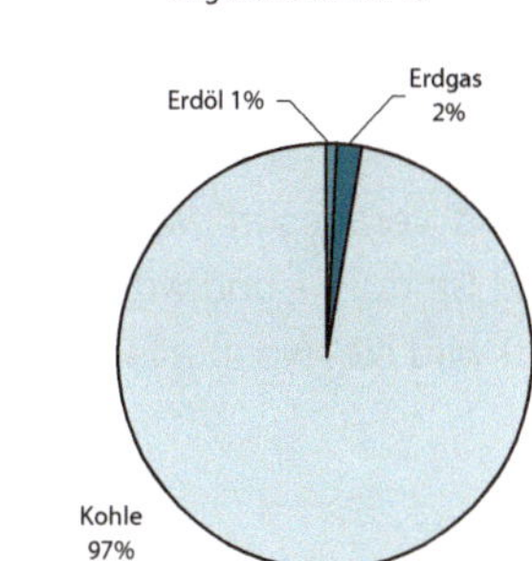

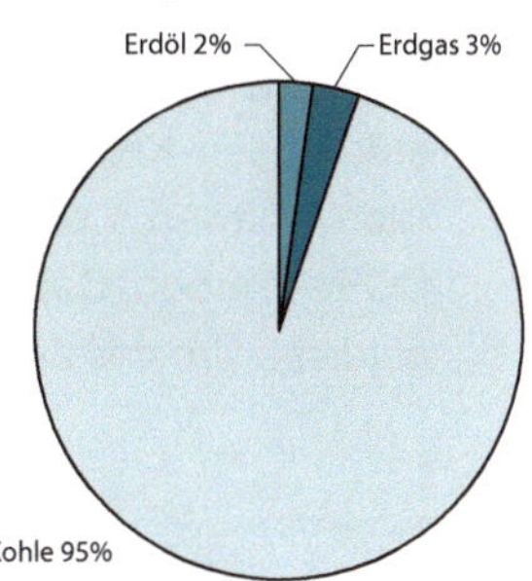

Weltweite fossile Energievorkommen

Vielleicht sogar eines Tages auf über 60 %, wenn es gelingt die Legierungen mit einer keramischen Schutzschicht zu überziehen. Unsere Versuche sind vielversprechend. Auch hilft uns die *Kraft-Wärme-Koppelung* die Wirkungsgrade zu steigern.«

»Also mehr Effizienz«, murmelt Lia.

»Wieso fummeln die Ingenieure immer noch an diesen alten Techniken rum?«, empört sich Undine. »Wir brauchen regenerative Energien!«

»Das liegt daran, dass diese Techniken noch große Effizienzpotentiale haben«, erläutert Prof. Dr. Hansen. »Eine maximale Wirtschaftlichkeit herauszuholen, ist häufig kostengünstiger als neue Techniken einzusetzen. Neues muss sich immer erst gegen Bewährtes durchsetzen.« Und mit einem verschmitzten Lächeln setzt er nach: »Auch die Alten lernen immer noch dazu.«

»Aber man wird diese Kraftwerke doch nie völlig CO_2-frei betreiben können«, wendet Antonio ein.

Kraft-Wärme-Kopplung

Kraftwerke können nicht nur zur reinen Stromerzeugung, sondern auch zur Strom- und gleichzeitigen Wärmeerzeugung eingesetzt werden. Charakteristisch für den konventionellen Kraftwerksprozess ist die Notwendigkeit, den Wasserdampf zu kondensieren. Durch den Verzicht auf eine etwas geringere Strommenge kann Wärme unter Nutzung von Verdampfungswärme gewonnen werden. Je höher die Wirkungsgrade des Kraftwerkes werden, desto geringer wird der Zugewinn an nutzbarer Wärme für die Stromerzeugung. Bei der Kraft-Wärme-Kopplung ist ein Brennstoffnutzungsgrad von 85–90 % erreichbar – als Summe aus elektrischer Energie und Wärmeenergie. Diese Wärme kann beispielsweise zur Versorgung von Wohnsiedlungen genutzt werden. Wobei zu beachten ist, dass die Reserven nicht Teil der Ressourcen sind.

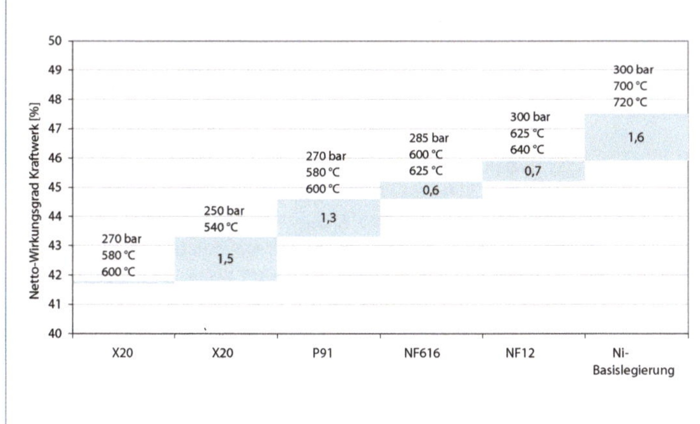

Werkstoffentwicklung und die dazugehörigen Dampfparameter

Professor Hansen nimmt die Kritik seiner Studenten gelassen auf und erwidert: »Völlig CO_2-frei nicht. Aber es gibt eine Technik, mit der das weitestgehend gelingt. Damit können 80–90 % des im Kraftwerksprozess anfallenden Kohlenstoffdioxids abgeschieden und die CO_2-Bilanz fossiler Kraftwerke entscheidend verbessert werden. Diese Technik heißt CCS – Carbon, Capture and Storage – und wird schon in vielen Ländern getestet. Um das Jahr 2020 wird sie, wenn alles gut läuft, großtechnisch

CCS-Technologie

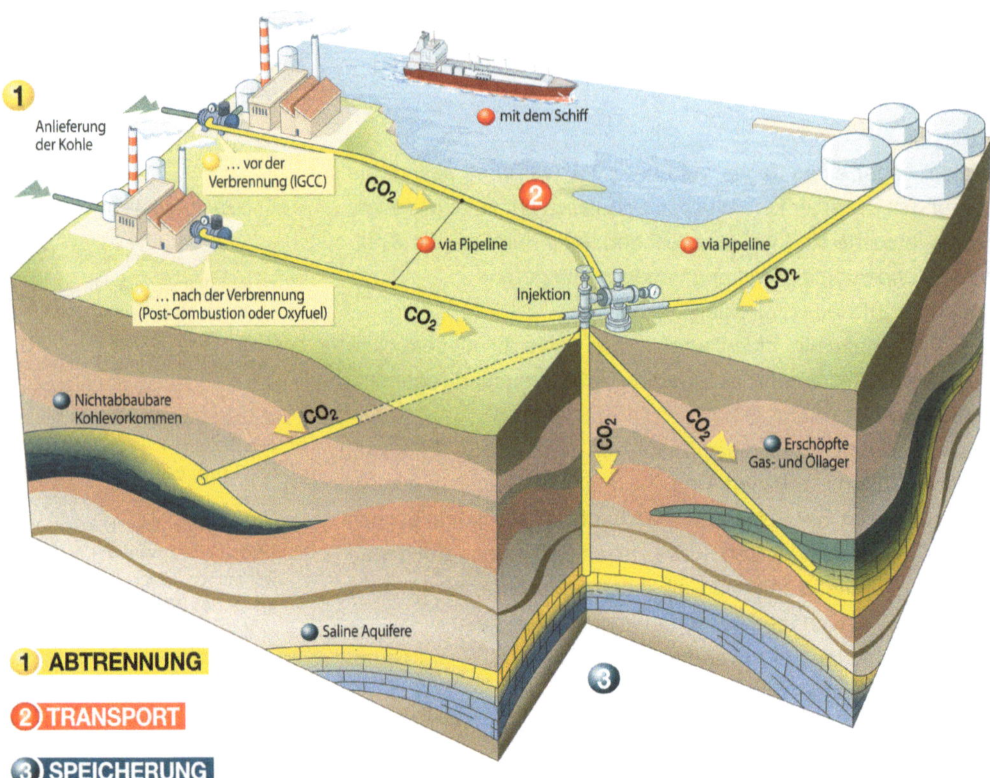

Schritt 1: Abtrennung

Unter Abtrennung versteht man das Auffangen von CO_2, das bislang beim Verbrennungsprozess vom Kraftwerk in die Atmosphäre entweicht.

Schritt 2: Transport

Im Anschluss muss das abgeschiedene CO_2 zu einer Speicherstätte transportiert werden.

Schritt 3: Speicherung

Das dritte Glied in der Prozesskette ist die Speicherung des CO_2 im Untergrund. Dieser Prozessschritt ist von entscheidender Bedeutung, denn nur wenn das Gas nicht wieder in die Atmosphäre gelangt, ist dem Klimaschutz gedient. Als Speicherstätten bieten sich nicht abbaubare Kohlevorkommen, erschöpfte Gas- und Öllager oder salzhaltige, tiefe Grundwassserleiter an. Doch zurzeit wissen wir noch nicht, ob das CO_2 wirklich dauerhaft verschlossen werden kann. Hierzu laufen noch Großversuche.

zur Verfügung stehen. Sie besteht aus drei Prozessschritten«, erklärt Prof. Hansen seinen Zuhörern. »Das Oxyfuel-Verfahren findet derzeit bereits in Glas- und Schmelzöfen Anwendung«, schließt der Professor. »In der Stromerzeugung müssen damit erst noch Erfahrungen gesammelt werden. Derzeit wird in Ostdeutschland eine Pilotanlage getestet, um das Oxyfuel-Verfahren zur Marktreife zu bringen.«

»Aber diese Verfahren verbrauchen doch bestimmt auch wieder Energie für die CO_2-Abscheidung und für den Pipelinetransport«, gibt Antonio zu bedenken.

»Nach den bisherigen Erkenntnissen belaufen sich die Wirkungsgradverluste auf 8–12 Prozentpunkte«, geht Prof. Dr. Hansen darauf ein. »Das heißt, wenn wir ein modernes Kraftwerk nehmen, das einen Wirkungsgrad von derzeit 45 % hat, würde sich der Wirkungsgrad auf 35 % reduzieren.«

»Aber das kann doch nicht die Lösung sein«, meldet sich nun erstmals auch Nils zu Wort.

Verfahren zur CO_2-Abscheidung

Es gibt mehrere Verfahren zur CO_2-Abscheidung. Ein Verfahren sehen Sie hier auf dem Bild. Es heißt Oxyfuel.

Das CO_2 wird während der Verbrennung im Kessel abgetrennt. Luft besteht zu rund 78 % aus Stickstoff und zu 21 % aus Sauerstoff. Verbrennt man einen fossilen Brennstoff in Luft, entsteht eine große Menge Rauchgas. Diese Menge lässt sich deutlich reduzieren, wenn der Anteil des Sauerstoffes künstlich erhöht wird. Genau das geschieht beim sogenannten Oxyfuel-Verfahren. Oxy steht für Oxygen – Sauerstoff –, Fuel für Brennstoff. Um reinen Sauerstoff aus der Luft zu gewinnen, wird eine Temperatur von minus 200 °C benötigt.

Verbrennen Kohle, Gas oder Biomasse in einer Atmosphäre aus reinem Sauerstoff, besteht das Abgas zum größten Teil aus CO_2 und Wasserdampf.

Die bei der Verbrennung in Luft entstehenden Stickstoff- und Schwefelverbindungen bilden sich erst gar nicht. Das CO_2 vom Wasserdampf zu trennen ist denkbar einfach: Das Gemisch muss lediglich abkühlen, dann kondensiert der Dampf zu Wasser und das Treibhausgas bleibt übrig.

Der Vorteil der Verbrennung in reinem Sauerstoff liegt darin, dass das entstehende CO_2 von vorneherein nahezu rein ist. Auf diese Weise erübrigen sich weitere Schritte zur Abscheidung.

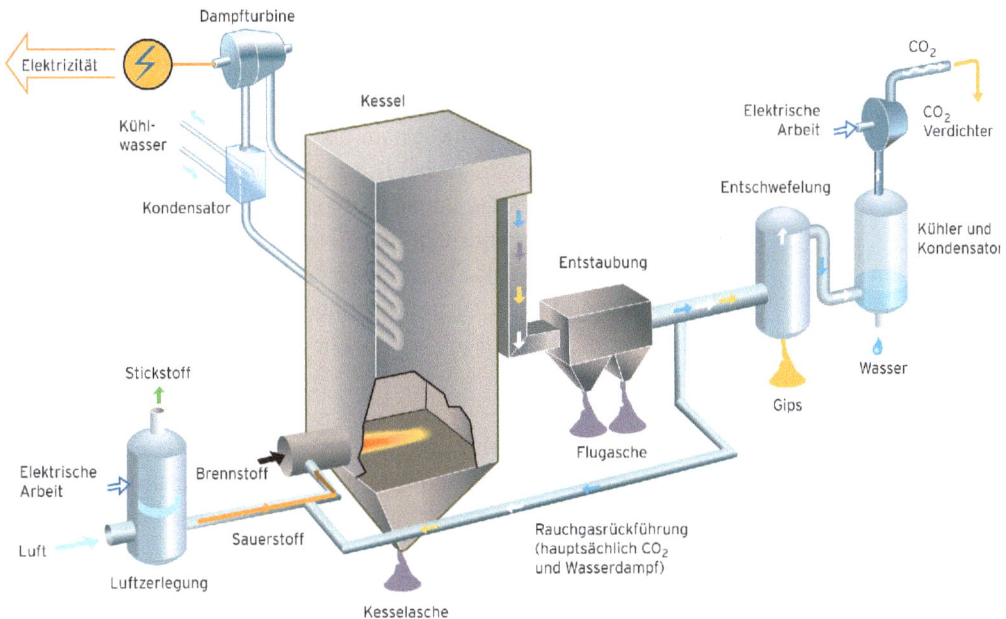

CO_2-Abtrennung während der Verbrennung (Oxyfuel-Prozess)

»Das sehe ich auch so. Damit dürfen wir uns nicht zufrieden geben!«, schließt sich Lia Nils an.
»Ich komme aus China«, meldet sich Li, »wir haben weder große Öl- noch große Gasvorkommen. Dafür aber gewaltige Kohlevorkommen. Deshalb beruht unsere Stromversorgung überwiegend auf Kohlekraftwerken. Daran wird sich auch in absehbarer Zeit nicht viel ändern, denn Kohlekraftwerke sind kostengünstig und unser Stromverbrauch wächst rasant. Deshalb werden bei uns in China noch viele neue Kohlekraftwerke gebaut. Wir sind froh, wenn diese neue Technik in Europa entwickelt wird. So können auch wir sie eines Tages nutzen.«
»Oder von uns zocken«, ertönt ein bissiger Kommentar aus den hinteren Reihen, doch der geht im allgemeinen Gemurmel fast unter.
Nach diesen konzentrierten Vorlesungsstunden sind Lia und Nils erst einmal nicht mehr aufnahmefähig und auch Professor Hansen sieht sichtlich erschöpft aus.
»Jetzt haben Sie schon viel gehört. Ich entlasse Sie nun in die Mittagspause. Mein Kollege Dr. Sonnborn wird Sie anschließend in die Klimaphysik einführen, danach haben Sie für heute Feierabend.«

Die naturwissenschaftlichen und technischen Grundlagen des Klimas

Nachdem sie in der Mittagspause Kraft getankt haben, fühlen sich Lia und Nils gestärkt für den nächsten Vortrag. Dr. Sonnborn betritt den Raum in einem weißen Sporthemd und einem bunten, seidenen Sommerschal. Die runden Brillengläser auf seiner Nase geben ihm eine muntere Note.
»Bestimmt haben Sie heute Vormittag schon etwas über Treibhausgase gehört, denn in einer Vorlesung über Energietechnik sind sie zwangsläufig ein Thema. Wir wollen in den nächsten Stunden ein paar grundlegende klimaphysikalische Zusammenhänge vertiefen. Sie ahnen schon, jetzt soll es zuerst um

Klimaphysik

gehen. Doch was verstehen wir unter diesem Begriff? Die Klimageschichte belegt vor allem die dramatische Wechselhaftigkeit des Klimas. Das Klimasystem ist ein sensibles Gebilde, das in der Vergangenheit schon auf kleinste Veränderungen empfindlich reagiert hat. Unser Klima ist also kein träges *Faultier*, sondern es gleicht vielmehr – wie es der bekannte amerikanische Klimatologe Wallace Broecker einst formuliert hat – einem *wilden Biest*. Andererseits treten Klimaveränderungen nicht ohne Grund auf. Die Klimaforschung ist in den vergangenen zehn Jahren einem quantitativen Verständnis der Ursachen früherer Klimaveränderungen sehr nahe gekommen. Viele Ergebnisse von damals lassen sich inzwischen auf spezifische Ursachen zurückführen und können in den ständig verbesserten Simulationsmodellen recht realistisch nachgespielt werden. Ein solches quantitatives Verständnis von Ursache und Wirkung ist die Voraussetzung dafür, die Eingriffe des Menschen in das Klimasystem richtig einschätzen zu können und deren Folgen zu berechnen.

Die Energiebilanz der Erde

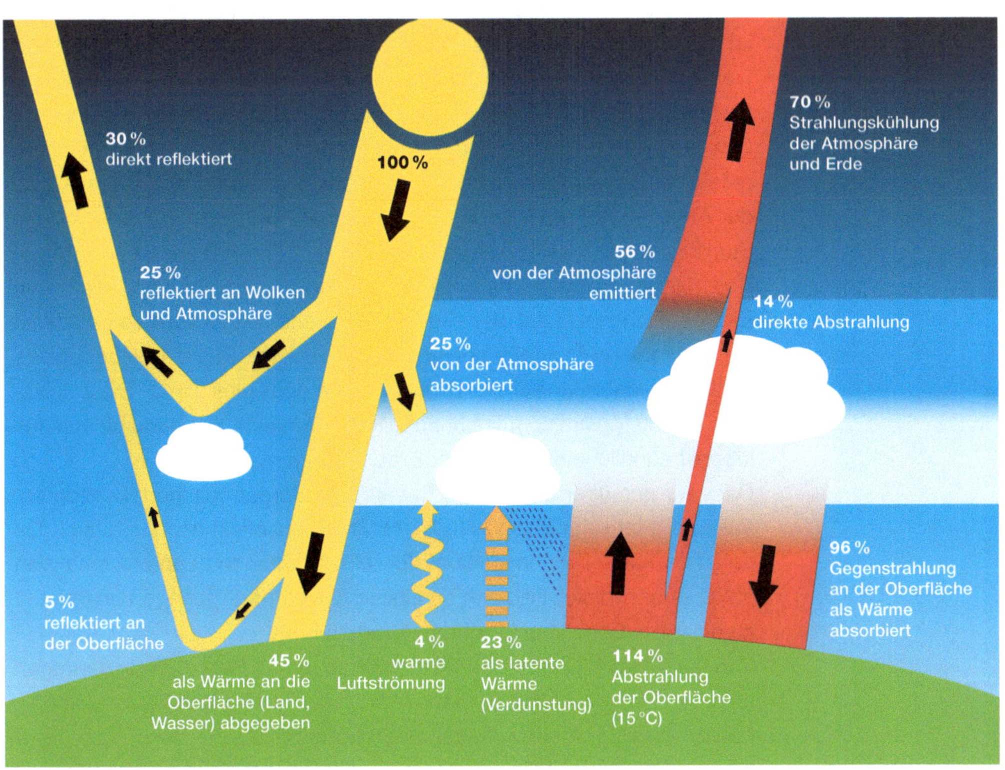

Das Sonnenspektrum enthält viele Wellenlängen *Wärmestrahlung*

Die mittlere oder durchschnittliche Temperatur auf der Erde ergibt sich aus dem natürlichen Strahlungsgleichgewicht und liegt gemittelt über viele Jahre bei plus 15 °C. Einige Gase in der Atmosphäre greifen in die Strahlungsbilanz ein, indem sie zwar die ankommende Sonnenstrahlung passieren lassen, jedoch nicht die von der Erdoberfläche abgestrahlte langwellige Wärmestrahlung. Dadurch kann Wärme von der Oberfläche nicht so leicht ins All abgestrahlt werden. Es kommt zu einer Art Wärmestau in der Nähe der Erdoberfläche. Anders formuliert: Die Oberfläche strahlt wie jeder physikalische Körper Wärme ab.

Je höher die Temperatur, desto mehr. Diese Wärmestrahlung entweicht aber nicht einfach ins Weltall, sondern wird unterwegs in der Atmosphäre absorbiert bzw. aufgesaugt, und zwar von den Treibhausgasen. Das sind vor allem Wasserdampf, Kohlendioxid und Methan. Diese Gase strahlen die absorbierte Wärme wiederum in alle Richtungen gleichmäßig ab. Also auch einen Teil zurück auf die Erdoberfläche. Dadurch kommt an der Oberfläche mehr Strahlung an als ohne Treibhausgase: Nämlich nicht nur die Sonnenstrahlung, sondern zusätzlich auch die von den Treibhausgasen abgestrahlte Wärmestrahlung.

Ein Gleichgewicht kann sich erst wieder einstellen, wenn die Oberfläche zum Ausgleich auch mehr abstrahlt, also wenn sie wärmer ist. Dies ist der Treibhauseffekt.

Die Klimageschichte bestätigt dabei nachdrücklich die Rolle des Kohlenstoffdioxids als Treibhausgas.«

»Ja, mir wird echt angst und bange, wenn ich an unsere Zukunft denke.«

Lia wirft Nils einen Seitenblick zu.

»Der befürchtete Temperaturanstieg infolge des steigenden CO_2-Gehaltes der Atmosphäre liegt im sogenannten *Treibhauseffekt* begründet, den die folgenden Darstellungen veranschaulichen. Wir sehen also«, schließt Dr. Sonnborn, »dass der Treibhauseffekt ein ganz natürlicher Vorgang ist. Wasserdampf, Kohlendioxid und Methan kommen von Natur aus und von jeher in der Erdatmosphäre vor; der Treibhauseffekt ist sogar lebensnotwendig. Ohne ihn wäre unser Planet völlig gefroren. Schon eine einfache Rechnung zeigt die Wirkung: Die ankommende Sonnenstrahlung pro Quadratmeter Erdoberfläche beträgt 342 W. Etwa 30 % davon werden reflektiert. Es verbleiben 240 W pro Quadratmeter bzw. m^2, die teils in der Atmosphäre, teils von Wasser- und Landflächen absorbiert werden. Ein Körper, der diese Strahlungsmenge abstrahlt, hat nach dem Stefan-Bolzmann-Gesetz der Physik eine Temperatur von minus 18 °C. Wenn die Erdoberfläche im Mittel diese Temperatur hätte, würde sie also gerade so viel abstrahlen wie an Sonnenstrahlung ankommt. Tatsächlich beträgt die mittlere Temperatur auf der Erdoberfläche aber plus 15 °C. Diese Differenz von 33 °C wird vom Treibhauseffekt verursacht, der dadurch erst das lebensfreundliche Klima auf der Erde möglich macht.

Dass wir uns über die globale Erwärmung Sorgen machen, liegt daran, dass der Mensch diesen natürlichen Treibhauseffekt noch verstärkt. Da der Treibhauseffekt insgesamt für einen Temperaturunterschied von 33 °C verantwortlich ist, kann bereits eine prozentual geringe Verstärkung zu einer Erwärmung um mehrere Grade führen.

Von der Theorie nun zu den tatsächlichen, gemessenen Veränderungen auf unserer Erde«, führt Dr. Sonnborn seinen Vortrag fort. Unter den Studenten macht sich ein verhaltenes Stöhnen breit.

Ohne sich davon beirren zu lassen, erläutert der Dozent: »Direkte und permanente Messungen der Kohlendioxidkonzentration in unserer Atmosphäre werden erst seit den 50er Jahren vorgenommen, seit Charles Keeling seine Messreihe auf dem Maunaloa in Hawaii begann. Diese berühmte Keeling-Kurve zeigt zum einen die jahreszeitlichen Schwankungen der CO_2-Konzentration: Wir bezeichnen das auch als Ein- und Ausatmen der Biosphäre im Jahresrhythmus. Zum anderen zeigt sie einen kontinuierlichen Aufwärtstrend. Das können Sie hier sehen«, sagt Dr. Sonnborn und zeigt auf die nächste Grafik. »Inzwischen – unser letzter Stand beläuft sich auf das Jahr 2005 – hat die CO_2-Konzentration den Rekordwert von 380 ppm, also 0,038 % erreicht. Das ist der höchste Wert seit mindestens 700 000 Jahren. So weit reichen die zuverlässigen Daten, die wir aus Messungen an Eiskernen gewinnen konnten, mittlerweile nämlich zurück. Für den Zeitraum davor haben wir nur ungenaue Daten aus Ablagerungen. Alles spricht jedoch dafür, dass man etliche Millionen Jahre in der Klimageschichte zurückgehen muss – zurück in die Zeiten eines wesentlich wärmeren, eisfreien Klimas – um ähnlich hohe Konzentrationen zu finden. Wir verursachen also derzeit Bedingungen, mit denen es der Mensch noch nie zu tun hatte, seit er den aufrechten Gang erlernt hat.«

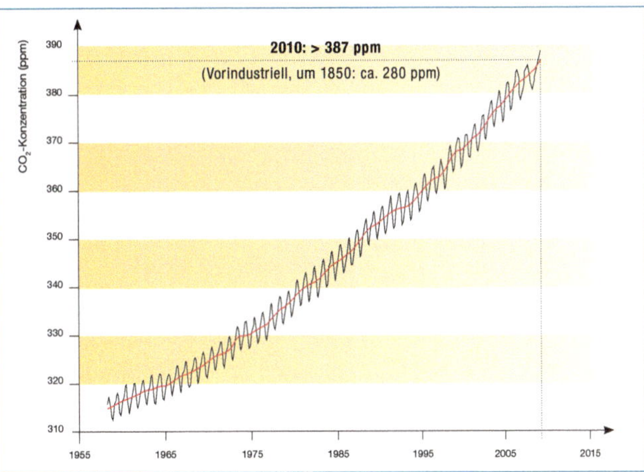

Die Entwicklung der CO_2-Konzentration in der Atmosphäre

»Daran ist nur die Industrialisierung Schuld«, mault Lia leise.

»Dass es der Mensch ist, der diesen Anstieg des Kohlenstoffdioxids verursacht, daran gibt es keinerlei Zweifel. Darüber haben Sie heute Morgen und auch aus den Medien schon viel erfahren. Messdaten aus aller Welt belegen, dass neben der Kohlendioxidkonzentration auch die mittlere Temperatur in den abgelaufenen 100 Jahren deutlich gestiegen ist. Und zwar etwa in dem Maße, wie es nach unserem physikalischen Verständnis des Treibhauseffektes – so wie ich es Ihnen vorhin erläutert habe – auch zu erwarten war. Dieser Anstieg der Temperatur ist durch eine Reihe voneinander unabhängiger Datensätze belegt. Das können Sie auf dieser Darstellung sehen. Aus den bisherigen Erkenntnissen lassen sich wichtige Kernaussagen herausfiltern. Sie finden sie im nächsten Bild noch mal zusammengefasst. Die letzte vergleichbar große Erderwärmung gab es, als vor ca. 15 000 Jahren die letzte Eiszeit zu Ende ging. Damals erwärmte sich das Klima weltweit um circa 5 °C. Aber diese Erwärmung ist über einen Zeitraum von 5 000 Jahren erfolgt. Der Mensch droht nun einen ähnlich einschneidenden Klimawandel innerhalb eines einzigen Jahrhunderts herbeizuführen. Einige mögliche Auswirkungen möchte ich noch erwähnen.«

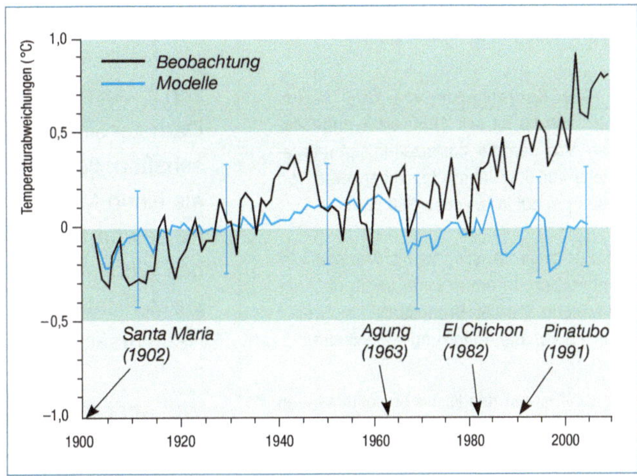

Die Entwicklung der Globaltemperatur 1900 – 2008

Unter den Studenten wächst die Unruhe. Hier und da ist ein unterdrücktes Gähnen zu sehen, und auch Lia und Nils sind nicht mehr völlig konzentriert bei der Sache. Lia pult an ihrem Radiergummi herum, während Niels nachdenklich aus dem Fenster starrt. Unterdessen fährt Dr. Sonnborn fort: »Die Gebirgsgletscher und das arktische Meereis schrumpfen, die Kontinentaleismassen in Grönland und der Antarktis zeigen Anzeichen von beschleunigtem Abschmelzen, Permafrost-Böden tauen auf, der Meeresspiegel steigt derzeit schneller als erwartet an – und zwar um drei Zentimeter pro Jahrzehnt – , die Vegetationsperiode verlängert sich und viele Tier- und Pflanzenarten siedeln sich in ihnen ursprünglich fremden Gebieten an. In den Medien haben Sie sicherlich schon einiges darüber gehört und gelesen.« Die Studenten nicken.

»Das ist schließlich das Thema unserer Generation«, meint Robert und es entbrennt eine kurze Diskussion darüber.

»Hinter all dem, was uns an Erkenntnissen vorliegt und was ich Ihnen gerade überblicksartig vorgestellt habe«, summiert Dr. Sonnborn ein paar Minuten später, »steckte und steckt ein ganzer Berg Arbeit. Wir schätzen die Zahl der Substanzen in der Atmosphäre auf eine Zahl von 5000 bis 8000. Darunter sind Spurengase, die entscheidend für die Eigenschaften der Atmosphäre sind und manchmal weniger als einen Milliardstelteil der Luft ausmachen. Eine ganze Reihe von Substanzen wirken sich dabei beträchtlich auf das Klima aus. Methan beispielsweise beeinflusst es auf kurze Sicht ähnlich stark wie das Treibhausgas CO_2, das Hauptursache des Klimawandels ist.

Kernaussagen zur Klimaphysik

1. Die Konzentration von CO_2 in der Atmosphäre ist seit 1850 stark angestiegen. Von dem für Warmzeiten seit mindestens 400 000 Jahren typischen Wert von 280 ppm auf inzwischen 380 ppm.

2. Für diesen Anstieg ist der Mensch verantwortlich. In erster Linie durch die Verbrennung fossiler Brennstoffe, in zweiter Linie durch die Abholzung von Wäldern.

3. CO_2 ist ein das Klima beeinflussendes Gas, das den Strahlungshaushalt der Erde verändert: Ein Anstieg seiner Konzentration führt zu einer Erwärmung der oberflächennahen Temperaturen. Bei einer Verdoppelung der Konzentration liegt die Erwärmung im lokalen Mittel sehr wahrscheinlich bei plus 3 °C, mit einer Schwankungsrate von 1 °C.

4. Das Klima hat sich im 20. Jahrhundert deutlich erwärmt. Weltweit um circa 0,6 °C, in Deutschland um circa 1 °C. Die Temperaturen der vergangenen zehn Jahre waren global die wärmsten seit Beginn der Messungen im 19. Jahrhundert und, wie wir wissen, auch seit mehreren Jahrhunderten davor.

Wie aber kommen wir an unsere Messergebnisse? Wir sind zum Beispiel mit einem Forschungsflugzeug und vielen Messinstrumenten an Bord den Spurengasen auf der Spur. Unser Flugzeug übertrifft mit einer Reichweite von über 8000 km, einer Flughöhe von mehr als 15 km und einer Nutzlast von 3 t alle anderen europäischen Forschungsflugzeuge. Mit dem Flugzeug aus Jülich können wir gezielt in Luftschichtungen und Gebiete hineinfliegen, in denen interessante chemische und meteorologische Prozesse ablaufen und diese dort ausführlich untersuchen.

Vor allem haben wir dabei die sogenannte Tropopause in einer Höhe von fünf bis 15 km über der Erdoberfläche im Visier. Sie spielt für den Klimawandel eine wichtige Rolle, weil sich hier Änderungen von Treibhausgasen, Schwebe-

Forschungsflugzeug

teilchen und Wolken besonders stark auf die Strahlungseigenschaften der Atmosphäre und somit auch auf die Temperaturen am Boden auswirken.

Aber wir nutzen auch Linienflugzeuge. Diese meiden zwar unsichere meteorologische Gegebenheiten, wie etwa Gewitter, und können auch keine tonnenschweren Messgeräte mitschleppen. Trotzdem lassen sie sich sehr erfolgreich für die Atmosphärenforschung nutzen. Unsere Messgeräte an Bord von fünf Airbus-Langstreckenfliegern analysierten im Laufe von mehr als 100 Millionen Flugkilometern die Luft der Tropopause. Eine solche Menge an Daten über einen langen Zeitraum zu sammeln, ist anderweitig undenkbar.

Zu den herausragendsten Erkenntnissen gehört, dass die obere Troposphäre über Ostasien weit mehr Kohlendioxid enthält als erwartet. Das ist in erster Linie eine Folge von Waldbränden und Brandrodungen. Satelliten haben diese extrem hohe Kohlenmonoxidkonzentration schlichtweg übersehen«, schließt Dr. Sonnborn seine Ausführungen.

»Toll, mit so einem Labor um die Welt zu fliegen«, meint Chè zu Undine, die neben ihm sitzt.

»Gegen so einen kleinen *Ausflug* hätte ich auch nichts einzuwenden.«

»Aber bitte nicht mehr heute, mir reicht's, ich bin hundemüde«, erwidert Undine flüsternd.

Dr. Sonnborn hat ein Erbarmen mit seinen Studenten und räumt seine Vortragsunterlagen in die Tasche.
»Wir machen Schluss für heute. Morgen werden Sie die Wissenschaftler im Labor besuchen.«
»Ich bin ja mal gespannt, mit welchen Ideen uns die Wissenschaftler morgen beglücken werden«, meint Nils an Lia gewandt.
»Bitte seien Sie morgen früh um neun Uhr am Institut für Fotovoltaik«, schickt Dr. Sonnborn noch hinterher, bevor er den Hörsaal verlässt.
»Hattet ihr jeden Tag ein so volles Programm?«, will Lia ganz geschafft von Undine wissen.
»Ja, wir haben jeden Tag etwas Neues gehört – aber es war durchweg interessant. Eine kompakte Woche allerdings. Danach werde ich erst mal in den Urlaub fliegen.«
»So, so, Undine«, meint ein Student, der gerade zufällig vorbeiläuft, mit einem spöttischen Grinsen, »so willst du also das Klima schützen, ja?«
»Ja, ja, red' du nur«, wirft Undine ihm hinterher, »machst es ja selbst nicht anders.«
»Bis morgen«, verabschiedet sie sich von Lia und Nils, die ihr Quartier ansteuern.

Laborerkundungen

Nils unterdrückt ein Gähnen. Nach den intensiven Vorlesungsstunden gestern hatte er eigentlich früh ins Bett gehen wollen, aber daraus war dann doch nichts geworden. Lia und er hatten noch bis spät über das Gehörte diskutiert und sich dann noch über ihr Leben in Spanien und Schweden unterhalten. Er mochte Lia. Sehr gern sogar. Was sie wohl von ihm hielt? Ganz so abstoßend schien sie ihn ja nicht zu finden, sonst hätte sie sicher nicht seine Nähe gesucht.
Er wird in seinem Gedankenfluss unterbrochen, als Professor Schwarzer sie am Institut für Fotovoltaik im Labor begrüßt. Gekleidet in einem sommerlichen Leinenanzug unterstreicht er seine junge unkonventionelle Erscheinung. In der Hand hält er eine Solarzelle und stellt sie mit den Worten vor: »Was machen wir hier genau? Ich will es ihnen sagen: Wir beschäftigen uns mit

Solarzelle

Fotovoltaik

Oder anders gesagt, wir entwickeln hauchdünne Sonnenfänger. Solarzellen sind die Hoffnungsträger einer nachhaltigen Energieversorgung, denn sie können das unerschöpfliche Sonnenlicht ganz ohne schädliche Nebenprodukte in Strom verwandeln.
Auch der Rohstoff Silizium, aus dem die Zellen überwie-

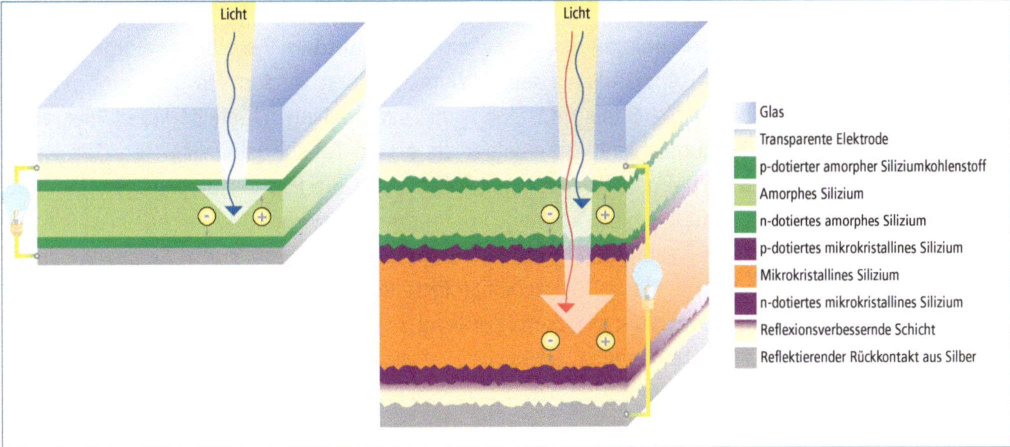

Prinzip einer Solarzelle aus amorphen Silizium (l.) und zum Vergleich die Jülicher Tandemzelle (r.)

gend gefertigt werden, steht praktisch unbegrenzt zur Verfügung: Silizium gibt es buchstäblich wie Sand am Meer. Scheiben des aus vielen kleinen Kristallen bestehenden Siliziums, aus denen Solarzellen heute in der Regel bestehen, sind allerdings nicht billig zu haben. Denn das Ausgangsmaterial muss erst gereinigt, dann geschmolzen, aufwendig kristallisiert und dann zuletzt in Scheiben zersägt werden.

Wenn das Material verbaut wurde, sind Solarmodule mit Wirkungsgraden von knapp 25% unter Laborbedingungen das Resultat. Im praktischen Einsatz reduziert sich der Wirkungsgrad allerdings auf 15%. Und was man dabei nicht vergessen sollte: Der Herstellungsprozess ist teuer und verschlingt viel Energie.«

Professor Schwarzer lässt seinen Blick über die Studenten schweifen.

»Es geht jedoch auch günstiger: Statt der kostspieligen Kristallscheiben – auch *Wafer* genannt – die etwa einen Drittel Millimeter dick sind, können weit dünnere Schichten aus Silizium das Licht einfangen und nutzbar machen. Sie werden kostengünstig aus einer gasförmigen Siliziumverbindung abgeschieden. Die Atome in der

Erklärung zum fotoelektrischen Effekt

Damit aus Licht Strom werden kann, sind drei Schritte nötig: Die Lichtteilchen müssen zunächst eingefangen werden. Ihre Energie muss bewegliche Ladungsträger erzeugen, und schließlich gilt es, diese positiven und negativen Ladungsträger zu trennen. All das geschieht, wenn Licht auf ein geeignetes Material trifft, wie der Physiker Antoine Cesar Becquerel schon 1839 feststellte. 1905 gelang es Albert Einstein, diesen Fotoeffekt zu erklären. Er griff dabei die Vorstellung auf, dass Licht nur in bestimmten Portionen – Quanten – Energie aufnehmen oder abgeben kann. Eine solche Energieportion kann Elektronen beispielsweise aus einem Metall herauslösen (äußerer fotoelektrischer Effekt) oder sie in einem Halbleiter auf ein höheres Energieniveau befördern (innerer fotoelektrischer Effekt). Halbleiter sind Stoffe, die bei Zufuhr von Wärme oder Licht elektrisch leitend werden, sonst aber isolierend wirken. Zur Herstellung einer Solarzelle werden Halbleitermaterialien gezielt verunreinigt – *dotiert* sagen die Physiker: In einem Bereich werden Atome mit Elektronenüberschuss, beispielsweise Phosphor, unter das Silizium gemengt. Dieser Bereich heißt dann n-dotiert. Ein anderes Gebiet wird p-dotiert, d. h. es werden Atome zugesetzt, die gegenüber dem Silizium einen Elektronenmangel aufweisen, etwa das Element Bor. So entsteht ein elektrisches Feld, in dem die verschiedenen durch die Lichtteilchen erzeugten Ladungsträger getrennte Wege gehen – Elektronen wandern Richtung n-Schicht, die Löcher zur p-Schicht. Werden die beiden Bereiche über einen elektrischen Leiter verbunden, fließen die Elektronen durch diesen von der n- zur p-Schicht zurück – es fließt also Strom.

Schicht sind nicht, wie bei einem Kristall, perfekt geordnet, sondern bilden ein unregelmäßiges Netzwerk, das außerdem Wasserstoffatome enthält. Diese Abwandlung des Siliziums nennen wir formlos bzw. amorph. Es bildet die Basis von Dünnschichtsolarzellen. Dünn bedeutet hier eine Siliziumschicht von weniger als einem Tausendstelmillimeter. Das spart Material und Kosten. Auch verschlingt die Produktion weniger Energie. Es dauert nicht so lange, bis man die Energie, die bei der Herstellung einer Zelle anfällt, wieder heraus hat. Der *Erntefaktor* ist damit günstiger.

»Haben diese Dünnschichtsolarzellen noch andere Vorteile?«, fragt eine Studentin mit blondem Pferdeschwanz neugierig.

»Das haben sie«, antwortet Professor Schwarzer.

»Diese ungeordneten Schichten lassen sich auf einer Vielzahl preiswerter Unterlagen erzeugen. Beispielsweise auf Fensterglas, aber auch auf biegsamem Metall und auf Plastikfolien. Auch können große Flächen damit beschichtet werden. Das bietet viele Möglichkeiten, solche Solarzellen in Gebäude zu integrieren.

Leider haben diese kostengünstigen und vielseitigen Sonnenfänger auch so ihre Schattenseiten: Amorphes Silizium setzt weniger Lichtenergie in Strom um als herkömmliches Silizium. Im Laufe der Zeit wird die Leistung dadurch also noch um 10–30 % schlechter. Die Zelle altert sozusagen.

Erst nach einigen hundert Betriebsstunden ist der Wirkungsgrad amorpher Solarzellen stabil, aber selbst dann nur etwa halb so groß wie bei Zellen aus kristallinem Silizium.

Gezielte Siliziumherstellung

Um den Wirkungsgrad der dünnen Siliziumschichten zu steigern, setzen wir deshalb auf eine dritte Variante – das sogenannte mikrokristalline Silizium. Säulenartig angeordnet, stecken hier winzige kristalline Körner in einer Schicht aus amorphem Material.«

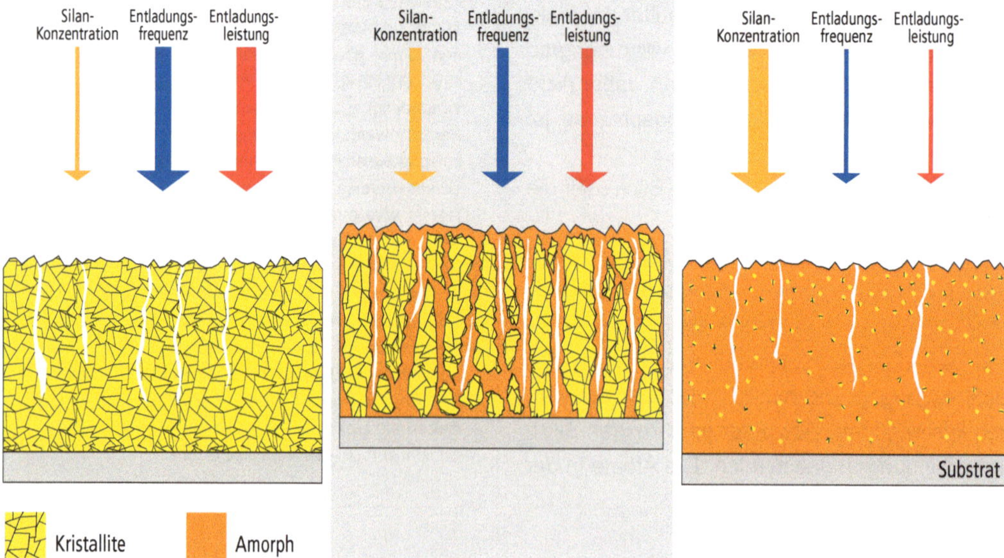

Professor Schwarzer beamt eine weitere Darstellung an die Leinwand. Diese Kombination aus Ordnung und Unordnung vereint die Vorteile beider Siliziumvarianten in sich. Mikrokristallines Silizium erreicht höhere Wirkungsgrade als amorphes und altert kaum, ist aber ebenso günstig herzustellen. Seit einigen Jahren arbeiten wir an diesem vielversprechenden Material und gehören zu den Pionieren dieser Technologie.
Aber nun wollen wir uns aufmachen, die Labore zu erkunden. Dort können Sie mit eigenen Augen sehen, was wir hier bewerkstelligen und wie wir das tun.« Der Tross von Studenten folgt Professor Schwarzer durch zahlreiche Gänge und Korridore.
»Ich finde das Thema Solarenergie ja ungeheuer spannend«, meint Lia.
»Das ist es auch, Babe«, meint Mark lässig, der sich neben Lia eingereiht hat. Nils wirft ihm einen kurzen, abschätzenden Seitenblick zu.

Während des Rundgangs durch die Labore, wo Professor Schwarzer sie einigen der dort tätigen Leuten vorstellt, haben die Studenten Gelegenheit, den Wissenschaftlern über die Schultern zu schauen. Etwa eine halbe Stunde lang stehen sie hier und da in kleinen Grüppchen herum, und immer wieder werden Rufe des Erstaunens laut.
Danach sammeln sich die Studenten in einem kleinen Raum, wo Professor Schwarzer engagiert weitererzählt: »Kristallines Silizium wandelt einzelne eingefangene Lichtteilchen zwar effektiver in Strom um als amorphes«, und nickt zu einer Grafik, die auf der Leinwand erscheint. »Es lässt jedoch mehr Lichtteilchen völlig ungenutzt passieren. Um die gleiche Menge Photonen – also kleinsten Energieteilchen elektromagnetischer Strahlung – zu absorbieren, müssen die Schichten rund fünfmal dicker sein, als bei Zellen aus amorphem Material. Daher ist es wichtig, dass wir bei der Herstellung eine hohe Depositionsrate erzielen. Das heißt, die Schichten müssen schneller wachsen, damit der Prozess wirtschaftlich ist. Wir haben bereits Wachstumsraten von etwa 1,5 Nanometern pro Sekunde erreicht und benötigen damit nur zehn Minuten für eine typische Schichtdicke von rund einem Mikrometer.«
Beifälliges Gemurmel wird laut. Diejenigen, die sich schon vorher mit Solarenergie beschäftigt haben, wechseln bedeutungsvolle Blicke.
»Wir dringen hier bereits in den Bereich vor, der für die industrielle Fertigung interessant ist«, fährt Professor Schwarzer fort und zupft an seiner Krawatte. »Zusätzlich haben wir nach langen Versuchsreihen herausgefunden, mit welchem Trick wir die Lichtaufnahmefähigkeit erhöhen können. Wir behandeln zum Beispiel die Zinkoxyd-Schicht mit Säure. So entsteht eine raue Oberfläche, die das Licht streut wie eine Milchglasscheibe. Zusammen mit einer Spiegelschicht auf der Rückseite der Solarzelle fängt sie das Licht gleichsam ein: Der Weg der Lichtteilchen durch

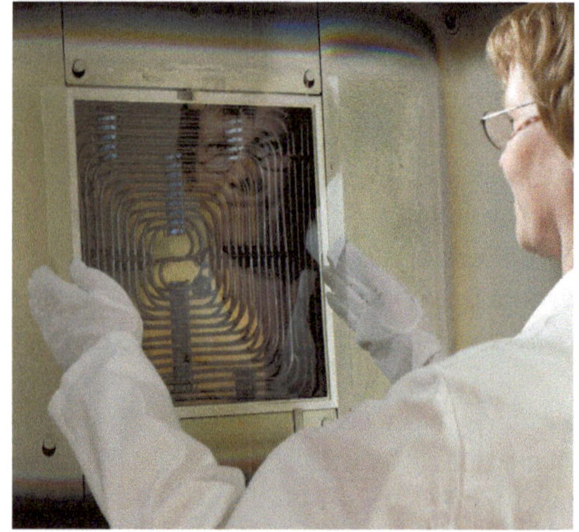

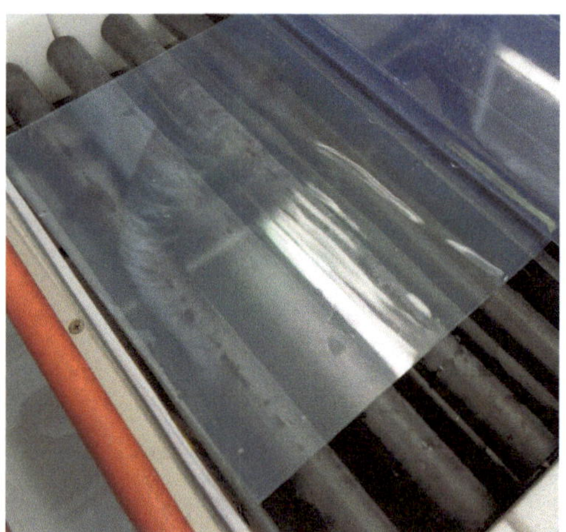

Herstellung von Siliziumschichten (von l.o. nach r.u.)
1 Beschichtung einer Glasscheibe mit leitfähigem Zinkoxid
2 Aufdampfen von Siliziumschichten
3 Aufrauen der Siliziumschicht
4 Ermitteln der Strom-Spannungs-Kennlinien eines Solarmoduls

das Silizium wird dadurch um ein Vielfaches länger und die Chance, dass sie zur Stromerzeugung beitragen, wird größer.

Das mikrokristalline Silizium nutzt einen breiteren Wellenlängenbereich als das amorphe Material, bis hinunter zum Infrarot. Amorphes Silizium dagegen wandelt das sichtbare Sonnenlicht mit höherer elektrischer Spannung um. Um die guten Eigenschaften beider Siliziumformen zu nutzen, kombinieren wir sie zu einem Doppelpack. In einer sogenannten Tandemzelle fällt das Licht durch eine Glasscheibe und die durchscheinende Zinkoxyd-Schicht. Die Lichtteilchen treffen dann zuerst auf eine dünne Lage aus amorphem Silizium und anschließend auf eine dickere, mikrokristalline Schicht. Photonen, die beide Schichten passiert haben, werden von einem mit Silber beschichteten Reflektor in die Siliziumschichten zurückgelenkt. Auf diese Weise können wir schon Dünnschicht-Solarmodule mit Wirkungsgraden von 10 % herstellen. Und von einem sind wir

überzeugt«, wendet sich der Professor stolz an die Studenten: »Wenn es uns gelingt, die optischen und elektronischen Eigenschaften der Siliziumschichten genauer zu verstehen und theoretisch zu beschreiben, lässt sich die Leistungsfähigkeit von Dünnschicht-Solarzellen enorm steigern. Vielleicht unterstützen Sie uns ja nach ihrem Studium dabei«, fügt Professor Schwarzer mit einem Lächeln in die Runde hinzu. »So, und jetzt entlasse ich Sie erst einmal in die heiß ersehnte Kaffeepause«, meint er mit einem Augenzwinkern.
Nils und Lia besorgen sich am Kaffeeautomaten einen Milchkaffee als Mark ruft: »Lia setz dich zu uns. Hier ist noch ein Platz frei.« Lia lässt Nils abrupt stehen und gesellt sich zu den Studenten.
Nils bleibt wie versteinert stehen und beäugt die scherzende Runde. Ein Säuseln von Mark und schon ist sie weg, denkt Nils und geht leicht verbittert an die frische Luft. Nach einigen Minuten kommen draußen die ausgelassenen Studenten an Nils vorbei. Ohne von ihm Notiz zu nehmen, schlendern sie zum Institut für Plasmaphysik. Nils folgt mit Abstand, um seine innere Erregung zu bändigen.
»Das Sonnenfeuer brennt bereits auf der Erde«, mit diesen euphorischen Worten begrüßt ein wissenschaftlicher Mitarbeiter im blauen Arbeitsanzug die jungen Studenten an der Testanlage. »Heute zwar erst einige Sekunden, aber ab 2015 werden es beim Fusionsreaktor ITER im französischen Cadarache mindestens acht Minuten sein. Ein Forschungszentrum, mit dem wir sehr eng zusammenarbeiten.
Ob die Menschheit das Sonnenfeuer vollends wird bändigen können, hängt von einem entscheidenden Punkt ab, nämlich von dem Kontakt mit dem heißen Fusionsplasma und der Reaktorwand. Deshalb untersuchen wir hier in Jülich den Prozess, der beim Zusammentreffen von Plasma und Wand abläuft. Wie Sie bereits merken, soll es nun um

Plasmaphysik

gehen. Einerseits ist ein Kontakt des mehr als 100 Millionen Grad heißen Plasmas mit den Wänden einer Fusionsanlage unerwünscht. Auch wenn die Plasmadichte im Fusionsreaktor etwa 250 000 Mal geringer ist als die Dichte der Erdatmosphäre, können die Plasmateilchen an den Reaktorwänden beträchtliche Schäden anrichten. Zudem verringert jedes Atom – Grundbausteine der Materie –, das aus der Wand herausgeschlagen wird, die Temperatur des Plasmas. Wenn zu viele Verunreinigungen in das Plasma eindringen, erlischt das Kernfeuer.
»Aber lässt sich der Kontakt des Plasmas mit den Wänden denn überhaupt vermeiden?«, stellt Robert eine Zwischenfrage.
»Nein, das tut es nicht«, sagt der wissenschaftliche Mitarbeiter namens Lars und dreht sich zu Robert um.

Kernspaltung
Bei der Kernspaltung von Uran 235 entstehen, wie in diesem Beispiel dargestellt, zwei Spaltprodukte und drei Neutronen. Es wird pro Spaltung ein Energiebetrag von 210 MeV frei, der sich aus der Differenz der Bindungsenergien ergibt. Die entstandenen Neutronen werden durch andere spaltbare Kerne absorbiert und lösen ihrerseits weitere Spaltungen aus, wodurch wiederum neue Neutronen freigesetzt werden.

Kernfusion
In diesem Beispiel verschmelzen die Atomkerne Deuterium und Tritium zu einem neuen Heliumkern unter Freisetzung eines Neutrons. Dabei müssen die Kerne so dicht zusammengebracht werden, dass sie verschmelzen. Um die gegenseitige Abstoßung der Kerne zu überwinden und damit die Kettenreaktion ablaufen zu lassen, werden hohe Geschwindigkeiten der Teilchen benötigt. Deshalb läuft die Kernfusion erst bei hohen Temperaturen von rund 100 Mio. Grad ab. Die Energie der Reaktionsprodukte kann zur Energiegewinnung in einem Kernfusionsreaktor dienen.

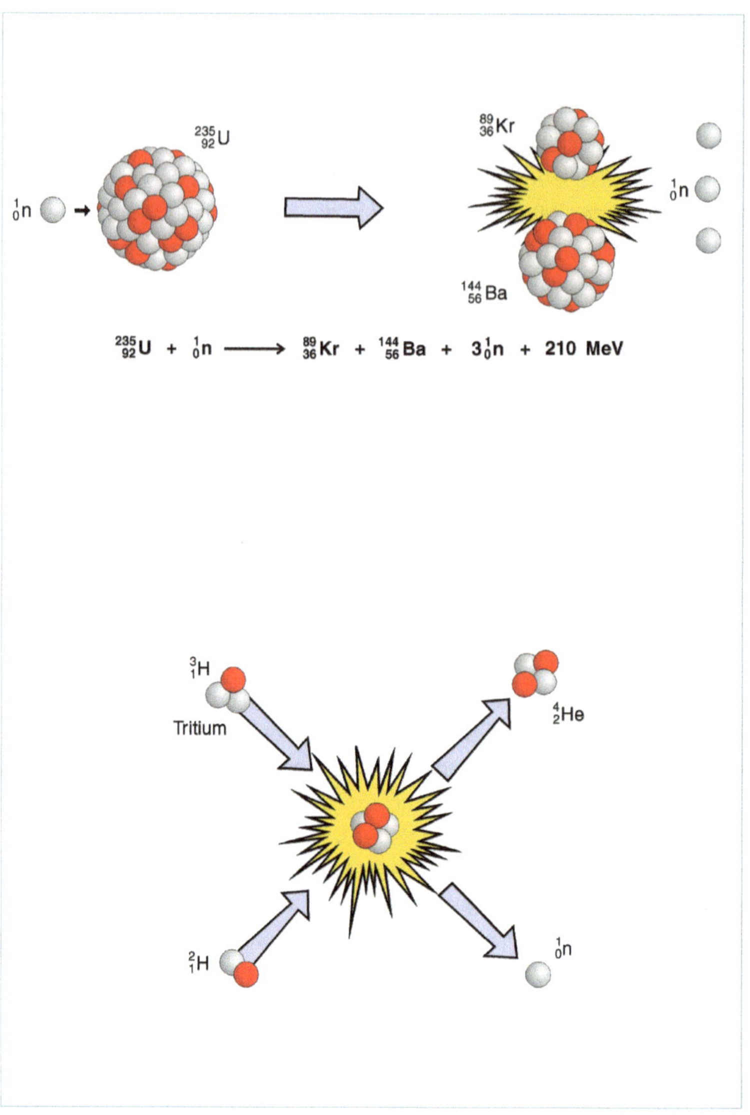

Prinzip der Kernspaltung und Kernfusion

»Der Kontakt des Plasmas mit den Wänden ist unvermeidbar. Obwohl das Plasma von Magnetfeldern eingeschlossen wird, die es von den Wänden fernhalten sollen, kommt es teilweise sogar vorsätzlich zu Wandkontakten. Denn wir müssen die Asche der Kernfusion – das Helium – aus dem Plasma entfernen, weil sonst die Fusion erstickt. Zu dem Zweck haben wir Magnetfelder entwickelt, die das Plasma auf sogenannte *Divertorplatten* lenken. Das sind besonders verstärkte Bereiche der Reaktorwände. Hier werden dann das Helium und die Verunreinigungen abgepumpt.

Aufgrund unserer langjährigen Forschungsreihen am Versuchsreaktor *Textor* favorisieren wir für die Beschichtung der besonders kritischen Wandstellen Grafit, also Kohlenstoff.

Der Vorteil von Grafit ist, dass er nicht schmilzt, sondern bei etwa 3550 °C gleich in den gasförmigen Zustand übergeht. Dadurch wird die Beschichtung zwar dünner, aber die Wand bleibt intakt. Das Schmelzen der Beschichtung würde die Wandeigenschaften hingegen drastisch verschlechtern.

Der Kohlenstoff hat noch einen weiteren Vorteil: Sein Kern besitzt nur sechs Protonen. Die geringe Protonenzahl dieser Stoffe zieht Elektronen nur mit einer vergleichsweise schwachen Kraft an. Kohlenstoffatome, die ins heiße Plasma gelangen, verlieren deshalb sofort ihre Elektronen. Damit ist aber die größte Gefahr für das Erlöschen des Kernfeuers gebannt, denn es sind in erster Linie die gebundenen Elektronen von Verunreinigungsatomen, die das Plasma abkühlen, indem sie laufend Energie aufnehmen und als Licht abstrahlen.

»Ich kann mir kaum vorstellen, dass es nur Vorteile gibt«, meint Nils an Lia gewandt. »Irgendeinen Haken gibt's doch immer.«

Lia lächelt ihn warm an und nickt zustimmend.

Schematischer Aufbau des TEXTOR

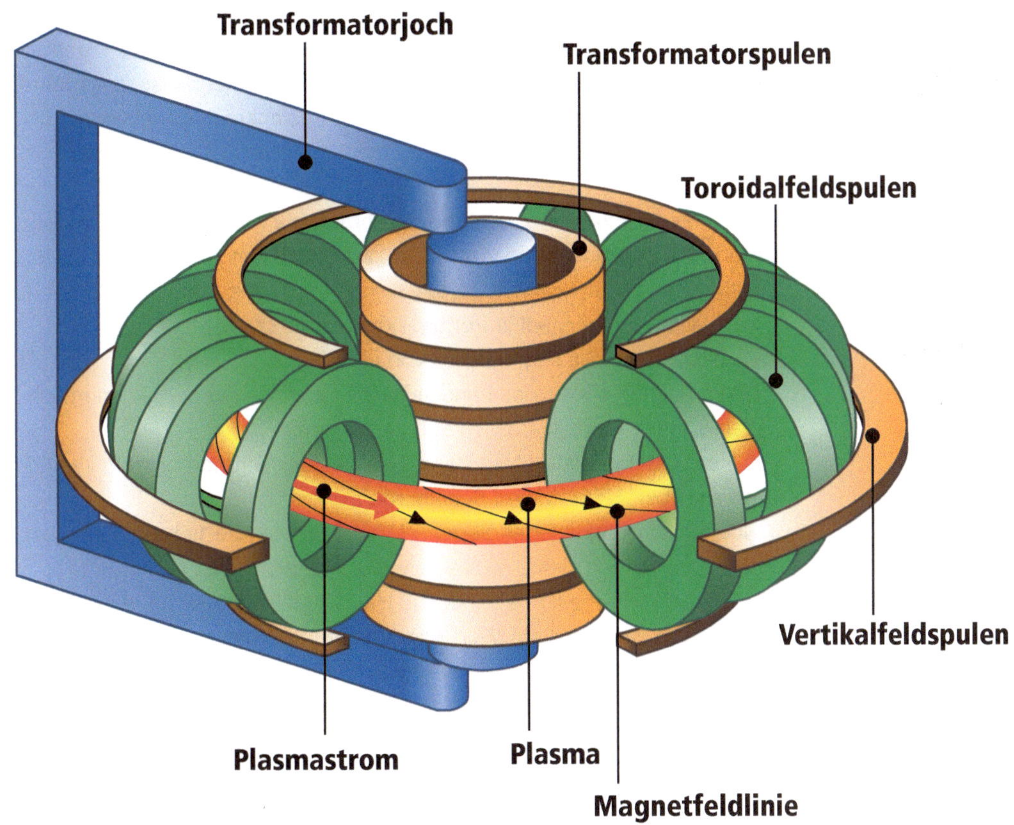

Ein Techniker befestigt Grafitplatten im Jülicher TEXTOR

»Allerdings hat Kohlenstoff auch einen Nachteil«, sagt Lars.
»Hab ich's nicht gesagt?«, meint Nils verschwörerisch, legt dabei einen Arm um Lia und wirft Mark einen kurzen Blick zu.
»Weil er zu den leichteren Elementen gehört, können die heißen Plasmateilchen Kohlenstoffatome relativ einfach aus der Wandbeschichtung herausschlagen«, fährt Lars unterdessen fort. »Für sich allein betrachtet, würde dies bedeuten, dass die Wandbeschichtung pro Betriebsjahr um mehrere Meter abgetragen wird. Die entsprechenden Wandbestandteile eines Fusionskraftwerkes müssten dementsprechend in extrem kurzen Abständen ausgewechselt werden. Aber innerhalb des Reaktors geht zum Glück nichts verloren, der aus der Wand gelöste Kohlenstoff lagert sich auch wieder auf der Wand ab. Erfreulicherweise ist die Ablagerungsrate genau dort am höchsten, wo auch der meiste Kohlenstoff abgelöst wird – und das verlängert die Lebensdauer der Wandbeschichtung erheblich. So hoffen wir, mit unseren Erkenntnissen im Jahre 2015 den Startschuss für den ersten Test-Fusionsreaktor geben zu können«, schließt Lars.

Nach dieser Exkursion zum Thema Kernphysik gehen Undine, Lia, Nils, Mark und die anderen an frischer Luft ins Seekasino zum wohlverdienten Mittagessen. Als Nils sich an Lia wenden will, fällt Mark ihm ins Wort: »Lia, aus welcher Stadt in Portugal kommst du?«
»Aus Coimbra. Sie liegt nördlich von Lissabon.«
»Portugal muss ein tolles Land sein. Ich war noch nie dort. Meine nächsten Sommerferien werde ich dort verbringen.«
»Unser Land ist sehr abwechslungsreich. Tolle Strände und ein zerklüftetes Hinterland mit vielen Schafherden.«
»Ich bin ein begeisterter Surfer, ein Wellenreiter. Je höher die Wellen, desto besser. Ich werde an die Atlantikküste fahren.«
»Sag mal Nils, wie ist es bei euch? Hat die Ostsee auch hohe Wellen?«
Bevor Nils auch nur ein Wort sagen kann, übernimmt Mark seine Antwort: »Die Ostsee kannst du vergessen. Ein flacher Binnensee. Absolut langweilig.« Nils widerspricht mit keinem Wort und denkt bloß, was für ein arroganter Typ.

Lia: »Ich habe noch nie auf einem Brett gestanden. Die Balance zu halten ist bestimmt schwierig.«
Mark: »Nils bestimmt auch noch nicht. Ein fitter Körper ist wichtig. Man muss reaktionsschnell sein. Und Angst darf man auch nicht haben.«
Nils bleibt gelassen und malt sich belustigt das Bild aus, wie er diesen schnatternden Kerl, der ihm gerade bis zu den Schultern reicht, hier im Teich versenkt.
Lia: »Wellenreiten hat mich bisher noch nicht sonderlich interessiert.«
Mark: »Du solltest es mal ausprobieren. Ich werde dir rechtzeitig eine Info schicken, wenn ich meinen Urlaub plane. Vielleicht können wir uns abstimmen, und dann zeige ich dir wie Surfen geht. Wir zelten romantisch und abends können wir dann am Strandfeuer grillen und Rotwein trinken.«
Bei diesem Gedanken schwindet Nils Gelassenheit allerdings zusehends. Er malt sich das Szenario weiter aus und denkt, na klar, was dann nachts im Zelt abgeht, kann man sich ja denken.
»Eine gute Idee«, antwortet Lia, »aber ich habe noch viele andere Pläne im Kopf.« Dabei lächelt sie Nils an: »Zuerst werde ich mit Nils die Welt erkunden. Danach sehen wir weiter.«

Brennstoffzellen

»Unsere Brennstoffzellen *Made in Germany* sind Weltklasse.« Mit diesen Worten begrüßt Professor Johansson die jungen Leute in seinem Labor am Institut für *Werkstoffe und Verfahren der Energietechnik*.
»Schon dreimal haben Jülicher Wissenschaftler einen Weltrekord aufgestellt, wenn es darum ging, elektrischen Strom aus Hochtemperatur-Brennstoffzellen zu gewinnen«, fährt er fort. Der Professor tritt an seinen Laptop und drückt auf eine Taste. Kurz darauf erscheint eine Darstellung auf dem Bildschirm. »Elektrizität mit Brennstoffzellen zu erzeugen, bietet viele Vorteile: Da sie chemische Energie direkt in Strom umwandeln, holen sie weit mehr aus Energieträgern heraus als herkömmliche Kraftwerke. Denn es entfällt der verlustreiche Umweg über die Erzeugung von Wärme und Bewegung, wie etwa beim

Energieerzeugung der Brennstoffzellen

Wer Wasser in seine Bestandteile Wasserstoff und Sauerstoff aufspalten will, muss für diesen Vorgang – die Elektrolyse – Energie aufwenden. Beim umgekehrten Ablauf, wenn die beiden Gase sich zu Wasser vereinigen, wird Energie frei. Mit Knalleffekt verpufft sie im Chemieunterricht, wenn der Lehrer die klassische Knallgasreaktion vorführt. In Brennstoffzellen lässt sich die Reaktion steuern und die freigesetzte Energie in elektrischen Strom umwandeln.
Technisch wurden unterschiedliche Typen von Brennstoffzellen entwickelt: Einige funktionieren bei hohen, andere bei niedrigen Temperaturen; manche bestehen ausschließlich aus festen Werkstoffen, andere enthalten einen flüssigen Elektrolyten.
Im Prinzip aber läuft stets der gleiche Vorgang ab: Zwei Elektroden sind über einen elektrischen Leiter miteinander verbunden, zwischen ihnen befindet sich ein für Gase undurchlässiger Elektrolyt. An einer Elektrode, der Anode, wird Wasserstoff oder ein wasserstoffhaltiges Gas zugeführt. Der Wasserstoff wird an dieser mit einem Katalysator beschichteten Elektrode oxidiert – also in Elektronen und Protonen zerlegt; die Elektronen fließen durch den Leiter zur belüfteten Kathode. Dort reduzieren sie den Luftsauerstoff zu negativ geladene Sauerstoff-Ionen. Durch den Elektrolyten gelangen positiv geladene Protonen und negativ geladene Sauerstoff-Ionen zueinander und vereinigen sich zu Wasserdampf. Der Elektronenfluss in diesem Stromkreis ist als elektrische Leistung nutzbar.

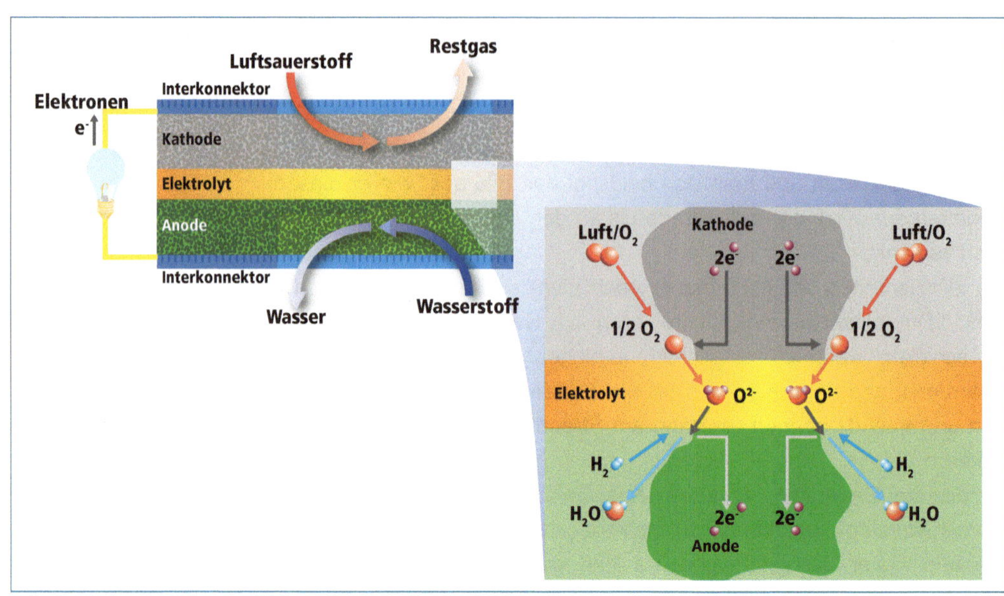

Lautloser Knalleffekt

Betrieb eines Kraftwerkes mit Kessel, Turbine und Generator. Auch schonen Brennstoffzellen das Klima: Werden sie mit reinem Wasserstoff betrieben, entsteht keinerlei Kohlendioxid. Und da sich in Brennstoffzellen nichts bewegt, außer Ionen und Elektronen, erzeugen sie keinen Lärm und keine Erschütterung. Ich möchte Ihnen im Folgenden unseren Typus Brennstoffzelle näher vorstellen: Mit unseren 160 Mitarbeitern sind wir die größte Arbeitsgruppe in der europäischen Brennstoffzellen-Forschung«, erklärt Professor Johansson nicht ganz ohne Stolz. »Unsere Stärke ist die Vielfalt unterschiedlichster Kompetenzen: Von der Elektrochemie über die Wasserstoff- und Verfahrenstechnik bis hin zu Simulationsverfahren und zur Systemanalyse. Unseren Sachverstand bringen wir in der ganzen Welt ein. So haben wir am Institut für Energy Research in Korea einen *Stack* aus 40 Zellen aufgebaut. Die koreanischen Forscher wollen versuchen, den *SOFC-Stack* bei höherem Druck zu betreiben und ihn mit einer Gasturbine zu kombinieren. Damit ließe sich der Wirkungsgrad weiter steigern.

Einzelzellen für einen Brennstoffzellenstapel

»Habe ich das vorhin richtig verstanden, dass beim Betrieb der Brennstoffzelle kein Kohlendioxid anfällt?«, fragt Fatima nach.

»Ja, das stimmt«, erwidert Professor Johansson. »Aber solange Methan, also Erdgas, zum Betrieb von Brennstoffzellen benutzt wird, dann schon. In Zukunft wird es vermutlich Wasserstoff sein, dann fällt auch kein Kohlendioxid mehr an.

Hierüber wird Ihnen gleich – nach einer zehnminütigen Pause – mein Kollege Auskunft erteilen. Bitte gehen Sie dazu eine Etage höher.« Professor Johansson weist auf die Treppe und verschwindet durch eine Tür.

Brennstoffzellen vom Typ Solide Oxide Fuel Cells (SOFC)

Brennstoffzellen vom Typ, den sogenannten Solide Oxide Fuel Cells (SOFCs), deren Elektrolytschicht zwischen den Elektronen aus einem keramischen Material besteht, sind für viele Zwecke besonders viel versprechend. SOFCs erreichen nicht nur den höchsten Wirkungsgrad aller Brennstoffzellen, sondern sind auch besonders kompakt. Außerdem lassen sie sich mit allen möglichen Brennstoffen betreiben, vom Wasserstoff über Erdgas bis zu Diesel-Reformat. Bei der Betriebstemperatur der SOFCs um die 750 °C entstehen aus Methan und Wasser direkt an der nickelhaltigen Anode Kohlendioxid und Wasserstoff. Künftig könnten SOFCs ein ganzes Spektrum von Aufgaben erfüllen. Sei es in dezentralen Heizkraftwerken, in Kältemaschinen oder auch bei der Bordstromversorgung von Kraftfahrzeugen.

Zentrales Element unserer SOFCs ist die 20mal 20 cm große und 1,5 mm dicke Anode. Sie trägt eine nur wenige hundertstel Millimeter dünne, keramische Schicht aus yttriumstabilisiertem Zinkoxid, die wie ein Elektrolyt Strom leiten kann. Auf dieser Elektrolytschicht liegt eine etwa ebenso dünne Kathode auf. Jedes dieser *Sandwiches* wird von zwei Platten aus Spezialstahl eingeschlossen, die in Rillen für die Gaszufuhr- und Ableitung geschnitten sind. Abgedichtet werden die Zellen mit einem glaskeramischen Werkstoff. Sechzig solcher Zellen werden zu einem *Stack* aufeinander gestapelt und zusammen geschaltet, um die Rekordleistung zu erzielen.

Wasserstoff

Kurz darauf stürzt Jens, ein ambitionierter, junger Mitarbeiter von Professor Johansson, in T-Shirt, dreiviertellangen Jeans und Sandalen herein.

»Hallo, wie geht's? Ich finde, wir können uns ruhig duzen, wenn ihr einverstanden seid, so groß ist der Altersunterschied zwischen uns ja nicht«, meint er. Alle nicken.

»Ok, dann kommen wir direkt zu meinem Lieblingsthema: Wasserstoff. Wusstet ihr eigentlich, dass Wasserstoff das häufigste Element im Universum ist? Das Tolle an Wasserstoff ist, dass es bei seiner Verbrennung kein klimaschädliches Kohlendioxid oder sonstige Schadstoffe freisetzt – nur Wasserdampf und Wärme. Ist das nicht paradiesisch? Doch paradiesische Zustände lassen sich, wie uns schon die einfache Lebenserfahrung lehrt, auf Erden nur schwer realisieren. Daher ist die entscheidende Frage, wie sich der Übergang zu einer wasserstofforientierten Energiewirtschaft bewerkstelligen lässt. Denn eine *Wasserstoff-Welt* wird nicht schlagartig entstehen; es bedarf einer langfristigen Strategie und einer Übergangszeit, in der langsam auf das Verfahren umgestellt wird. Wasserstoff muss allerdings hergestellt werden, und das ist auch die Achillesferse bei Energiegewinnungsverfahren mit Wasserstoff.

Wasserstoff kann man nirgendwo abbauen oder fördern, er ist somit ein sogenannter Sekundärenergieträger. Für seine Herstellung werden fossile Primärenergieträger, Kernenergie oder regenerative Energien benötigt. Das bedeutet: Wasserstoff kann hinsichtlich klimaschädlicher Emissionen bestenfalls so gut sein wie der verwendete sogenannte Primärenergieträger. Oder anders ausgedrückt: Bei der Umwandlung eines fossilen Primärenergieträgers in Wasserstoff kann das Treibhausgas Kohlendioxid entstehen, was man bei jeder noch so seriösen Betrachtung nicht vergessen darf.«

»Tja, es gibt immer irgendwo ein Haar in der Suppe«, ertönt ein lapidarer Kommentar aus den hinteren Reihen. Jens lächelt und nickt, bevor er fortfährt.
»Nach unseren Szenarien soll Wasserstoff zunächst – wie auch heute schon üblich – vorwiegend auf Erdgasbasis hergestellt werden. Später dann soll er zunehmend elektrolytisch durch Strom erzeugt werden, der aus regenerativen Energiequellen stammt. Dabei ist allerdings stets zu prüfen, ob es möglicherweise nicht energetisch günstiger ist, diesen nicht-fossilen Strom im Netz direkt einzusetzen. Mittel- bis langfristig wird die Speicherung und Nutzung von CO_2-freiem Strom in Form von Wasserstoff eine wichtige Rolle im Energiesystem spielen. Doch schon zuvor kann es durchaus richtig sein, Wasserstoff einzusetzen, selbst wenn er aus fossilen Quellen stammt.
Wasserstoff führt zu sehr einfachen Brennstoffzellensystemen, die Energie besonders wirtschaftlich nutzen können. Damit beschleunigt Wasserstoff als Energieträger die Markteinführung dieser vielversprechenden Technologie. Außerdem können auch besondere regionale Verhältnisse die Verwendung von Wasserstoff rechtfertigen, beispielsweise um den Ausstoß umwelt- und gesundheitsbelastender Emissionen vor Ort zu senken. In welcher Form wird Wasserstoff in den Markt eingeführt, weiß das jemand?«, wendet sich Jens an die Zuhörer.
Antonio meldet sich. »Wasserstoff wird vermutlich indirekt in den Markt eingeführt, zum Beispiel in Brennstoffzellen, die als Akkuersatz tragbare elektronische Geräte lange und ohne Unterbrechung mit Energie versorgen.«
»Ganz genau«, antwortet Jens und ergänzt: »Oder aber als Brennstoffe für Linienbusse und Fahrzeugflotten im Stadtverkehr. Erst mittel- bis langfristig wird die Wasserstoffnutzung im Energiemarkt bedeutende infrastrukturelle Maßnahmen, wie beispielsweise ein dichtes Versorgungsnetz und flächendeckende Tankstellen, erforderlich machen. Ihr seht an diesem Beispiel, dass es nicht ausreicht, nur einzelne Technologien zu untersuchen, sondern dass es gleichzeitig wichtig ist, den Zusammenhang im Gesamtenergiesystem zu betrachten. Darüber werdet ihr morgen früh mehr erfahren.« Mit diesen Worten verabschiedet sich Jens winkend von den Studenten und verschwindet im angrenzenden Labor.
»Du meine Güte, das war wieder ein inhaltsreicher Tag«, seufzt Fatima.
»He, nicht schwächeln, heute Abend wollen wir uns doch alle zusammensetzen und ein bisschen quatschen«, meint Antonio.
»Ja, ja, das war auch nur ein vorübergehender Anfall von Schwäche«, zwinkert Fatima ihm zu, bevor sie mit ausgreifenden Schritten den Raum verlässt. Lia und Nils tun es ihr nach, um wenigstens noch einen Moment Luft zu holen, bevor sie sich wieder mit den anderen treffen.

Abendliche Klimadiskussion

Nils ist schlecht gelaunt. Und das, seit er mit anschauen musste, wie Mark während des Mittagessens regelrecht eine Show abzog und Lia die ganze Zeit über an seinen Lippen hing. Na gut, Mark war witzig, aber er flirtete auch auf Teufel komm raus mit Lia. Oder hatte er sich das alles nur eingebildet? Auf jeden Fall schien Lia sich durch seine Aufmerksamkeit geschmeichelt zu fühlen.

Frustriert tritt er gegen den Mülleimer in seinem Zimmer und stöhnt genervt auf, als dieser umkippt und sich der ganze Inhalt auf den Fußboden ergießt. Ausgerechnet in dem Moment steckt Lia ihren Kopf durch die Tür und informiert ihn, dass es Zeit ist, ins Gästehaus des Forschungszentrums zu gehen, um sich mit den Studenten zu treffen.

Kurz darauf sitzen sie Salat mampfend, Hotdogs kauend und mit einer Cola in der Hand im Gästehaus, und schon bald entbrennt unter den Anwesenden eine lebhafte Diskussion über die Probleme dieser Welt, die Nils seine schlechte Laune vorerst vergessen lassen.

»In den USA sehen wir die ganze Klimadiskussion gelassener«, meint Robert. »Manche machen sich sogar über die warnenden Rufe aus der *Alten Welt* lustig. Die Klimaforscher sind in die Rolle der Reformatoren gerutscht. Sie rufen zur Umkehr auf, fordern Verzicht. Fordern ein Umdenken. Weniger statt Mehr. Sparsamkeit statt Verschwendung. Ich sage es ganz offen: Ich will Party machen und mich nicht einschränken müssen, ich will keine Umkehrung unserer modernen Zivilisationsrichtung. Die Mahner haben die ganze Schubkraft einer expressiven Zivilisation gegen sich. Sie widersprechen den Einsichten in die Triebkräfte der höheren Kulturen.«

»Humbug, alles Humbug!«, entgegnet Antonio. »Das Klima geht uns alle etwas an. Nur – die Fixierung auf maximal 2 °C Temperaturanstieg ist durch nichts belegt, das nervt mich. Vielleicht haben wir ja schon bei 1,5 °C Temperaturanstieg große Klimakapriolen, vielleicht aber auch erst bei 5 °C. Wer weiß das schon so genau?«

»Die Klimaforscher natürlich!«, antwortet Li.

»Wer denn sonst, der liebe Gott?«, entgegnet Fatima ein wenig spöttisch.

Antonio fährt sich durchs Haar. »Die Klimamodelle sind doch hochkomplex. Und viele Daten, die dort einfließen, sind ungenau. Die Rückkoppelungen des Klimas mit dem Erdsystem sind noch weitgehend unerforscht. Und dann nennen sie uns solche präzisen Zielwerte. Hier wird der Öffentlichkeit eine Genauigkeit vorgegaukelt, die es nicht gibt. Das ist unseriös, das regt mich auf!«

»Vielleicht fühlen sich die Klimaforscher mit ihren Computerkästen doch wie der liebe Gott?«, wirft Undine dazwischen.

»Das Zwei-Grad-Ziel eignet sich aber weder als Schwellenwert, der eine Katastrophe von einem Zustand vermeintlicher Sicherheit trennt, noch als Orientierungsmarke für Kosten-Nutzen-Überlegungen«, meint Antonio erhitzt.

»Was sollen die Klimaforscher denn deiner Meinung nach den Menschen sagen?«, will Mark von Antonio wissen. »Was sollte denn, bitte, in der Klimarahmenkonvention stehen?«

»Die Wahrheit«, sagt Antonio.

»Und die wäre?«

»Dass wir nichts wissen.«

Undine steht auf und gestikuliert: »Die Pressekonferenz stelle ich mir lustig vor. Antonio tritt vor die Presse und verkündet: *Wir wissen nichts. – Außer, dass irgendwann eine Katastrophe eintritt. Wenn der CO_2-Ausstoß weiter zunimmt und die Temperaturen steigen, wird 2040, 2060 oder 2100 eine Katastrophe geschehen. Meine lieben Mitbürger, bleibet ruhig und lassets geschehn.*« Alle lachen und Lia fällt prompt der Hotdog runter. »Mist!«, ruft sie aus, als sie den großen Fleck auf ihrem T-Shirt sieht. Nils muss sich ein Lachen verbeißen. Ohne sich davon beirren zu lassen, fährt Antonio fort: »Ganz so habe ich es nicht gemeint. Wir wissen, dass sich die Klimaschwankungen in den letzten Jahrhunderten bisher immer in einem Abweichungsspielraum von unter 2 °C befunden haben.«

»Das ist doch immerhin etwas«, meint Fatima und spielt an ihren Ohrringen herum.

»Aber zu wenig, um wie eine Maus vor der Schlange zu sitzen«, entgegnet Antonio.

Li meldet sich zu Wort: »Es ist aber ein wichtiger Anhaltswert, finde ich.«

»Die Zielmarke von 2 °C kann ich mir auch anders erklären«, wirft Chè in die Runde.

Fatima hakt nach: »Wie denn?«

»Geopolitisch.«

»Sind wir Naturwissenschaftler oder wollen wir blödeln?«, fragt Robert.

»Das sagt gerade der Richtige«, erwidert Antonio.

»Doch, doch, ich glaube auch, dass der Zwei-Grad-Marke eine sozialpolitische Funktion zukommt«, stimmt Mark Chè zu. »Sie ist sozusagen ein idealer Brennpunkt in einem Koordinatenspiel. In diesem Spiel geht es darum, Dutzende von Akteuren mit unterschiedlichsten Interessen in ein internationales Netzwerk einzubinden, um einen gemeinsamen politischen Nenner zu finden. Einen Kristallisationspunkt, also.«

»Und wenn der Wert falsch ist?«, fragt Robert.

»Dann muss er eben angepasst werden. Temperaturen sind ein bewegliches Ziel.«

»Und wenn die Klimaforscher sich gründlich geirrt haben und selbst die angenommene Ursache – das CO_2 – falsch ist?«, beharrt Robert.
»Dann hätten die sich zumindest erst mal gründlich blamiert«, findet Ché.
Li mischt sich erneut in die Diskussion ein: »So schlimm finde ich das nicht. Dann hätten wir effizientere Maschinen und regenerative Energien.«
»Wir hätten dann eine sogenannte Null-Emissions-Wirtschaft«, ergänzt Undine. »Und auf diesem spannungsreichen Weg hätte uns ein falsches Ziel geholfen. Wäre das schlimm?«
»Aber … «, setzt Antonio an.
Nils, dem die ganze Diskussion zu ausufernd wird, springt auf: »Ich glaube, ich werde jetzt 'ne Runde joggen, ich muss mich mal austoben, nachdem wir den ganzen Tag soviel Input hatten. Die Straßen sind ja beleuchtet.«
»Recht hast du, ich werde auch noch etwas frische Luft tanken«, meint Mark. »Hier im Gästehaus können wir uns Fahrräder leihen.« Er legt Lia locker einen Arm um die Schultern. »Du kommst doch bestimmt mit, Lia?
»Warum nicht, das ist eine gute Idee«, antwortet Lia.
Nils, der das gerade noch zwischen Tür und Angel mitbekommt, fährt zusammen, lässt sich aber nichts anmerken. Mit unbewegter Miene verlässt er den Raum und nur, wer genau hinsieht, erkennt das Zucken seiner Kiefernmuskeln.

Eine Reise ins Gestern

Lia und Mark haben gerade den Stadtrand verlassen, als Lia ruft: »Schau mal, die Berge! Wo kommen die denn plötzlich her?«
»Plötzlich stimmt sogar«, meint Mark. »Vor 30 Jahren gab es hier noch Wälder, Äcker und Wiesen. Da war alles flach.«
»So schnell wachsen doch keine Berge! Das dauert eine Ewigkeit«, entgegnet Lia.
»Doch, das stimmt wirklich.«
Eigentlich ist Mark ein ganz netter Kerl und echt witzig, denkt Lia. Wenn auch ein ganz schöner Draufgänger. Nils hätte nie so offen mit ihr geflirtet wie Mark vorhin mit ihr beim Mittagessen. Aber Berge innerhalb von 30 Jahren! Der hat doch ne Macke, denkt Lia und radelt schweigend hinter ihm her.
Am Fuße des Berges stoßen sie auf ein Waldstück, in dem ein Schild mit der Aufschrift *Bürger schütze deinen Wald!* steht. Sie fahren weiter, bis

auf einmal seltsame, riesige Gebilde vor ihnen auftauchen. »Was sind denn das für Ungeheuer! Das sieht ja aus, als ob sie aus der Tiefe der Erde direkt auf uns zukämen«, ruft Lia erstaunt aus.

»Nein, nein, das sind nur Ungeheuer der Technik«, sagt Mark. »Das ist die hohe Kunst der Bergwerksingenieure, die dort zur Schau gestellt wird. Sieh dir das grelle Scheinwerferlicht der Maschinen da drüben an, das sind Schaufelradbagger.«

»Auf die kann ich verzichten«, meint Lia.

»Du vielleicht, aber nicht die Kraftwerke.«

»Wieso Kraftwerke?«

»In diesem Gebiet wird Braunkohle abgebaut. Da hinten siehst du die Wasserdampfschwaden. In den Kraftwerken dort wird aus Braunkohle Strom produziert – ohne lange Transportstrecken. Vom Garten direkt in die Küche«, belehrt er sie.

»Das ist ja ein riesiges Areal«, sagt Lia nachdenklich.

»So ein einzelnes Abbaugebiet wie hier der Tagebau Hambach umfasst eine Fläche von vielen Quadratkilometern«, erklärt ihr Mark. »Die tiefste Stelle liegt bei knapp 400 Metern und die höchste – der Berg, den du siehst, die Sophienhöhe – bei 270 Metern. Es gibt viele solche Gebiete hier«, fährt er fort. »Die gesamte Region ist durchlöchert wie ein Schweizer Käse.«

»Das ist wirklich Käse«, meint Lia empört.

»Die Schaufelradbagger die du dort unten siehst, die produzieren die Löcher. Zuerst tragen sie den Abraum, also die nicht verwertbaren Rohstoffe, und dann die Kohle ab.«

»Du meinst die ganze Oberfläche, die schönen Äcker ... ?!«, fragt Lia ungläubig.

»Ja, die ganzen schönen, blühenden Wiesen. Und wenn dort vorher Bäume standen, werden auch die noch vorher abgeholzt.«

»Das wird ja immer schlimmer! Die haben ne Meise. Und für die restlichen drei Bäume stellen sie dann auch noch ein Schild auf *Bürger schütze deinen Wald*. Das sind ja Zyniker, welch Hohn!«

Schaufelradbagger im rheinischen Revier

Mark erwidert mit ruhigem Ton: »Und das ist noch nicht alles.«

»Das klingt ja gruselig, erzähl.«

»Häufig werden ganze Gemeinden, einschließlich der Bürger, umgesiedelt. Die Menschen verlieren ihre Heimat. Der Abraum ... «

»Wie furchtbar!«, fällt Lia ihm erbost ins Wort.

»Du hast mich unterbrochen.«

Lia hebt eine Augenbraue. Wie ist der denn drauf?, denkt sie bei sich. Ist der aber von seiner Wichtigkeit überzeugt!

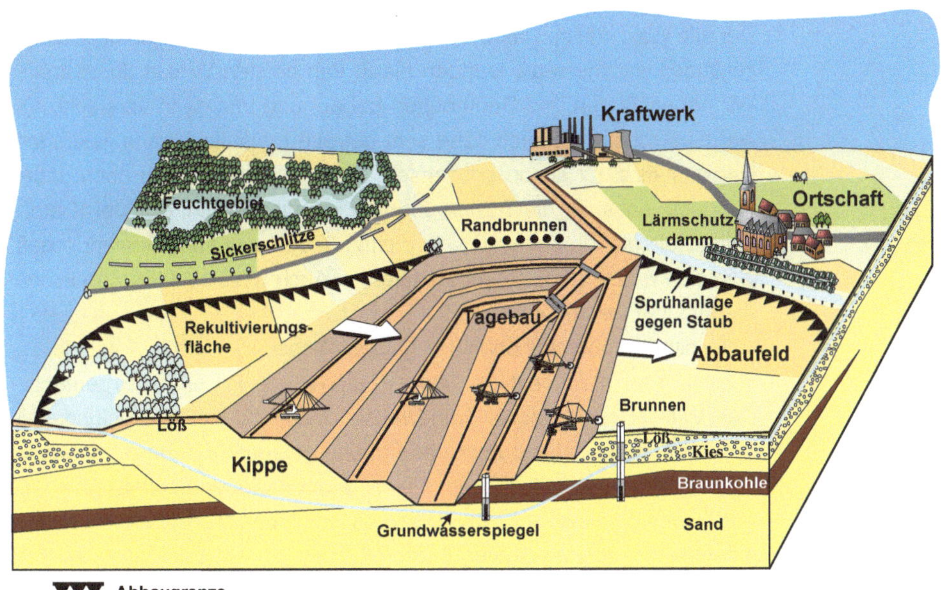

Schema eine Braunkohletagebaues im rheinischen Revier

»Also, der Abraum hat eine Dicke von bis zu sechzig Metern. Darunter liegen die braunkohlehaltigen Schichten. Jede Schicht beläuft sich auf circa siebzig Meter. Der Abraum ist dann für die Berge verantwortlich, während die Kohle mit einem Förderband direkt ins Kraftwerk transportiert wird.«

»Was du alles weißt«, kommentiert Lia gespielt atemlos und mit leicht ironischem Unterton. Auch wenn die Ironie an Mark verschwendet scheint.

»Nanu, wer kommt denn da?«, ruft Lia, als plötzlich ein Tier in der Dunkelheit an ihr hochspringt.

»Was für ein schöner Labrador!«, sagt Mark bewundernd.

Von weitem ertönt eine Stimme: »Entschuldigung, der tut nichts. Willi, kommst du wohl her!« Als der Spaziergänger näherkommt, spricht er Lia und Mark an: »Ich habe zu dieser Uhrzeit hier mit niemandem mehr gerechnet.«

»Aber tagsüber kommen doch sicher auch nicht viele Leute her?«, meint Lia.

»Doch, doch«, antwortet der Mann, »bei schönem Wetter sind der kleine Wald und der Berg ein richtiger Magnet. Jogger testen ihre Fitness, und im Winter rodeln hier Kinder. Früher ging das nicht.«

»Dafür mussten aber große Waldflächen verschwinden«, versichert sich Lia.

Der Spaziergänger tätschelt seinen Hund. »Ich lebe schon lange hier.

Der alte Wald war so was wie meine Kinderstube. Ich habe ihn bei Schnitzeljagden mit meinen Freunden bis in den tiefsten Winkel durchstreift. Wir haben Buden und Baumhütten gebaut und uns darin versteckt. Es war eine schöne Zeit. Ich habe sehr getrauert, als die Bäume fielen. Ich war damals zwar schon erwachsen, aber ich musste mich doch dabei ertappen, dass mir die Tränen über die Wangen rollten. Aus der Kraterlandschaft, die Sie hier sehen, wird eines Tages eine neue Seelandschaft zum Schwimmen und Segeln entstehen. Auch neue Waldflächen sollen aufgeforstet werden.«

»Wie bitte? Woher soll denn das ganze Wasser kommen?«, fragt Lia.

»Das Wasser ist schon da. In dieser Region wurde es vielfach so gemacht. Das Wasser ist übrigens Grundwasser. Während der Entkohlungszeit wird das Wasser abgepumpt und in nahe gelegene Bäche oder Flüsse umgeleitet. Später füllt das Grundwasser dann wiederum die Seen.«

»Sie reden das ja sehr schön. Und was ist mit den Menschen, die früher hier lebten? Hat man die vergessen?«

»Nein, natürlich nicht, die wurden nicht vergessen. Viele von ihnen wohnen jetzt in modernen Neubauwohnsiedlungen oder neu gegründeten Dörfern mit hohen Wärmeschutzstandards.«

»Für einen hohen Wärmeschutzstandard würde ich mein heimeliges Haus trotzdem nicht verlassen«, wendet Lia ein.

»Ich auch nicht«, gibt der Spaziergänger Lia recht. »Für Menschen, die nicht in neuen Dörfern mit ihren alten Nachbarn leben wollten, wurden aber andere Lösungen gefunden.«

»Bestimmt Wohncontainer«, kann Lia sich nicht verkneifen zu sagen.

Der Spaziergänger lacht: »Wenn die das gewünscht hätten, auch in Wohncontainern. Aber da kenne ich niemanden. Landwirte haben ihren Wünschen entsprechend neue Felder bekommen. In Belgien, Frankreich, ja sogar in Kanada liegen diese Ausgleichsflächen.«

»Hm ... man durfte sich also mal eben so eine neue Heimat wünschen«, murmelt Lia. Mark, der die ganze Zeit geschwiegen hat, ergreift das Wort: »Und all das, was Sie uns jetzt gerade erzählt haben, rechnet sich?«

»Und ob! Die Braunkohlegewinnung, einschließlich der Rekultivierung, Umsiedlung und der Investitionen für das Kraftwerk nicht zu vergessen, führt inklusive sämtlicher Betriebskosten zu Stromerzeugungskosten von 3,5 ct/kWh.«

»Ist das viel oder wenig?«, will Lia wissen.

»Mit 3,5 ct/kWh ist das neben der Kernenergie die günstigste Art, in Deutschland Strom zu erzeugen«, erwidert der Mann eifrig »Die Kosten eines Stein- oder Erdgaskraftwerkes liegen bei 4,2 beziehungsweise bei 4,8 ct/kWh, die der Windenergie bei 12 ct/kWh.«

»Aber die Schadstoffe bleiben«, hakt Lia nach.

Der Mann kratzt sich am Kopf. »In den letzten Jahren wurde viel experimentiert. Die CO_2-Emissionen konnten von über 1300 g/kWh auf unter 900 g/kWh reduziert werden.«

»Aber es bleiben doch beträchtliche Schadstoffe«, beharrt Lia.

Sich zu Lia umdrehend wendet Mark ein: »Für die restlichen CO_2- Emissionen gibt es doch schon Lösungen, das haben wir doch gestern gehört.«

»Das mag sein«, antwortet Lia und kontert angriffslustig: »Aber den regenerativen Energien gehört die Zukunft.«

»Davon bin ich überzeugt«, sagt der Spaziergänger. »Ich habe selbst eine Fotovoltaikanlage auf dem Dach, die einwandfrei funktioniert – wenn die Sonne scheint. Und schauen Sie, dort hinten, dort hinten am Horizont. Da, wo der Wasserdampf aus den Kühltürmen aufsteigt. Dort steht auch eine große Windanlage – sie steht«, wiederholt er nachdrücklich. »Es dreht sich nichts, und das ist meistens das ganze Jahr so. Die Zugpferde aber, die Kraftwerke also, arbeiten tagein, tagaus. Das ganze Jahr hindurch. 25 % des gesamten Stromaufkommens in Deutschland stammt von diesen Wundern der Technik.«

Bedeutung der strategischen Ellipse

Seit den terroristischen Anschlägen vom 11. September 2001 auf das World Trade Centre und das Pentagon, der Militärintervention in Afghanistan und dem Irak-Krieg ist die internationale Aufmerksamkeit stärker denn je auf den Mittleren Osten ausgerichtet. Aber auch auf Süd- sowie Zentralasien. Das ist der zukünftige, weltweite *Bogen der Instabilität.* Dort liegt die Keimzelle für zukünftige Kriege und für die globale Ressourcenkonkurrenz. China ist ganz heiß auf diese Ressourcen und hat schon Lieferverträge mit diesen Ländern geschlossen. Dieser *große* Mittlere Osten besitzt für die Stabilität der weltweiten Energieversorgungssicherheit im 21. Jahrhundert eine herausragende Bedeutung. In dieser Weltregion ist der größte Teil der globalen Öl- und Gasreserven konzentriert: Darüber hinaus gelten zehn der 14 führenden rohölexportierenden Staaten seit Ende der 90er Jahre als politisch instabil. Ein Aufbrechen der innenpolitischen Konflikte könnte jederzeit zu größeren Unterbrechungen des Rohöl- und Erdgasexportes dieser Länder führen. 50 % der Weltenergienachfrage werden von erdölproduzierenden Staaten gedeckt, deren innenpolitische Spannungen ein hohes Risiko darstellen.

»Eine große Menge«, kommentiert Mark.

Lia lächelt, als Willi um ihre Beine herumscharwenzelt und streichelt ihm über den Kopf.

»Braunkohle erhöht unsere Versorgungssicherheit«, hält der Mann ihnen vor. »Alle reden nur noch über das Klima, aber wehe, der Strom ist mal weg. Dann werden die Menschen nervös und beklagen die mangelnde Weitsicht der Energiepolitiker und der Unternehmen.« Engagiert fährt der Spaziergänger fort: »Nur naive Menschen glauben, es gebe die strategische Ellipse nicht.« Lia und Mark antworten im Chor: »Die kenne ich nicht.«

Der Spaziergänger klärt sie auf, und so erfahren Lia und Mark etwas über die zukünftige Abhängigkeit der Industrienationen von den Ressourcen im Mittleren Osten und den damit einhergehenden Problemen.

»In Zukunft wird die Welt also auf eine immer kleinere Anzahl an Erdöl- und Erdgasförderstaaten angewiesen sein, die dazu noch häufig politisch instabil sind und ein immer höheres Produktionsniveau zur globalen

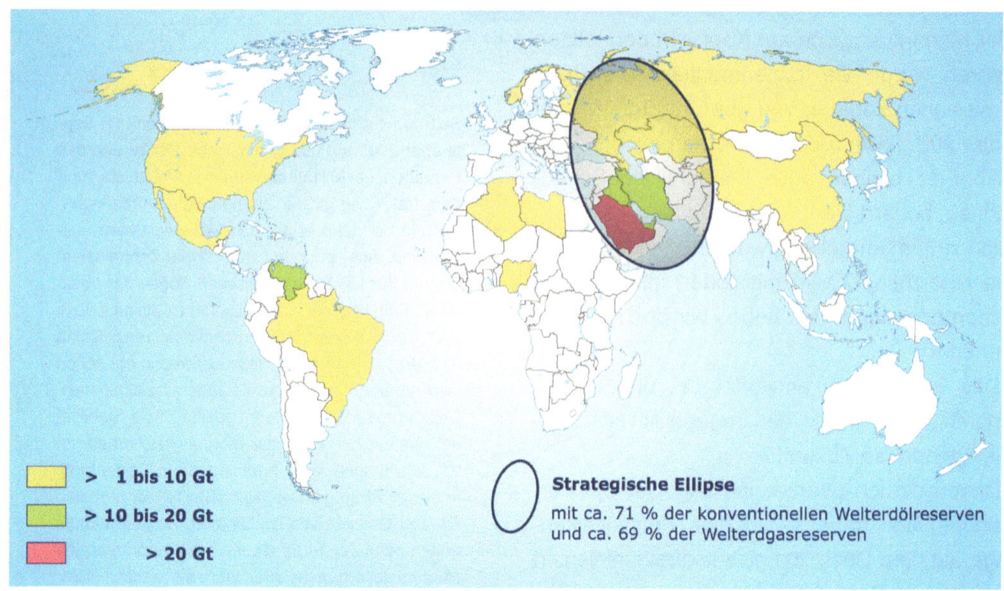

Strategische Ellipse

Erdöl- und Erdgasversorgungsicherheit gewährleisten müssen«, resümiert der Spaziergänger.

»Ist ja schaurig, dieser Würgegriff«, meint Lia. »Aber dem kann man doch entkommen?«

»Ganz recht, dem kann man entkommen, indem man die regenerativen Energien ausbaut, wie Sie sicher schon wissen. Und natürlich, indem man weniger Energie verbraucht. Doch bis diese neuen Verfahren wirtschaftlich sind und genügend große Elektrospeicher entwickelt worden sind, werden wir noch einige Zeit mit dem Braunkohleabbau leben müssen. Aber irgendwann wird Schluss sein. Die Abbaupläne für diese Region hier sehen noch eine Zeit von etwa dreißig Jahren vor. Die regenerativen Energien sollten sich besser beeilen.«

Versorgungsdreieck

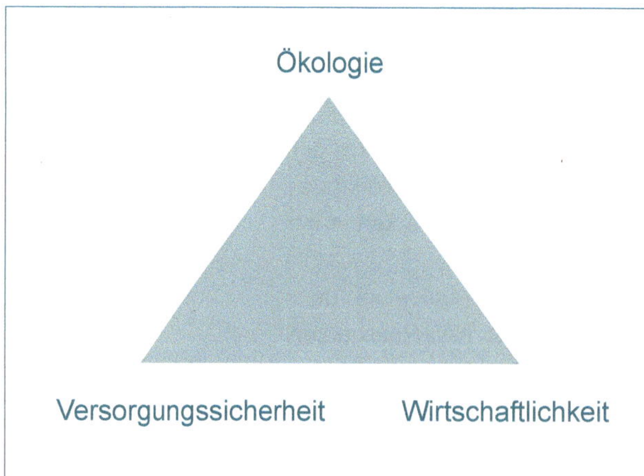

»Sieht wohl so aus«, meint Mark trocken.

Langsam wird Willi unruhig und der Spaziergänger zieht an der Leine. »Ruhig, ruhig, wir gehen gleich weiter.«

»Nur das Klima zu retten, ist zu wenig«, fährt der Mann fort. »Energie muss jetzt und in Zukunft jederzeit verfügbar und für alle Bürger bezahlbar bleiben. Wir brauchen einen ausgewogenen Energiemix.

Wir haben schon eine Vielzahl von energietechnischen Lösungen. Jede Technik hat ihre Vor- und Nachteile. Eine Technik, die nur Vorteile hat, gibt es nicht. Vermutlich wird es sie nie geben.«
»Man muss die Vor- und Nachteile so gut es geht gegeneinander abwägen«, fügt Lia hinzu.
»Ja, und das versuchen wir auch. Jede Generation wird ihren Fußabdruck in der Natur hinterlassen. Und er fügt noch spöttisch hinzu: »Die moderne Industriegesellschaft hat das vielleicht ein wenig überbewertet.« Er fährt fort und lächelt Lia dabei an: »Und Sie und Ihresgleichen haben jetzt die Chance, aus einem Elefantenabdruck wieder einen Katzenabdruck zu machen.«
»Das wird wohl schwer«, meint Lia zweifelnd.
»Ich muss jetzt los«, sagt der Spaziergänger. »Meine Frau wird sich sonst sorgen und der Hund wird auch unruhig.«
»Das war interessant, tschüss«, verabschieden sich Lia und Mark und streicheln Willi zum Abschied über das Fell.
Dann radeln sie auf dem breiten, asphaltierten landwirtschaftlichen Nutzweg zurück zu ihrer Unterkunft. Als Mark nach ihrer Hand greifen will, tut Lia so, als hätte sie es nicht bemerkt.

Weitere Vorlesungen

Am nächsten Morgen finden sich Nils und Lia pünktlich, gemeinsam mit den anderen Studenten, im Seminarraum eines weiteren Institutsgebäudes ein. Nils hat schlecht geschlafen. Wieso ist Lia gestern einfach mit Mark losgezogen?, denkt er traurig. Hab ich da irgendwas falsch verstanden? Dabei sah doch alles so aus, als ob wir … Er wird in seinen Gedanken unterbrochen, als eine Frau in den Raum stürmt.
»Hi, mein Name ist Andrea. Ich bin wissenschaftliche Mitarbeiterin der Programmgruppe *Systemforschung und technologische Entwicklung*. Ich werde euch heute Morgen in die

Systemanalyse

einführen.« Robert flüstert seinem Nachbar zu: »Was hat man sich denn darunter vorzustellen?«
»Gestern habt ihr viele neue zukunftsweisende Technologien kennengelernt. Doch ist es schwierig, sie zu bewerten, denn es gilt, ganz unterschiedliche Fragen zu beantworten. Einige davon möchte ich euch nun präsentieren:
Ist die Technik im Vergleich zu anderen Alternativen konkurrenzfähig? Welche Auswirkungen hat die neue Technik auf die Umwelt, wenn sie

eingesetzt wird? Was sind die Folgen und Chancen für die Gesellschaft? Wird die Gesellschaft die Energietechnik mitsamt möglicher Risiken akzeptieren?« Das kann ja ewig dauern, bis wir diese komplexen Fragen für alle Energietechniken beantwortet haben, denkt Robert. Er meldet sich: »Andrea, hast du vielleicht ein Beispiel, anhand dessen du uns das erläutern könntest?«

»Ja, ich wähle mal die Biomasse aus«, geht Andrea darauf ein. »Der Begriff Biomasse steht für die Vielfalt an organischer Materie: Die Pflanzen der Gärten, die Felder und Wälder, die Futter- und Lebensmittel sowie für Holz und Stroh. Auch zählen die Stoffwechselprodukte der Lebewesen, wie Mist und Gülle, dazu.«

»Wenn wir zu Hause in der Toskana alte Olivenbäume verbrennen, entsteht Ruß und Qualm. Kohlendioxid ist bestimmt auch dabei«, meint Fatima.

»Aber trotzdem ist die Nutzung der Biomasse sehr umweltfreundlich«, erwidert Andrea.

»Das soll mir mal einer erklären«, sagt Li ratlos.

»Erinnert euch an euren Biologieunterricht«, beginnt Andrea. »Vor etwa 100 Millionen Jahren ist unter Luftabschluss und Erdwärme allein aus Biomasse Kohle, Öl und Erdgas entstanden. Dabei wurde sehr viel CO_2 aus der Atmosphäre entfernt – für lange Zeit. Bei der Verbrennung der fossilen Brennstoffe wird es nach Jahrmillionen nun wieder freigesetzt, was uns große Sorgen bereitet. Darüber habt ihr ja gestern viel gehört. Dagegen bereitet uns das CO_2 aus der Verbrennung heutiger Biomassen keine Sorgen, denn es gehört zum Kohlenstoffkreislauf der Gegenwart.«

Mark flüstert Lia zu: »Da hab ich gestern wohl gepennt. Kannst du mir das noch mal kurz erklären?« Dabei sieht er Lia tief in die Augen. Beiden entgeht, dass Nils ihnen einen bekümmerten Seitenblick zuwirft.

»Ich bin auch keine Biologin, aber ich werde es mal probieren«, erwidert Lia nüchtern. »Beispielsweise nehmen Bäume während ihrer Lebensphase CO_2 aus der Luft auf. Wenn sie eines Tages absterben und am Boden verrotten, geben sie das CO_2 wieder an die Atmosphäre ab. Deshalb ist die CO_2-Bilanz des Baumes ausgeglichen. Dabei ist es nun einerlei, ob man den Baum über mehrere Jahre verrotten lässt oder aber zur Energiegewinnung nutzt. Es bleibt eine CO_2-neutrale Bilanz.«

Andrea lässt sich von dem Gespräch nicht ablenken und referiert weiter: »Noch für eure Urgroßeltern war es eine Selbstverständlichkeit, dass die Lebensmittel und der *Treibstoff* für die Zugtiere aus dem Ackerwuchs, wie z. B. Hafer, herrührten, dass die Kleidung aus Leinen oder Wolle hergestellt wurde und dass man Holz zum Bauen und Heizen eingesetzt hat. Um 1800 waren in Europa rund zwei Drittel der Bevölkerung in der Landwirtschaft beschäftigt, wie es auch heute noch in vielen Entwicklungsländern der Fall ist. Unsere Vorfahren haben uns bewiesen, dass man allein mit Biomasse auskommen kann. Aber ein Landarbeiter ernährte nur einen Mitbürger. Ein moderner Landwirt dagegen, ernährt heute 150 *Mitesser*. Das haben wir dem landwirtschaftlichen Fortschritt zu verdanken. Andererseits ist die Zahl der Weltbevölkerung so rasant angestiegen, dass wir immer mehr Ackerflächen für unsere Nahrungsmittel benötigen. Deshalb steht die Menschheit heute vor einem tief gehenden Konflikt, was die verschiedenen Nutzungsarten ihrer Äcker, Wiesen und Wälder anbelangt. Auch hier können wir wieder verschiedene Fragen aufwerfen: Ernährung mit Pflanzenkost oder Fleisch? Energiepflanzenanbau für Kraftstoffe oder zur Heizung? Rohstoffbedarf für Bauholz oder Wolle? Energiepflanzen-Monokulturen oder ökologischer Landbau? Naturlandschaften oder Raubbau an der Natur?

All diese Nutzungsarten gilt es gegeneinander abzuwägen. Hinzu kommt, dass jede Nutzungsart den Boden unterschiedlich stark belastet. Besonders dann, wenn noch Pestizide und Nitrate zur Wachstumsbeschleunigung eingesetzt werden. Dies führt – wenn es nicht vorsichtig geschieht, und das passiert häufig – zu einer zusätzlichen Belastung des Grundwassers. Aber auch die ökonomischen Folgen sind zu bedenken. Salatöl kann man in einen Autotank schütten, nicht aber Erdöl in den Salat. Wir können also nicht beliebige Nahrungsmittel durch fossile Brennstoffe ersetzen und umgekehrt, hier herrscht eine Einseitigkeit. Das hat die Märkte für Nahrungsmittel und Brennstoffe auch getrennt gehalten. Allerdings nur so lange, wie die Brennstoffpreise unter den Nahrungsmittelpreisen lagen. In den Jahren 2006–2008 aber hat der Ölpreis erstmals ein Niveau erreicht, das eine Verkoppelung der Märkte ermöglichte. Für einen Landwirt wurde es finanziell attraktiv, Nahrungsmittel vom Teller in den Tank zu schieben, um das teure Öl zu ersetzen. Die Tortilla-Krise von Mexiko-Stadt im Januar 2007, der 2008 Proteste von Hungernden aus 37 Ländern folgten, wird als Symbol einer Zeitenwende in die Geschichtsbücher eingehen.«

Andrea erzählt ihren Zuhörern von der Tortilla-Krise und deren Folgen.

»Ein sehr kurzfristiges Denken«, zieht Ché ein Fazit. »Konnte man die Folgen denn nicht absehen?«

»Einige Wissenschaftler haben schon früh auf diesen Zusammenhang hingewiesen und vor den Folgen gewarnt. Doch bei den Politikern kam die Warnung nicht an«, sagt Andrea.

Tortilla-Krise

Die Hungerproteste wurden ausgelöst durch eine Verdoppelung der Preise für Mais, den Mexiko für seine Fladenbrote aus den Vereinigten Staaten bezog. Der Anstieg des Maispreises veranlasste die amerikanischen Bauern Mais statt Weizen anzubauen und ließ den Weizenpreis explodieren. Und schließlich schoss sogar der Reispreis in die Höhe, weil die Verbraucher von Mais und Weizen auf Reis umgestiegen waren. Einer Schätzung der Weltbank zufolge, stiegen die Nahrungsmittelpreise um 75 %, weil die amerikanischen Bauern 30 % ihrer Maisernte an die Produzenten von Bioethanol verkauften, das als Ersatz für das teure Benzin an den Tankstellen landete.

»Ich komme aus dem Mittleren Westen der USA«, meldet sich Robert zu Wort. »Bis zum Horizont erstrecken sich nur Äcker zur Ethanolgewinnung – so weit das Auge reicht. Für die Bauern war das eine neue, sich lohnende Einnahmequelle. Erleichtert wurde ihnen diese Art von Landwirtschaft noch dadurch, dass die amerikanische Regierung staatliche Zuschüsse für den Aufbau von Infrastrukturen zur Ethanol-Verarbeitung gab. In Deutschland soll das nicht anders sein, hab ich gehört. Ich befürchte nur, dass die gelben Rapspflanzen, die im Frühjahr die Felder zum Leuchten bringen, uns irgendwann einmal als Warntafeln für kurzsichtiges Denken ins Auge stechen werden.«

Biokraftstoff-Pilotanlage des Forschungszentrums Karlsruhe

»Sollen wir also die Biomasse als Hoffnungsträger vergessen?«, fragt Undine.

»Nein, nein«, antwortet Andrea. »Nur sollte man sich vorher genau überlegen, was man tut. Die vielschichtigen Zusammenhänge führten dazu, dass unsere Kollegen im Forschungszentrum Karlsruhe ein ganz neues Verfahren entwickelt haben. Wir nennen es Biolick-Verfahren. Es nutzt nur ungenutzte Restbiomassen wie Holzabfälle und Stroh. Keinen Raps, keinen Mais und keinen Weizen. Wenn ihr euch für dieses Verfahren näher interessiert, könnt ihr euch das Poster hier an Wand anschauen.«

»Es scheint wohl sehr kompliziert zu sein, die umweltfreundlichste Technologie herauszufiltern«, meint Antonio.

»Lärm, Geruch und die visuelle Beeinträchtigung der Landschaft sind auch entscheidende Faktoren. Diese zueinander ins Verhältnis zu setzen ist sehr schwierig. Wir beziehen die Beurteilung der Umweltverträglichkeit in der Regel auf den CO_2-Ausstoß. Hier seht ihr im Vergleich dazu verschiedene Techniken zur Stromerzeugung. Die Braunkohle hat den höchsten, die regenerativen Energien und die Atomenergie haben den geringsten Ausstoß.«

»Ich dachte, die Fotovoltaik hätte überhaupt keinen CO_2-Ausstoß?«, wundert sich Mark.

Andrea erläutert es ihm: »Ist sie erst einmal in Betrieb, produziert die Fotovoltaik-Anlage auch keine CO_2-Emissionen. Aber wenn man berücksichtigt, dass diese Anlage erst einmal gebaut werden muss, wofür Lithium und Aluminium und vieles mehr benötigt wird, so wird für diese Herstellung Strom eingesetzt. Da dieser Strom in konventionellen Kraftwerken erzeugt wird, fallen Emissionen an, die der Fotovoltaik angerechnet werden.«

Erklärung zur Biokraftstoff-Pilotanlage des Forschungszentrums Karlsruhe

Für das neue Karlsruher *bioliq*-Verfahren werden nur ungenutzte Restbiomasse wie Holzabfälle und Stroh eingesetzt. Um aus Stroh hochwertigen Kraftstoff zu erzeugen, sind mehrere Verfahrenschritte notwendig. Zuerst wird aus der Zellulose durch sehr schnelles Erhitzen unter Luftabschluss (Pyrolyse) Kohlenstoff und eine ölige Flüssigkeit erzeugt. Das so genannte *Bioslurry* besitzt auf diese Weise eine viel höhere Energiedichte als das Stroh und kann in einem nächsten Schritt zu einer großen zentralen Synthesefabrik transportiert werden. Dort wird es in weiteren Prozessschritten zunächst zu Synthesegas umgesetzt, das nach einem Gasreinigungsschritt weiter zu hochwertigen Synthesekraftstoffen wie Benzin, Diesel oder Methanol verarbeitet werden kann. Der Gesamtenergiebedarf des Umwandlungsprozesses wird in einer großtechnischen Anlage vollständig durch die ablaufenden Reaktionen gedeckt. Aus 7,5 t Stroh lässt sich so 1 t Kraftstoff herstellen.

»Von eurem CO_2 kann ich bald nichts mehr hören!«, ereifert sich Robert. »Ich studiere Betriebswirtschaft. Spielt die Wirtschaftlichkeit in der Energietechnik denn überhaupt keine Rolle?«
»Doch, doch«, entgegnet Andrea. »Wir haben eine Wirtschaftlichkeitsanalyse für die CO_2-Abtrennung erstellt. Gestern habt ihr ja von dieser neuen Technik gehört. Wir haben also die Gesamtkosten für mehrere Verfahren ermittelt. Sowohl für die Anschaffungs- als auch für die Betriebskosten. Dabei wurden die CO_2-Abtrennungskosten im Kraftwerk, die Pipelines und die Speicherung berücksichtigt. Als Ergebnis zeigt sich, dass ein *sauberes* Kohlekraftwerk fast doppelt so hohe Stromerzeugungskosten haben wird wie ein herkömmliches Kraftwerk.«

CO_2-Ausstoß verschiedener Kraftwerkstypen

Kraftwerkstyp	g CO_2/kWh
Braunkohle	1105
Steinkohle	935
Erdgas GuD	420
Fotovoltaik	120
Kernenergie	20
Windenergie	12

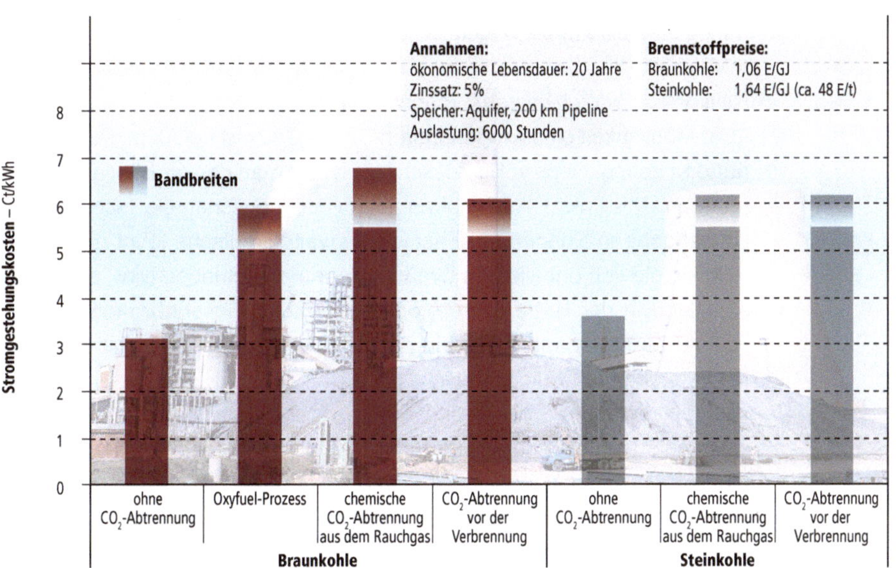

Stromgestehungskosten für Braun- und Steinkohlekraftwerke mit CO_2-Abrennung

»Wenn die Kohlekraftwerke demnächst so teuer werden, dann gehören wohl der Atomenergie und den regenerativen Energien die Zukunft«, gibt Chè zu bedenken.
Die Kernenergie ist mit 4 ct pro Kilowattstunde im Vergleich zu vielen anderen Kraftwerkstypen sehr wirtschaftlich«, informiert Andrea.
»Weltweit werden neue Atomkraftwerke gebaut. Aber auch die regenerativen Energien werden ihren Marktanteil deutlich erhöhen. Doch bis sie weltweit bedeutsam sind, werden auch noch die fossilen Kraftwerke benötigt. Und – wie ich hoffe – mit CO_2-freier Technik. Zudem müsst ihr

EU – Energie-Importabhängigkeit

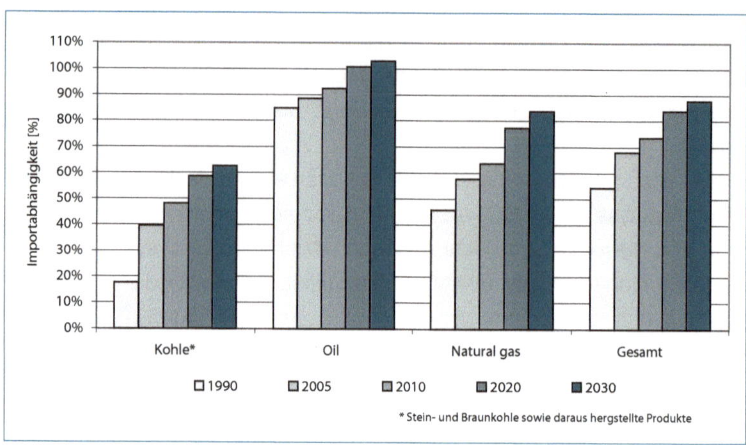

in Betracht ziehen, dass diese Kraftwerke nur noch wenige teure Treibhausgaszertifikate benötigen.«

»Wenn wir hier von Atomenergie sprechen, sollte man aber auch das Risiko nicht verschweigen«, mahnt Fatima.

»Die Möglichkeit eines sogenannten *Super-Gaus* ist bei Atomkraftwerken äußerst gering. Doch völlig ausschließen darf man den größten anzunehmenden Unfall nicht. Auch haben noch viele Menschen die Tschernobyl-Katastrophe in Erinnerung. Fast jeder zweite Deutsche lehnt die Großtechnik, die von unbeliebten Großunternehmen betrieben wird, ab.«

»Ich lebe in der Nähe eines Atomkraftwerkes«, bekennt Antonio. »Wir Franzosen haben mit den geringsten CO_2-Ausstoß pro Kopf in Europa. Ich verstehe die Deutschen nicht.«

»Habt ihr etwa die Endlagerung gelöst?«, fragt Undine erregt.

»Wir suchen Lösungen«, entgegnet Antonio. »Ihr diskutiert dagegen bloß.«

»Ich möchte hier jetzt keine Atomenergiediskussion«, versucht Andrea die erhitzten Gemüter zu beschwichtigen. »Wir werden jetzt eine Pause einlegen. Wenn ihr keine weiteren Fragen habt, dann seid bitte in einer halben Stunde wieder hier. Dann macht mein Kollege Ronaldo weiter.«

»Hast du Lust, mit in den Park zu gehen?«, fragt Lia Nils und lächelt ihn warmherzig an.

»Heute nicht«, antwortet Nils ausweichend, dreht sich um und geht. Welche Laus ist dem denn über die Leber gelaufen?, denkt Lia.

Da taucht Mark hinter ihr auf und will sie ins Café mitnehmen. Achselzuckend schließt Lia sich ihm an.

Energiesysteme von heute und morgen

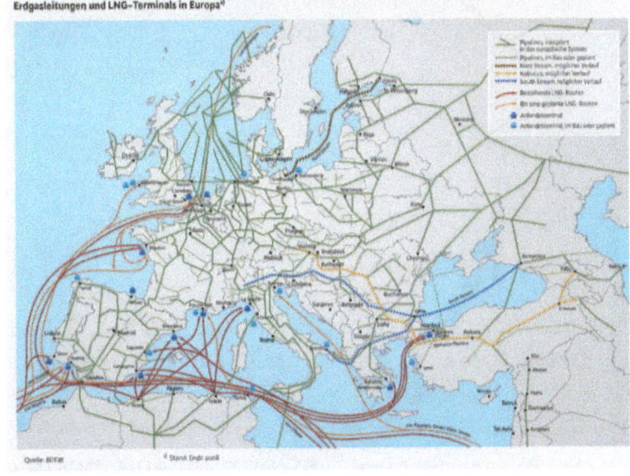

»Hallo, mein Name ist Ronaldo. Und damit ihr das schöne Wetter nachher noch ein wenig genießen könnt, steigen wir auch gleich ein«, fügt er mit einem Grinsen hinzu.

»Wir wollen heute Nachmittag einen umfassenden Blick auf die Energiesysteme in Europa werfen. Europa ist größtenteils ein Energieimportland – die eigenen Rohstoffe sind begrenzt. Wie ihr auf der Grafik seht, ist die Abhängigkeit von Erdöl und Erdgas besonders hoch. Bei weiter steigendem Energiebedarf wird die Abhängigkeit um das Jahr 2020 auf über 80 % steigen.

Das Erdöl wird per Pipelines oder mit Tankschiffen nach Europa transportiert. Die großen Anlandungshäfen sind beispielsweise Marseille, Rotterdam und Antwerpen. Hier stehen auch die riesigen Raffinerien, in denen das Rohöl in Benzin, Diesel, Heizöl usw. umgewandelt wird«, sagt Ronaldo und lässt die nächsten Bilder auf der Leinwand erscheinen.

Das Erdgas kommt überwiegend per Pipeline nach Europa. Wir beziehen aber auch zunehmend per Tankschiff flüssiges Erdgas aus Afrika, wie ihr hier seht.

Hierdurch können wir die Importabhängigkeit von Russland reduzieren. Das *Spinnennetz* der Erdgasleitungen seht ihr auf dieser Schautafel. Das Erdgas stammt aus Norwegen und Russland. Aber auch in Holland und in der englischen Nordsee wird Erdgas gefördert, allerdings haben diese Erdgasfelder bereits ihre maximale För-

(v.o. nach u.)
Abbildung einer Raffinerie
Liquid Natural Gas (LNG)
Erdgastransportnetz in Europa
Erdgasplattform

derhöhe erreicht. In Norwegen wird das Erdgas aus großen Tiefen in der Nordsee gefördert. Da sich die Fördergebiete immer weiter nach Norden verschieben, werden die Herausforderungen immer gewaltiger. Das Wetter wird rauer und unberechenbarer und die Wassertiefen belaufen sich auf 2000 Meter und mehr. Man hat gewaltige Plattformen konstruiert, die dem Meer draußen – viele Kilometer vor der Küste – standhalten können, und die höher sind als der Eiffelturm. Ein beeindruckendes Bild von so einer Plattform seht ihr hier.

Weiß jemand von euch, woher das russische Erdgas stammt?«, fragt Ronaldo in die Runde.

Nils meldet sich. »Das russische Erdgas kommt aus einer unwirtlichen Gegend. Aus dem Nordosten von Russland – dem Urengoy-Gebiet und der Jamal-Halbinsel.«

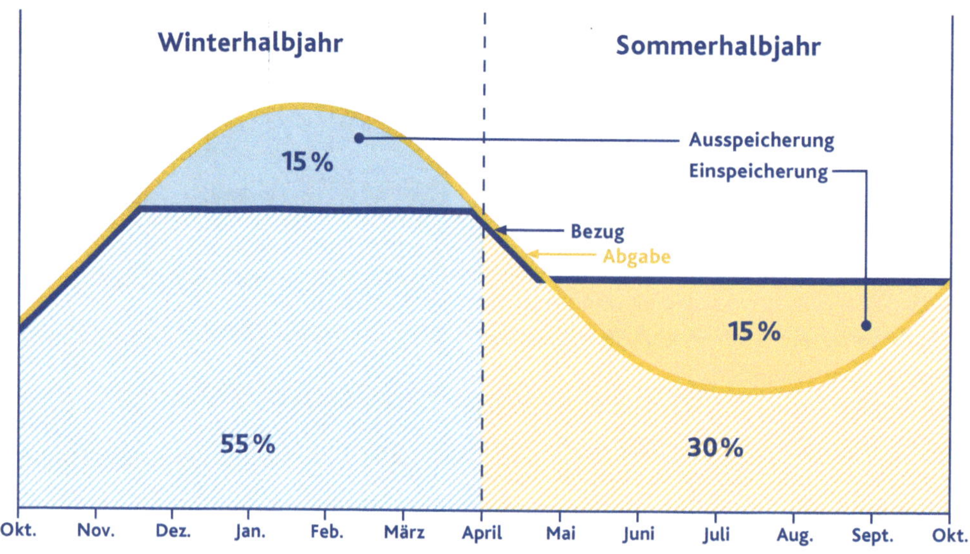

Ein- und Ausspeicherung von Erdgas

»Ganz genau«, bestätigt Ronaldo. »Bis das Erdgas nach dortiger Aufbereitung in Deutschland ankommt, muss es in Rohren von etwa 1,4 Metern Durchmesser eine Strecke von 4200 Kilometern zurücklegen. Hierzu werden in den unterirdisch verlegten oder den Offshore-Pipelines Kompressoren installiert, die das Ferngasnetz bei einem Druck von bis zu 100 bar betreiben.

Damit das Erdgas möglichst gleichmäßig fließt, wird ein Teil im Sommer eingespeichert und im Winter, wenn es zu Heizungszwecken benötigt wird, ausgespeichert. Hohlräume im Erdinneren dienen als Speicher. Dabei unterscheiden wir sogenannte Sporen- und Kavernenspeicher, schaut, hier.

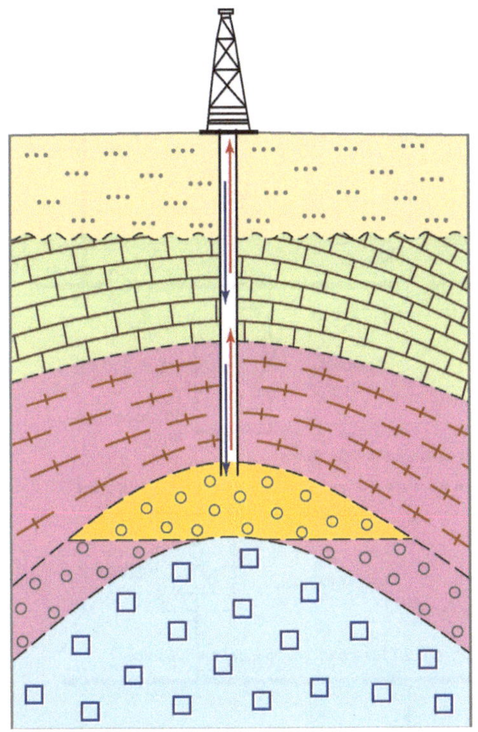

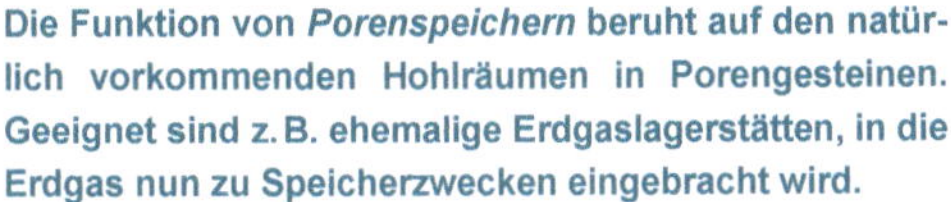

Die Funktion von *Porenspeichern* beruht auf den natürlich vorkommenden Hohlräumen in Porengesteinen. Geeignet sind z. B. ehemalige Erdgaslagerstätten, in die Erdgas nun zu Speicherzwecken eingebracht wird.

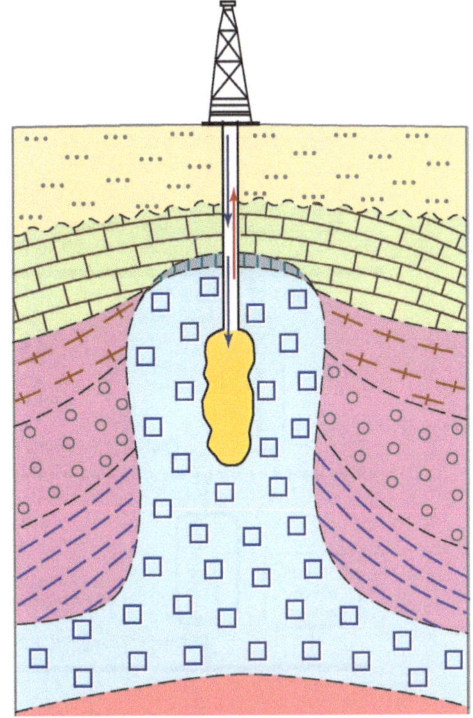

Kavernenspeicher sind durch künstliche Spülprozesse oder bergmännisch erstellte Hohlräume in Salzstöcken. Die Kavernen können einen Durchmesser von bis zu 80 m und Höhen zwischen 50 und 400 m erreichen.

Wie das Erdgas innerhalb eines Landes verteilt wird, zeigt die nächste Darstellung. Man unterscheidet zwischen Hoch-, Mittel- und Niederdrucknetzen. Das Hochdrucknetz liefert das Erdgas von Russland oder Norwegen bis zur Grenzübergabestation bzw. bis zum anschließenden Mitteldrucknetz an dem z. B. Kraftwerke angeschlossen sind. Zuletzt wird das Erdgas im Niederdrucknetz an die Industriebetriebe und an die Haushalte verteilt.«

»Wie hoch sind denn die Verluste?«, fragt Chè.

»Auf der gesamten Strecke von Russland bis zu uns liegen die Gesamtverluste bei etwa 1 %«, beantwortet Ronaldo seine Frage.

»Und wie ist es bei Strom?«, will Lia neugierig wissen.

»Dazu kommen wir jetzt«, meint Ronaldo. »Aber ich kann schon soviel verraten, dass auf der Hochspannungsebene eines Dreileiterstromkreises bei einer Transportentfernung von 100 Kilometern die Verluste bei etwa 4,5 % liegen. Das europäische Stromtransportnetz ist engmaschig verbunden. Es dient dazu, beispielsweise Strom, der in Wasserkraftwerken in Norwegen oder Österreich erzeugt wird, nach Deutschland oder in die

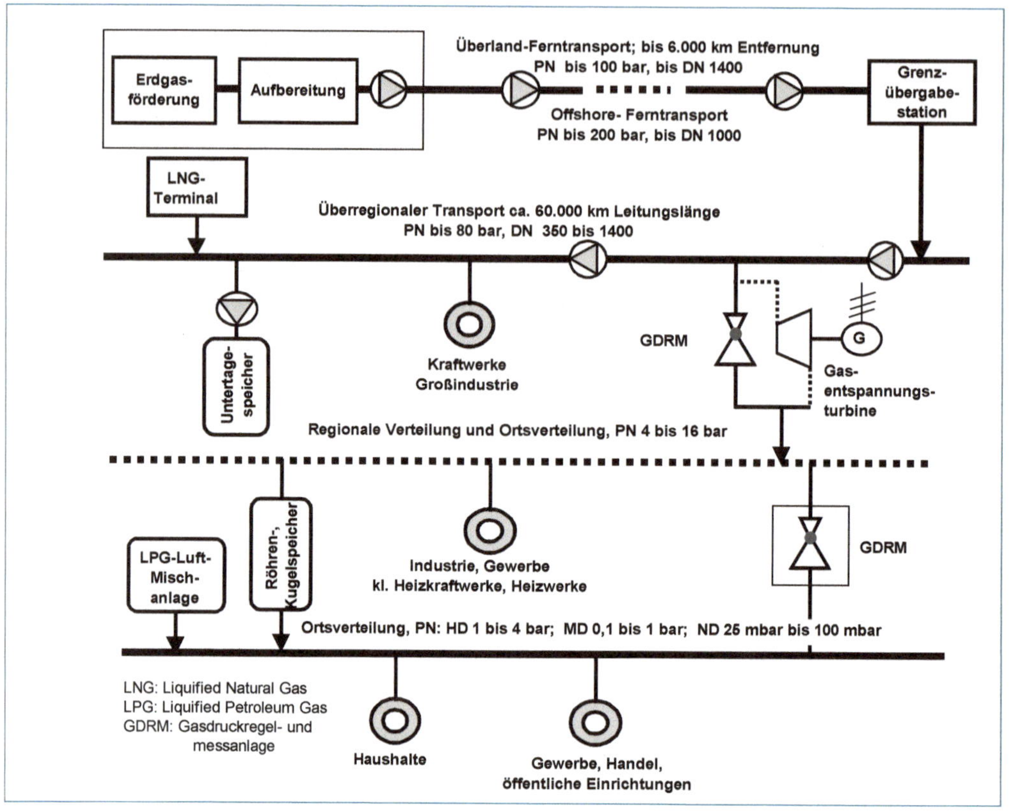

Erdgastransportstufen

Beneluxländern zu transportieren. Aber auch, um sich gegenseitig auszuhelfen, wenn ein großes Kraftwerk aufgrund unverhoffter Störungen außer Betrieb genommen werden muss. Da der Strom in großtechnischem Maße nicht speicherbar ist, muss dieser immer genau zu dem Zeitpunkt erzeugt werden, zu dem er auch verbraucht wird. Die Spannungsebenen der Stromversorgung innerhalb eines Landes seht ihr auf dem nächsten Bild. Es wird zwischen der Höchstspannungs-, der Hoch-, Mittel- und Niederspannungsebene unterschieden. Auf den hohen Spannungsebenen speisen die Kraftwerke ein, auf den niedrigen Spannungsebenen wird der Strom von den Industriekunden und den Haushalten abgenommen.«

»Ich sehe auf dem Bild aber auch Wind- und Solarkraftwerke«, wendet Fatima ein.

»Ja, genau. Die regenerativen Energien werden die fossilen Kraftwerke ergänzen und vielleicht sogar eines Tages ersetzen. Nach der stürmischen Entwicklung der Windanlagen an Land ist jetzt ein regelrechter Run auf das Meer ausgebrochen – und das weltweit. Mehr als 30 Offshore-Windparks sind allein in der deutschen Nord- und Ostsee geplant.

Auf See bläst der Wind nicht nur stärker, sondern vor allem gleichmäßiger als an Land. Liegt die nutzbare Windgeschwindigkeit in 100 Metern Höhe an Land zwischen sechs und acht Metern pro Sekunde, so liegt sie auf dem Meer bei über zehn Metern pro Sekunde. Die Weite des Meeres garantiert zudem ausreichend Platz für große leistungsstarke Windfarmen. Kein Anwohner kann gegen surrende Rotoren oder Schattenwurf aufbegehren.

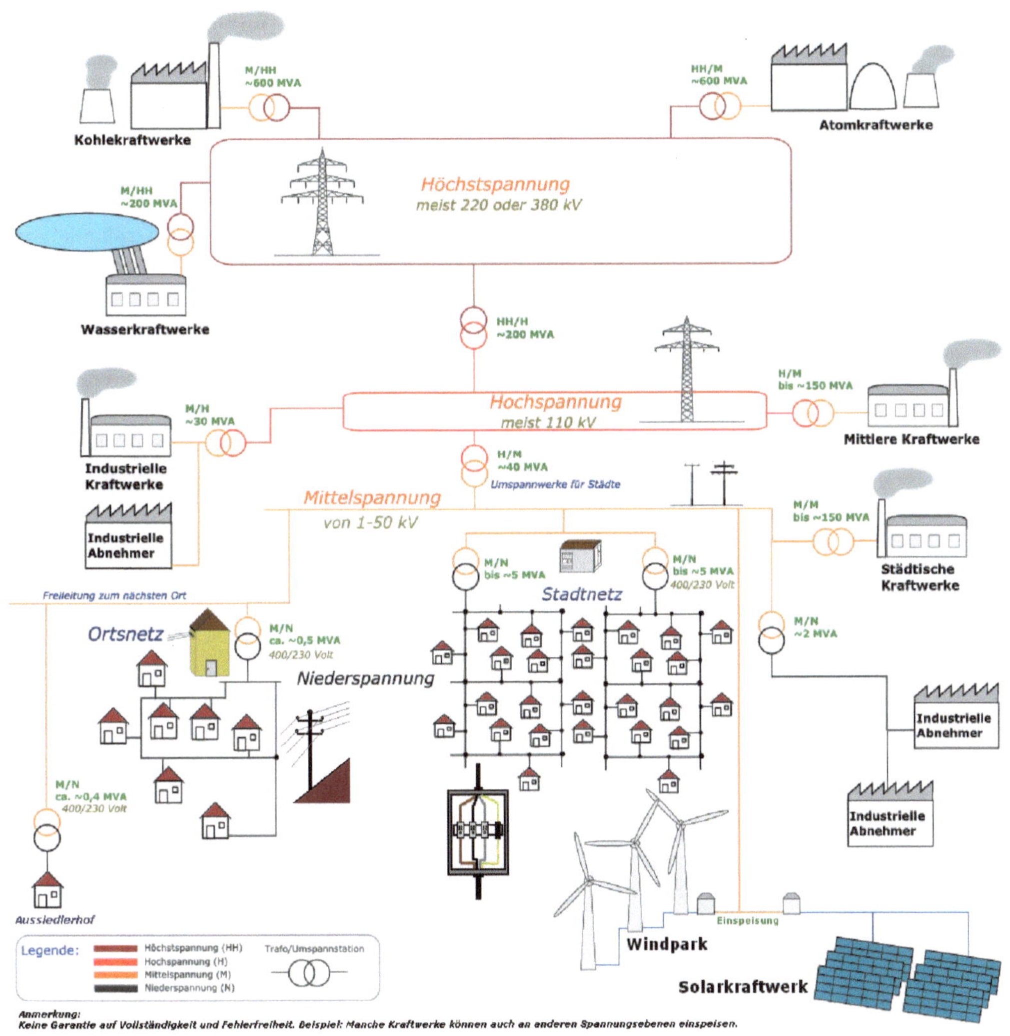

Spannungsebenen der Stromversorgung

Offshore-Windpark

Die zurzeit leistungsstärkste Windanlage hat eine Leistung von 5 MW. Mit 120 Metern ist die Anlage fast so hoch wie der Kölner Dom. Der Rotordurchmesser beträgt 126 Meter. Bis zum Jahre 2030 sollen 25 000 MW installiert sein. Damit könnten in den deutschen Seegebieten künftig 85 Milliarden kWh Strom pro Jahr erzeugt werden. Das ist etwa die Hälfte dessen, was derzeit die Atomkraft an Strom erzeugt. In Norwegen wird sogar schon eine 10 MW-Anlage geplant. Aber alles wird auf dem Meer teurer sein als an Land« gibt Ronaldo zu bedenken. »Sei es der Fundamentbau, die Aufstellung oder Wartung, der Korrosionsschutz oder die Netzanbindung. Dennoch ist eine Verlagerung der Windkraftanlagen aufs Wasser attraktiv, weil dort die Stromerträge deutlich höher sind als an Land.«

»Lohnt sich das denn überhaupt?«, hakt Lia nach.

»Zurzeit ist Strom aus Windkraftanlagen zwar noch teurer als aus fossilen Kraftwerken. Deshalb werden sie finanziell unterstützt. Doch haben die Anlagenbauer große Fortschritte erzielt und viel gelernt. Deshalb ist damit zu rechnen, dass die Windanlagen in absehbarer Zeit wettbewerbsfähig werden«, erläutert Ronaldo.

»Aber der Wind bläst doch nicht immer«, gibt Mark zu bedenken.

»Ja, das stimmt natürlich. An Land kommen die Windanlagen auf eine

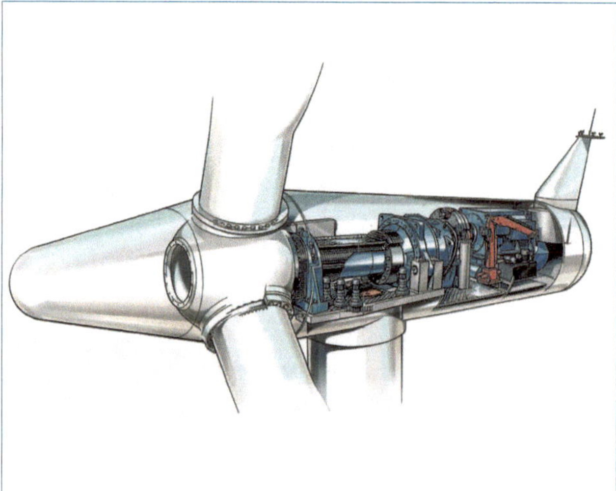

Technisches Windkraftwerksbild

Funktionsweise einer Windenergieanlage

Die kinetische Energie des Windes wird auf die Rotorblätter der Windenergieanlage übertragen und in eine Drehbewegung umgewandelt.
Der Rotor ist mit einem Getriebe verbunden, welches die Drehbewegung an einen Generator weiter gibt, der die mechanische Bewegung des Getriebes in elektrische Energie umwandelt. Im Gegensatz dazu gibt es auch getriebelose Anlagen, bei denen der Rotor und der Generator der Anlage eine Einheit bilden.

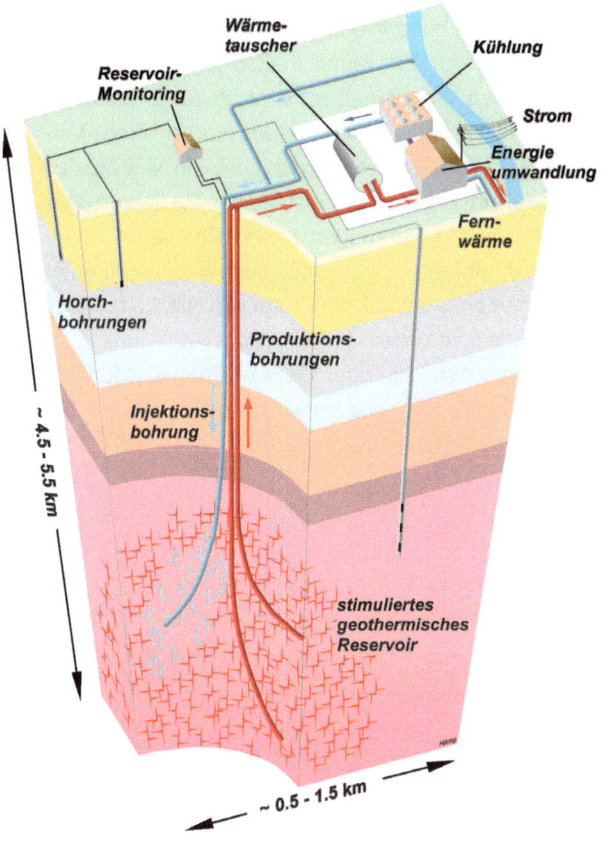

Hot-Dry-Rock-Verfahren

Erklärung der Geothermie

Bei der Nutzung von geologischen Dampfvorkommen kann das heiße Wasser direkt die Turbine des Dampfkraftwerkes antreiben. Sogenannte *Heißdampfreservoire* können aufgrund ihrer Temperatur von über 170 °C und ihres Druckes von über 4 bar zur Gewinnung elektrischer Energie dienen. Durch Bohrungen strömt der Dampf direkt in ein Kraftwerk, wo er Generatoren antreibt. Da die Drücke und Temperaturen niedriger sind als bei konventionellen Kraftwerken, sind spezielle Turbinen notwendig. Der abgekühlte Dampf wird in die Atmosphäre oder als Wasser ins Erdinnere geleitet. Bisher gibt es nur drei Stellen, an denen Stromerzeugung aus Heißwasserreservoiren stattfindet. Dies sind Ladorello in Italien, The Geysirs in den USA und Matsukawa in Japan. Die Leistung dieser Kraftwerke beträgt zwischen 5 und 100 MW.

Es gibt aber auch das *Hot-Dry-Rock-Verfahren.* In ein Bohrloch wird kaltes Wasser gepresst wobei das Gestein hydraulisch bricht und ein weiträumiges Risssystem entsteht. Das anschließend durch die Bohrung eingepumpte Wasser erwärmt sich und steigt durch ein zweites Bohrloch an die Erdoberfläche. Dort gibt das heiße Wasser seine Wärme an ein Fernwärmenetz oder an ein Wärmekraftwerk ab.

durchschnittliche jährliche Betriebsdauer von 1600 Stunden. Auf dem Meer hofft man auf jährlich 4000 Stunden. Zudem müssen fossile Kraftwerke immer als Reserve bereitstehen, falls kein Wind weht. Aus diesem Grund wird auf der ganzen Welt nach Speichermaterialien geforscht, die Strom großtechnisch über eine längere Zeit speichern können. Diese sollen dann eingesetzt werden, wenn mehr Windstrom produziert wird als zeitgleich abgenommen werden kann. Diesen Nachteil gibt's auch bei der Sonnenenergie.«

»Aber nicht bei Erdwärme«, sagt Li.

»Die Erdwärme ist ein stetiger Energiestrom, der durch den Zerfall natürlicher radioaktiver Isotopen freigesetzt wird. Die Erdwärme kann jedoch nur an solchen Stellen technisch genutzt werden, wo sie – transportiert durch Wasserkraft – von selbst aus der Erde tritt oder aber durch

geologische Besonderheiten die Temperatur in Tiefen von etwa zwei bis fünf Kilometern ausreichend hohe Werte von etwa 100 °C und mehr besitzt. Bei der Umwandlung der Erdwärme in Energie sind, je nach Temperatur der erschlossenen Wärmequellen, verschiedene Techniken notwendig. Zwei davon sind auf dem Poster. Für das *Hot-Dry-Rock*-Verfahren existiert ein Demonstrationskraftwerk in den USA – in New Mexico – und ein Forschungsprojekt im Elsass. Die Leistung beträgt derzeit 3 bis 5 MW«, beendet Ronaldo seine Ausführungen zu dem Thema.
»Neue, innovative Wasserkraftwerke soll es doch auch geben«, erinnert Nils und blickt Ronaldo offen an. Als Mark die Frage von Nils hört, stöhnt er laut auf und wirft Lia einen stirnrunzelnden Blick zu.
»Ja, das stimmt. Wie ein Laufwasser- oder Gezeitenkraftwerk funktioniert, wisst ihr sicherlich. Aber es gibt neue Entwicklungen.

Neue, pfiffige Ideen

Nehmen wir zum Beispiel die Meeresströmungskraftwerke. Das sind Unterwasserkraftwerke, die Meeresströmungen wie den Golfstrom als Stromproduzenten nutzen. Sie funktionieren im Prinzip wie eine Windkraftanlage: Das anströmende Wasser setzt eine Wasserturbine in Bewegung. Weil die Dichte von Wasser deutlich größer ist als die von Luft, genügt auch das eher gemächliche Tempo von nur wenigen Metern pro Sekunde. Vor der britischen Küste soll eine erste Pilotanlage errichtet werden.

Meeresströmungskraftwerk

Dann gibt es noch Wellenkraftwerke. Ein Wellenkraftwerk wandelt Wellenenergie in elektrische Energie um. Es besteht aus einem künstlichen Ufer, an welchem die Wellen auflaufen. An seinem höchsten Punkt strömt das Meerwasser ein Rohr herunter und treibt dann eine Wasserturbine an. Bisher sind diese Wellenkraftwerke nur in kleinerem Umfang erprobt worden.

Wellenkraftwerk

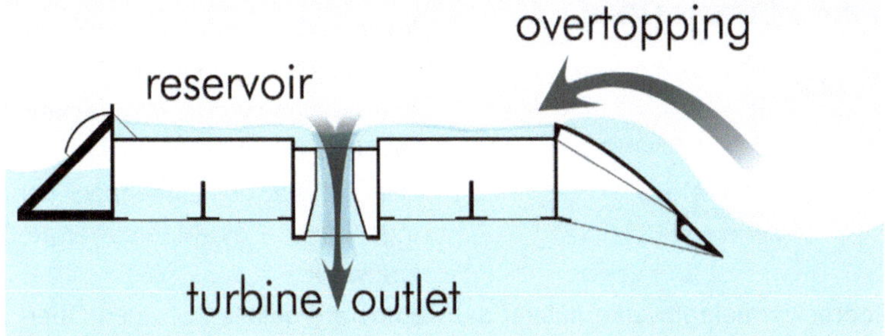

Jetzt stelle ich euch eine auf den ersten Blick abwegige Idee vor: Ein Osmose-Kraftwerk. Die Funktionsweise ist auf dem Wandposter ausführlich erklärt. Nehmt Euch hierfür ein paar Minuten Zeit. Ich hole mir in der Zwischenzeit ein Glas Wasser.

Osmose-Kraftwerk

Funktionsweise eines Osmosekraftwerks

Durch eine semipermeable Membran strömt Süßwasser aus dem Becken zum Salzwasser in das anderer Becken, um den Konzentrationsunterschied auszugleichen. Bei der Permeation durch die Membran findet eine Druckerhöhung statt. Diese wird in einer Turbine abgebaut, die wiederum einen Generator antreibt und so elektrische Energie erzeugt.

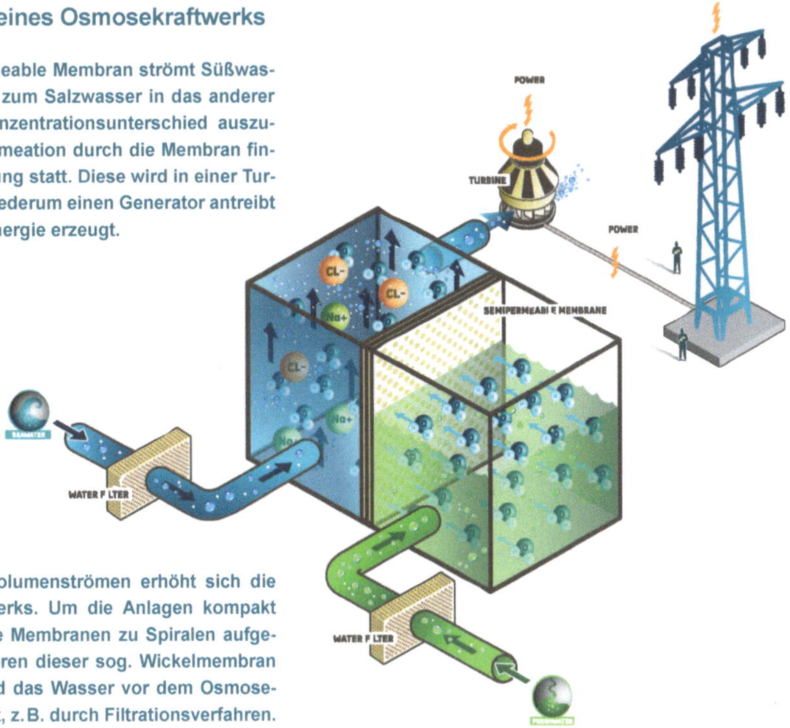

Mit zunehmendem Volumenströmen erhöht sich die Leistung des Kraftwerks. Um die Anlagen kompakt zu bauen, werden die Membranen zu Spiralen aufgewickelt. Damit die Poren dieser sog. Wickelmembran nicht verstopfen, wird das Wasser vor dem Osmoseprozess vorbehandelt, z. B. durch Filtrationsverfahren.

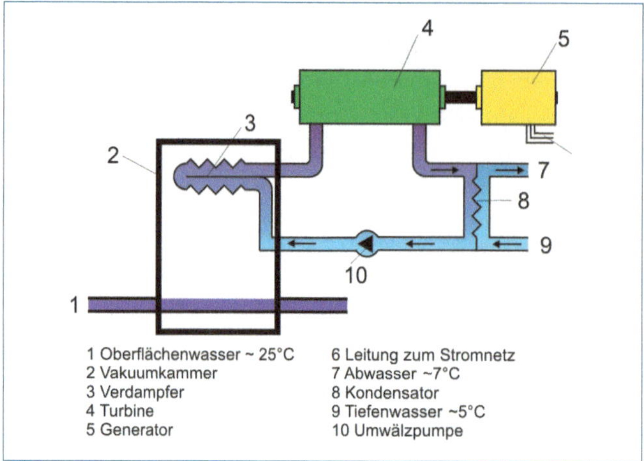

»Wie ihr feststellen könnt«, fährt Ronaldo anschließend fort, »zählen Osmose-Kraftwerke auf der Basis von Fluss- und Meerwasser demnach zu den regenerativen Energien. Derzeit ist ein Versuchskraftwerk mit einer elektrischen Leistung von 4 kW im Oslo-Fjord in Betrieb. Ab 2015 ist eine Leistung von 25 MW geplant. Und hier seht ihr nun mein letztes Beispiel aus dem Ideenpool der Ingenieure – ein Meereswärmekraftwerk.

Meereswärmekraftwerk

Meereswärmekraftwerke nutzen das Temperaturgefälle zwischen Oberflächen- und Tiefenwasser für die Stromgewinnung über eine Dampfturbine. Diesen Prozess nennen die Fachleute *Oceanic Thermal Energy Conversion* oder einfach OTEC. Er ist auf dieser Grafik zu sehen: Das Betriebsmittel – also ein Stoff, der zur Dampferzeugung dient – muss einen Siedepunkt von etwa 10 bis 150 °C besitzen. Dafür kommt zum Beispiel Ammoniak in Frage. Neben der Stromerzeugung kann dieses Kraftwerk auch dafür genutzt werden, Gebäude an der nahe gelegenen Küste über das kalte Tiefenwasser zu kühlen. Indem Tiefenwasser kalte Röhren durchströmt und Kondenswasser erzeugt, kann aus Meerwasser – einer Destillation entsprechend – Trinkwasser werden. Im Fall der OTEC laufen der Bedarf an Strom, Kälte und Trinkwasser zusammen, weil die typischen Standorte solcher Kraftwerke an tropischen Meeren liegen. Denn nur dort ist das Oberflächenwasser so warm, dass eine effiziente Stromgewinnung möglich ist«, schließt Ronaldo.

»Die Energiezukunft ist wirklich spannend«, meint Robert.

»Ja, und zentrale und dezentrale Systeme werden in Zukunft zusammenwachsen«, ergänzt Ronaldo.

»Worin besteht denn der Unterschied?«, fragt Lia.

»Zentrale Systeme sind zum Beispiel die großen Windparks im Meer oder die großen solarthermischen Anlagen zur Stromerzeugung in der Wüste. Dezentrale Anlagen erzeugen Strom und Wärme in unmittelbarer Nähe des Verbrauchs, beispielsweise direkt in einem Haus oder in einer Siedlung. Zu diesen Techniken zählen unter anderem Blockheizkraftwerke und Wärmepumpen. Wenn ihr jetzt keine weiteren Fragen habt, können wir in die Mittagspause gehen.«

Immer noch ganz eingenommen von der überaus interessanten Thematik, unterhalten sich die Studenten beim Mittagessen in der Kantine weiter mit Ronaldo. Chè fällt ein Poster an der Wand auf und spricht Ronaldo geradewegs darauf an.

»He, Ronaldo«, ruft Chè, »da drüben hängt ein großes Spinnenmonster. Was ist das denn?«

»Wollt ihr das wirklich noch wissen?«

»Das sieht irgendwie visionär aus, finde ich«, meint Fatima.

»Na, ihr seid ja so richtig wissbegierig«, antwortet Ronaldo. »Also gut, ich erklär's euch. Aufgepasst, wir stoßen jetzt ein Tor zur Zukunft auf.«

In dem Moment fegt Fatima mit ihrem Ellenbogen ein Glas vom Tisch.

»Ich glaub, du hast da was falsch verstanden«, meint Robert zu Fatima, »aufstoßen hat er gesagt, nicht umstoßen.«

»Witzbold«, meint Fatima nur, während die anderen sich vor Lachen biegen.

Energie aus der Tiefsee

»Was ist denn nun mit diesem Tor zur Zukunft?«, fragt Li. »Ich kann's kaum erwarten, mehr darüber zu hören.«

Ronaldo fährt fort: »Je intensiver Forscher die Tiefsee ergründen, desto mehr Rohstoffe finden sie. Ölkonzerne fördern bereits Öl und Gas in über 1 000 Metern Wassertiefe. Und es ist nur noch eine Frage der Zeit, bis Tiefseeroboter, Bohr- und Fördersysteme für den Abbau bereitstehen werden.

Von diesen sogenannten *Submarinen Systemen* – also unter der Meeresoberfläche einsetzbaren Fördertechniken – hat die Mineralölindustrie schon welche in Gebrauch. Ölunternehmen treiben ihre Bohrgestänge bei einer Wassertiefe bis zu 2,5 km schon bis zu zehn Kilometer in den Meeresgrund. In der Regel bohren sie heute von Spezialschiffen oder mobilen Erkundungsplattformen aus. Stoßen sie bei den Probebohrungen auf Öl oder Gas, lassen sie die Bohrungen in alle Himmelsrichtungen abknicken, um die horizontale Ausdehnung der Felder zu erkunden und sie später systematisch auspumpen zu können. Das Unternehmen Total ist vor Afrika bis in 4 000 m Wassertiefe vorgestoßen. Und vor Brasilien und im Golf von Mexiko sind Chevron, Petrobas, Shell und andere in ähnlich große Tiefen vorgedrungen.

Der Ansturm auf die Tiefsee erfordert neue Fördertechniken und stellt wesentlich höhere Sicherheitsanforderungen. Statt verankerter Bohrinseln dienen heute Floating-, Production-, Storage- and Offloading-Schiffe, auch als FPSOs bezeichnet, als Plattform. Dutzende Schlauchstränge verbinden diese Giganten mit fest installierten Pumpen am Meeresgrund. Spezielle Gelenkeinheiten sorgen für die nötige Flexibilität bei Wellengang. Je nach Größe und Druck im Ölfeld variiert die Zahl der Hochdruckpumpen und Schläuche. Zum Teil muss das *schwarze Gold* oder das Erdgas mit Wasser aus den Ablagerungsschichten bzw. Sedimenten gepresst werden, bevor es hinausgepumpt werden kann. Das dabei entstehende Öl-Gas-Wasser-Gemisch trennt Shell vor der Küste von New Orleans am Meeresboden mit Zentrifugen. Erdöl und Wasser werden mit Hilfe elektrischer Unterwasserpumpen durch einen inneren Schlauchstrang transportiert, während das Erdgas in einer äußeren Hülle zum Schiff strömt. Oben verarbeiten die FPSOs das Erdöl weiter und lagern es zwischen. Rund um die mobilen Fördergiganten herrscht reger Tankerverkehr: Das geförderte Erdöl wird laufend abtransportiert. Entsprechend dazu etablieren sich in der Erdgasförderung erste Schiffe mit Verflüssigungsanlagen. Auch hier docken laufend Flüssiggastanker an, um die kostbare Fracht abzuholen.

Die Mineralölbranche hat die Pforte zur Zukunftswelt schon weit aufgestoßen. Doch könnte die Episode in der Tiefsee enden, noch bevor sie richtig beginnt.«

»Klingt irgendwie nach Star Wars«, flüstert Undine Antonio lachend ins Ohr. »Nur dass es sich unter dem Meer abspielt. *Episode IV – Eine neue Hoffnung!*« Beide müssen sich das Lachen verkneifen.
»Oder auch nicht …«, meint Antonio auf Ronaldos letzte Worte bezugnehmend, die er gerade noch mit einem Ohr mitbekommen hat.
Ronaldo fährt fort: »Die Gründe dafür sind nicht nur die riesigen Umweltrisiken, wenn unkontrollierbare Ölströme sich ins Meer ergießen, sondern auch wie ihr schon oft gehört habt, der Klimawandel. Auf dem Boden der Weltmeere lagern unvorstellbare Mengen Methanhydrat. Dieses feste *Erdgas-Eis* enthält mehr Energie als sämtliche konventionelle Lagerstätten von Kohle, Öl und Gas der Erde zusammen. Was nach Segen klingt, droht zum Fluch zu werden: Neueste Klimamodelle lassen vermuten, dass sich das Wasser am Grund der Arktis im Laufe des Jahrhunderts um 3 °C erwärmt. Es ist zu befürchten, dass dabei die eingelagerten Gashydrate schmelzen. Unvorstellbare Mengen Methan würden aus den Meeren entweichen. Ein sogenannter Kippeffekt, der den Klimawandel massiv beschleunigen würde.«
Die Runde hängt an Ronaldos Lippen. Selten war Klimaforschung spannender.
»Doch haben die Forscher auch hierfür eine Lösung gefunden«, spricht Ronaldo weiter. »Und diese Lösung soll ausgerechnet das Klimagas CO_2 sein! Die Theorie: In Kraftwerken abgeschiedenes, verflüssigtes CO_2 wird in Methanhydratlager gepumpt. Dabei bildet sich stabiles Kohlendioxidhydrat und gasförmiges Methan. Das Methan wird gefördert und das Hydrat bleibt am Boden zurück. Aktuell arbeiten die Forscher daran, den chemischen Prozess zu verbessern.«
Von den Studenten kommen Erstaunenslaute.
»Methanhydrate«, erzählt Ronaldo weiter, »Methanhydrate kommen gerade vor den Küsten Chinas und Indiens vor, wo im Rekordtempo neue Kohlekraftwerke entstehen. Dadurch fallen ungeheure Mengen CO_2 an, die perspektivisch abgeschieden werden müssen. Als Hydrat lässt es sich sicher und gewinnbringend im Meeresgrund speichern und zugleich stünde das nötige Erdgas bereit, um auf saubere Gaskraftwerke umzusteigen. Durch die Fortschritte in der Offshore-Bohrtechnik sind solche Szenarien technisch machbar.«

Methanhydrate

Methanhydrate

Methanhydrate entstehen, wenn Wasser und Methan unter Druck ($p > 20$ bar) gesetzt und auf wenige Grad über Null oder tiefer abgekühlt werden. Dann legen sich die Moleküle des Wassers um die Gasmoleküle und schließen diese wie in einem Käfig ein. Unter diesen Bedingungen haben sich im Bereich des Festlandsockels der Meere und im Dauerfrostboden der Tundra Methanhydratlagerstätten gebildet, deren Energieinhalt mit einem Mehrfachen der gesicherten Reserven und bisher verbrauchten Mengen an den konventionellen Energieträgern Öl, Kohle und Erdgas abgeschätzt wird. Da es bisher kein geeignetes Abbauverfahren gibt und Probleme bei einer Störung der Lagerstätten wie z. B. die unkontrollierte Freisetzung von Methan oder das Abrutschen ganzer Sedimentschichten gesehen werden, findet ein gezielter Abbau zur Energiegewinnung noch nicht statt.

»Das hört sich gewaltig an«, meint Robert nach einer Pause nachdenklichen Schweigens. »Regenerative Energien sind dann wohl überflüssig?«
»Jede neue Technik birgt bis zur Marktreife Unsicherheiten«, erklärt Ronaldo. »Es kann große Fortschritte, zum Beispiel in der Materialforschung, geben, aber man schlägt auch immer wieder Irrwege ein. Deshalb ist es sinnvoll, möglichst viele Techniken parallel zu entwickeln. Häufig ist auch der Einsatzzeitraum verschieden – und keine Technik bleibt für alle Ewigkeit. Aber was das Wichtigste ist: Keine Technik sollte gegen eine andere ausgespielt werden! Jede Technik hat Vor- und Nachteile. Es gilt für jede Technik, das richtige Einsatzgebiet zu finden. So wie sich in der Natur jede Pflanze Nischen zum Wohlergehen sucht, so hat auch jede Technik in bestimmten Marktsegmenten ihre Vorzüge. Technikentwicklung ist ein dauerhafter Suchprozess«, beendet Ronaldo seine Ausführungen.

Nils guckt auf die Uhr. »Jetzt wird es aber Zeit für uns! Beim nächsten Institutsbesuch sind wir leider nicht mehr dabei, wir müssen weiter. Es hat uns sehr gut bei euch gefallen«, wendet er sich an Ronaldo. Und viele Grüße an die anderen Dozenten!« Lia und Nils verabschieden sich herzlich und mit vielen Umarmungen von den Studenten. Als Mark Lia einen Arm um die Taille schlingt und sie mit einem Küsschen auf die Wange verabschiedet, wirft Nils ihm einen mörderischen Blick zu, wendet sich abrupt ab und geht zum Wagen der Jülicher Fahrbereitschaft voraus, der sie zum Bahnhof bringen soll.
»Geh nicht so schnell, das Gepäck ist schwer«, hört er Lia hinter sich.
Mit Mark flirtet sie, und ich soll den Kuli spielen, denkt Nils. Trotzdem schultert er kommentarlos ihr Gepäck und stiefelt auf das Auto zu. Gerade noch rechtzeitig erreichen sie am Dürener Bahnhof den Regionalzug zum Kölner Hauptbahnhof.
Während der gesamten Zugfahrt nach München ist Nils einsilbig und verschanzt sich hinter seiner Zeitung. Lias Versuche, Smalltalk zu machen, blockt er ab, und so verläuft die restliche Fahrt schweigend.

Halle → Paris → Jülich

Boston →

4

München → Wien

Nevada → Shanghai → Paris

Die Effizienzpioniere

In München erfahren Lia und Nils bei der Fraunhofer-Gesellschaft etwas über die Energie-Effizienzrevolution.

Energie sparen durch moderne Dämmtechnik

Am nächsten Morgen gehen Lia und Nils schweigend zur Fraunhofer-Gesellschaft. Die schlechte Stimmung, die zwischen ihnen herrscht, hat sich immer noch nicht gelegt. Als sie das große Verwaltungsgebäude betreten und eine zeitlang gewartet haben, kommt eine attraktive junge Frau auf sie zugeeilt. Langes, schwarzes Haar flattert über ihre Schultern und ihre schlanke, sportliche Figur wird durch ein eng anliegendes Top und eine verwaschene Stretchjeans unterstrichen. Ein beifälliger Blick stiehlt sich in Nils' Augen, den Lia argwöhnisch registriert.

»Entschuldigt, dass ich ein paar Minuten zu spät bin, aber ich hatte noch eine wichtige Besprechung über unser neuestes Effizienzprojekt. Wir fördern hier bei der Fraunhofer-Gesellschaft die angewandte Forschung, setzen also Grundlagenforschung in die Praxis um. Viele Forschungsstätten werden von uns unterhalten. Hier in München haben wir unsere Hauptverwaltung. Unser Stärke ist es, Ideen zu entwickeln, um Energie möglichst nutzbringend einzusetzen. Oh, entschuldigt! Ich habe mich ja noch gar nicht vorgestellt. Mein Name ist Chantal und ich bin Physikerin.«

Auch Lia und Nils stellen sich vor.

»Ich habe für euch ein paar Bilder zusammengestellt«, meint die dynamische Chantal, und schon erscheint die erste Powerpoint-Grafik. »Es ist keine sehr lange Präsentation, aber es sind wichtige Informationen für euch dabei. Lag der jährliche Wärmebedarf in deutschen Haushalten in einem Doppelhaus früher noch bei über 200 kWh pro Quadratmeter, so schrumpft er inzwischen deutlich zusammen. Wenn heute neue Häuser gebaut werden, dann liegt der Wärmebedarf nur noch bei 70 kWh pro

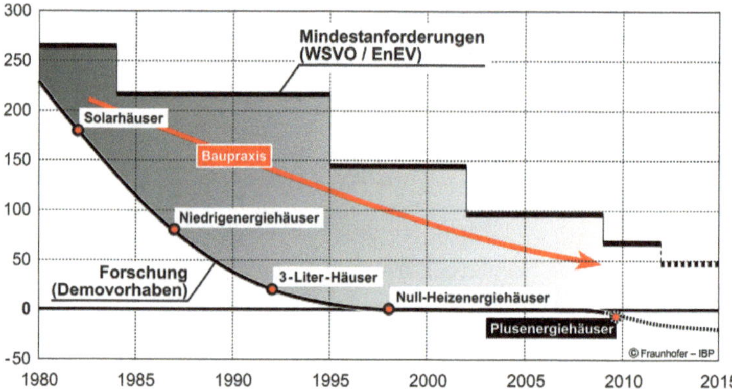

Entwicklung des energiesparenden Bauens

Quadratmeter und Jahr oder sogar deutlich darunter. Und eben das seht ihr hier. Wir sprechen in diesem Fall von Niedrigenergiehäusern. Diese rasante Entwicklung wurde durch raffinierte Verfahren, die an der Gebäudehülle zum Einsatz kamen, möglich. Neuartige Materialien zur Wärmeisolierung und Mehrfachverglasung der Fenster taten ihr Übriges dazu.«

Nils, der seit gestern so gut wie keinen Ton mehr gesagt hat – zumindest nicht zu Lia – meint interessiert: »Das ist aber wirklich eine rasante Entwicklung.« Chantal schenkt ihm ein Lächeln.

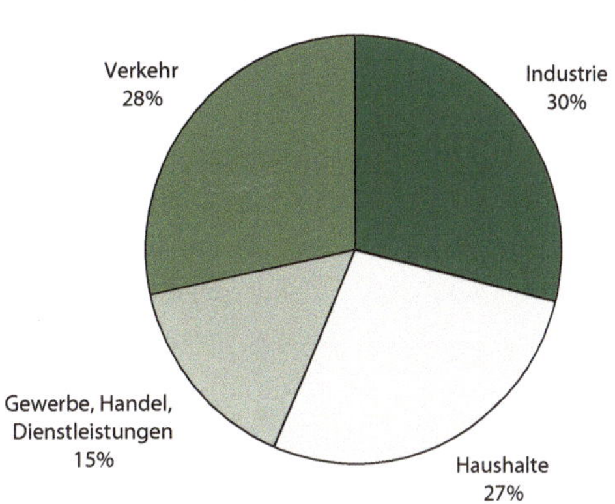

Endenergieverbrauch in Deutschland (2008)

»Ja, das ist die eigentliche Revolution in der Energiewirtschaft – eine Effizienzrevolution. Meistens wird nur über neue Energietechniken diskutiert. Das mag spektakulärer sein, aber das eigentlich Bahnbrechende findet im Verborgenen statt«, erwidert Chantal.

»Aber warum ist denn die Wärme so wichtig?«, will er wissen.

»Weil für die Beheizung und die Bereitstellung von Warmwasser die meiste Energie verbraucht wird. Fast 50 % der gesamten Endenergie fließt in die Haushalte und Gewerbebetriebe. Wie hier zu sehen ist. Dort wird sie dann – wie ihr auf der nächsten Darstellung erkennen könnt – zu fast 80 % für die Wärmebereitstellung benötigt«, knüpft Chantal an das zuvor Gesagte an.

Nils hakt die Daumen in die Gürtelschlaufen seiner Jeans, lehnt sich entspannt zurück und sagt: »Zum ersten Bild habe ich noch eine Frage. Sind das nur theoretische Werte oder werden diese auch tatsächlich in die Praxis umgesetzt?«

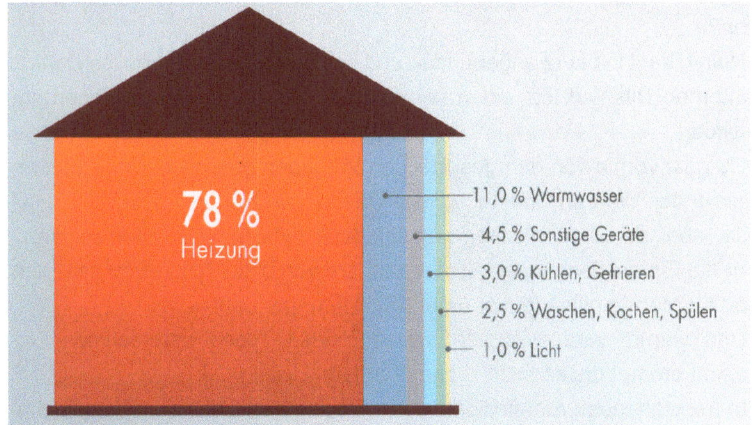

Aufteilung des Energieverbrauchs im Privathaus

»Diese Werte sind in unsere Gesetze und Verordnungen in Deutschland eingeflossen und müssen von den Architekten eingehalten werden. Selbst für Altbauten, die energiesparend saniert werden, gelten ähnliche Werte. Und die Europäische Kommission ist auf dem Weg, diese Werte für ganz Europa vorzuschreiben. Aber auch für die elektrischen Haushaltsgeräte werden von der EU-Kommission immer schärfere Werte vorgegeben.«

»Das ist beeindruckend«, sagt Nils anerkennend.

Du meinst wohl, sie ist beeindruckend, denkt Lia erbost.

»Auf diesem Bild seht ihr, wie mit zusätzlicher Dämmstoffdicke und neuen Materialien der Wärmebedarf gesenkt werden kann.«

Erforderliche Dämmstoffdicke

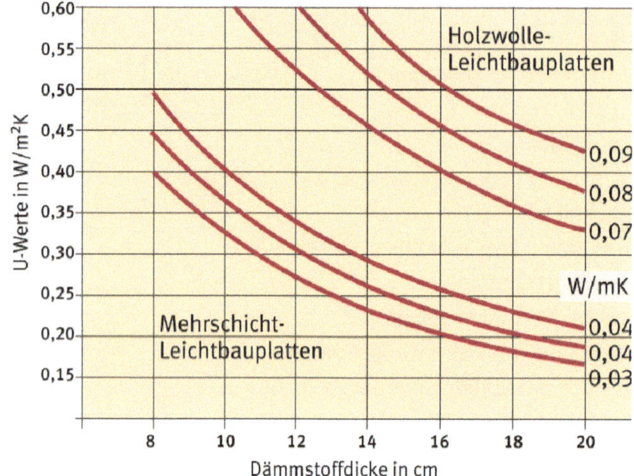

»Das bedeutet doch wohl, dass sich bei einer Verdoppelung der Dämmstoffdicke der Wärmebedarf um ungefähr 50 % reduziert«, sagt Nils nachdenklich, während Lia immer noch keine Frage gestellt hat.

»Jawohl, das ist so. Oder präziser formuliert: Je kleiner der Wärmedurchgangskoeffizient, desto effektiver ist der Wärmeschutz. Aber das Ganze nützt nur wenig, wenn die neuen Dämmmaterialien auf den Dächern, Decken, Böden und Außenwänden nicht fachgerecht verarbeitet werden.«

»Also ist ein riesiges Fortbildungsprogramm für das europäische Handwerk vonnöten.«

»Da hast du wohl Recht.«

Und an Lia gewandt meint sie: »Hast du denn überhaupt keine Fragen?«

»Nein«, sagt Lia kurz angebunden und schiebt noch ein schnelles *Danke* hinterher. Nils wirft sie einen vernichtenden Blick zu, den er ungerührt erwidert.

»Du hast vorhin von den gesetzlichen Vorgaben gesprochen«, richtet er wieder das Wort an Chantal. »Gelten die für alle Neubauten?«

»Ja, aber es wird zwischen verschiedenen Haustypen unterschieden. Für die Einfamilienhäuser gilt ein Standard von unter 70 kWh/m² pro Jahr und für Mehrfamilienhäuser unter 55 kWh/m² pro Jahr.«

»Und warum wird zwischen diesen beiden Typen unterschieden?«, kommt prompt die nächste Frage über Nils' Lippen.

»In frei stehenden Einfamilienhäusern ist das Verhältnis der Wohnfläche

Wärme-Durchgangskoeffizient oder U-Wert [W/(m²K)]

Der U-Wert kennzeichnet den Transmissionswärmeverlust eines Bauteils und dient somit zur Beurteilung des baulichen Wärmeschutzes.
Der U-Wert gibt den Wärmestrom in Watt (W) an, der pro m² Bauteilfläche bei einem Temperaturunterschied von 1 Kelvin durch das Bauteil hindurchgeht.

zu dem beheizten Gebäudevolumen größer als in Mehrfamilienhäusern«.

»Wenn die Neubauten aber demnächst nur noch so wenig Wärme benötigen, lohnen sich dann überhaupt noch die großen Energiesysteme?«, hakt Nils nach.

»Eine berechtigte Frage. Auf Dauer werden die großen Erdgas- und Fernwärmenetze Probleme bekommen. Wir vermuten, dass sich die Fernwärme nur noch in bestimmten Siedlungsgebieten mit sehr hoher Wärmedichte wirtschaftlich rechnen wird und Erdgas überwiegend in Kraftwerken zum Tragen kommt. Bis dahin werden aber noch 20 Jahre vergehen.«

»Warum denn so lange?«, wundert sich Nils.

»Weil die Bausubstanz alt ist. Die muss erst saniert werden, das dauert viele, viele Jahre.«

Chantal wirft Lia einen kurzen, fragenden Seitenblick zu. Immer noch keine Reaktion.

»Aber wenn eines Tages die rohrleitungsgebundenen Energiesysteme wirklich nicht mehr benötigt werden, wie wird dann der Restwärmebedarf gedeckt?«, will Nils wissen.

»Dafür bietet sich beispielsweise die elektrisch betriebene Erdwärmepumpe an. Auf dieser Darstellung seht ihr, wie das Prinzip funktioniert.«

»Auch bieten sich Solarkollektoren an«, fährt Chantal weiter fort. »Doch das ist fast schon eine veraltete Technik, spannender sind auf Fassaden montierte Solarzellen, die ihr am Ende meiner Präsentation sehen könnt. Sie wurden in der Stadt Freiburg realisiert.«

Nils kratzt sich nachdenklich am Kinn. »Wenn die Häuser alle so dicht isoliert sind, wird dann nicht die Luft muffelig?«

»Oh, ja, besonders dann, wenn der Heizwärmebedarf unter den Standard der Niedrigenergiehäuser fällt. Man spricht dann von Passivhäusern. Die Gebäudehüllen sind weitgehend luftdicht gebaut, sie benötigen deshalb eine Lüftungsanlage – vorzugsweise mit einer Wärmerückgewinnung. Dieses Prinzip wird schon in vielen Häusern eingesetzt. Das seht ihr an diesen Abbildungen.«

»Man kann es aber auch wirklich übertreiben! Einem hoch isolierten Gebäude setzen wir Solarkollektoren aufs Dach, in die Fassaden integrieren wir Solarzellen

Holzwolle-Leichtbauplatte

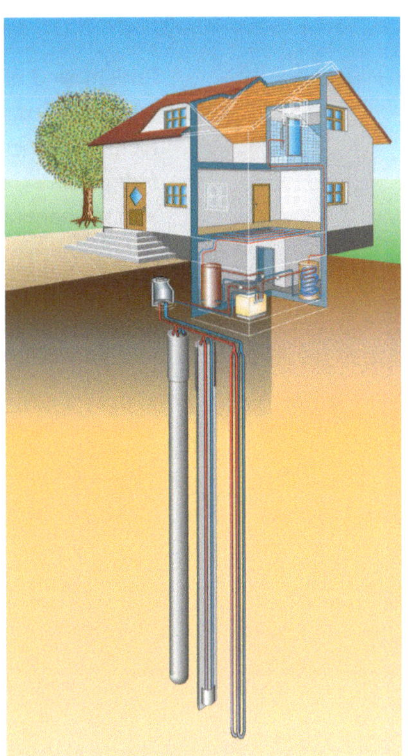

Wärmepumpen-Heizungsanlage

Die Abbildung zeigt eine Wärmepumpe in Verbindung mit Erdwärmesonden. Innerhalb der Sonden zirkuliert ein Wärmeträgermedium (Sole). Auf dem Weg durch das Erdreich nimmt das Wärmeträgermedium Wärme auf, die durch die Wärmepumpe (i. d. R. ein elektrisch angetriebener Verdichter) anschließend auf ein höheres Temperaturniveau gebracht wird. Diese Wärme steht nun zur Beheizung von Räumen zur Verfügung.

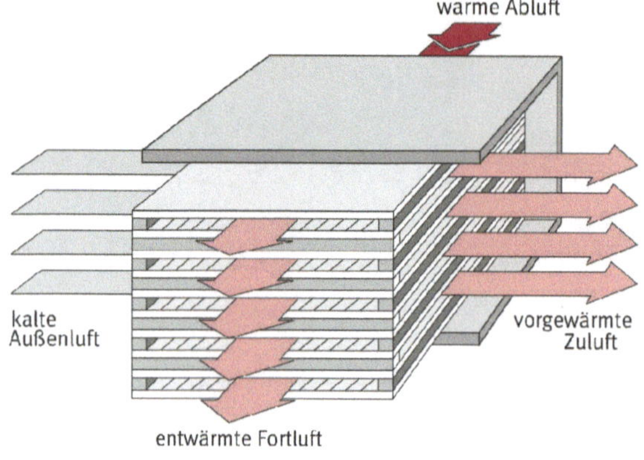

Wärmetauscher

und im Keller betreiben wir noch eine elektrische Wärmepumpe«, meint Nils scherzend.

Chantal lacht. »Ja, für Versuchszwecke machen wir so was schon mal, aber in der Praxis kommt das nicht vor. Jedes Gebäude benötigt eine angepasste Haustechnik. Letztlich geht es immer darum, mit dem investierten Geld so viel wie möglich an CO_2 einzusparen. Doch das Haus muss bewohnbar bleiben. Auch das Wohnfühlklima muss stimmen, sollte möglichst besser als vorher sein. Zudem sind die Investitionskosten sehr hoch. Mit öffentlichen Geldern werden sie aufgefangen. Chantal dreht sich zu Lia um. »Lia, willst du nicht auch noch was fragen? Ich bin jetzt nämlich mit meiner Präsentation fertig.« Lia schüttelt nur den Kopf und wendet sich ab. »Und du Nils?«

»Im Moment nicht.« Er lächelt ihr zu.

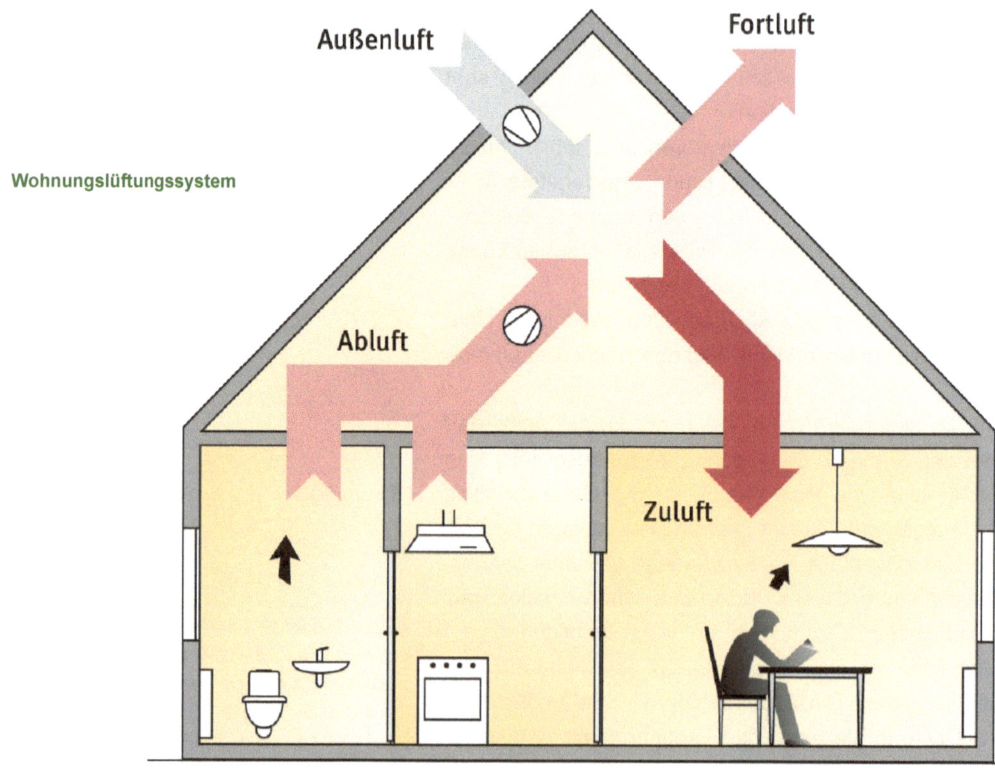

Wohnungslüftungssystem

»Für den Fall, dass euch später noch Fragen einfallen, gebe ich euch mal meine Visitenkarte«, sagt Chantal und reicht sie Nils. Wie Lia findet, mit einem besonders strahlenden Lächeln. Winkend verabschiedet sich Chantal und rauscht, ebenso energiegeladen wie sie angekommen war, davon. Wortkarg, und ohne Notiz voneinander zu nehmen, verlassen Lia und Nils den Glaspalast, der die Fraunhofer-Gesellschaft beherbergt.

(v.l.n.r.) Solar Tower am Freiburger Hauptbahnhof Gebäude mit Solarfassade in Freiburg

Energie der Gefühle

Nils geht mit ausgreifenden Schritten los. »Warte doch«, ruft Lia und hetzt hinter ihm her, »was ist denn bloß mit dir los? Du bist die ganzen letzten Tage schon so komisch!« Nils wartet, bis Lia ihn eingeholt hat, dreht sich aber nicht sofort zu ihr um, sondern schaut einen Moment unbeteiligt den vorbeifahrenden Autos hinterher.

»Was kümmert's dich?«, entgegnet er schließlich. »Du hast ja hinlänglich klar gemacht, wo deine Prioritäten liegen.«

Lia guckt ihn ehrlich erstaunt an. »Wovon redest du überhau... «

Im selben Augenblick klingelt Lias Handy. Mark. Nils schnauft und macht eine nickende Kopfbewegung zum Handy.

»Na, bitte, deine erste Priorität.« Er dreht sich abrupt um und geht, ohne sich noch einmal nach ihr umzuschauen. Lia unterdrückt den Klingelton des Handys.

Meine Güte, Mark ist aber echt hartnäckig, denkt sie und seufzt genervt. Sie dreht sich zu Nils um, aber der ist schon in der Menschenmenge untergetaucht. Mist, denk Lia, warum zieht der sich einfach in sich zurück? Kann er denn nicht mal den Mund aufmachen? Portugiesische Männer hätten mir jetzt eine Szene gemacht, inklusive einem angedrohten Sprung von der Brücke, aber nein, Nils geht einfach so. Sicher, Mark ist ganz witzig. Aber er ist auch verdammt aufdringlich und großspurig. Einfach too much. Nils mag ich viel lieber, vielleicht gerade wegen seiner ruhigen und zurückhaltenden Art. Lia schlendert gedankenverloren durch die Straßen. Nichts nimmt sie von der Stadt an der Isar wahr. Ihre Gedanken und Gefühle sind bei Nils. Wie er ihr zugelächelt hatte. Und in die Augen gesehen hatte. Sie bekam jetzt noch Herzklopfen, wenn sie dran dachte. Neulich, in Paris, waren sie sich so nahe gewesen. Und jetzt? Peng! Der Abend in München hätte so schön werden können ... Und morgen müssen wir schon wieder weiter.

Nils wechselt rücksichtslos die Straßenseiten, so wie es ihm gerade passt. Ob die Fußgängerampeln auf Rot stehen und die Autos wegen ihm bremsen müssen, kümmert ihn nicht. Er versucht seine Wut und seine Enttäuschung in andere Bahnen zu lenken: Soll mir doch alles egal sein! Mark und Lia können mir gestohlen bleiben! Er seufzt. Nein, da machte er sich was vor. Klar, Mark konnte ihm gestohlen bleiben, aber Lia? Lia nicht. Die letzten Nächte hatten überhaupt nicht vergehen wollen. Der Uhrzeiger war dahingekrochen und er hatte sich in lebhaften Farben ausgemalt, was Lia und Mark zusammen anstellten. Ich werde jetzt erst mal joggen gehen, denkt er und nimmt Kurs aufs Hotel.

»Gibt es hier in der Nähe eine Joggingstrecke?«, fragt er die junge Hotelangestellte, kaum dass er in der Unterkunft angekommen ist.

»Ja, zwei Straßenecken weiter«, antwortet sie. »Wenn Sie aus der Hoteltür gehen, gleich links herum. Sie stoßen dann direkt auf den Englischen Garten, dort können Sie stundenlang laufen.« Nils verschwindet hinaus in die Abenddämmerung.

Lia streift ziellos durch die Gegend. Ohne Nils ist München blöd, denkt sie. An einem Kiosk kauft sie sich Süßigkeiten, etwas Obst und zwei Dosen Cola und schlägt die Richtung zum Hotel ein.

Unterdessen kehrt Nils verschwitzt und etwas ausgeglichener aus dem Englischen Garten zurück, duscht und geht zu einem Schnellimbiss.

Lia blättert unkonzentriert durch ihr Buch und liest lustlos hier und dort ein paar Zeilen. Missmutig wirft sie es aufs Bett, schaltet den Fernseher ein und zappt durch die Kanäle. Da ist nichts, dass ihr Interesse erregt, nichts, dass sie wahrnimmt. Stattdessen läuft vor ihrem inneren Auge in einer Endlosschleife ein ganz anderer Film ab. Nils und sie, wie sie sich anlächeln. Nils und sie, wie sie sich schweigend gegenüberstehen. Lia seufzt tief auf. Spontan greift sie zu ihrem Handy und wählt Nils' Nummer *Der Teilnehmer ist zurzeit nicht erreichbar. Rufen Sie bitte zu einem späteren Zeitpunkt noch einmal an.* Mist, wo treibt sich der verfluchte Kerl denn bloß rum?«, denkt sie und lässt sich aufs Bett zurückfallen.

Obwohl Nils sich fest vorgenommen hat, diese Nacht zu schlafen, wälzt er sich unruhig im Bett hin und her. Schließlich springt er auf. Ich muss hier raus, denkt er. Er fragt den Nachtportier, wo um diese Zeit noch etwas los ist und der weist ihm den Weg nach Schwabing. »Dort boxt der Bär«, sagt der Portier mit einem Lächeln. Nils würde lieber mit Mark ringen, aber der steht ja leider gerade nicht zur Verfügung. Ein Fluch kommt über seine Lippen.

In Schwabing geht er von einer Kneipe zur anderen, trinkt sein Bier, zahlt schweigend und geht zur nächsten. In einem rappelvollen Jazz-Lokal bleibt er hängen, setzt sich auf einen Barhocker und bestellt einen Gin Tonic. Die Gäste sind ausgelassen und reden wild durcheinander. Einige

versuchen, den Text der Musiker mitzusingen. Junge Pärchen tanzen eng umschlungen, gefangen in ihrer eigenen Traumwelt. Nils sitzt auf seinem Barhocker und fühlt sich wie ein Einsiedler in einer einsamen Höhle.
Lia, was wird Lia wohl gerade machen? Ein Gedanke lässt ihn nicht mehr los. Ein leichtes Unbehagen macht sich in ihm breit. Vielleicht hätte er ihr auch deutlicher zeigen sollen, dass er sie gern hatte? Verflucht, aber er war nun mal kein Mark!
Mit seinen Gedanken allein, sitzt er noch eine zeitlang auf dem Barhocker. Die Musik nimmt er wie Sphärenklänge aus einer anderen Welt wahr. Als er das Lokal verlässt, wirft die Morgendämmerung schon die ersten schwachen Sonnenstrahlen über die Dächer Münchens. Ein wehmütiges Gefühl, das er bisher noch nie verspürt hat, ergreift von ihm Besitz. Und dann fasst er einen Entschluss.

Nachdem Lia eine zeitlang an die Decke gestarrt hat, greift sie erneut zum Handy, ruft ihre Freundin Hanna an und erzählt ihr alles – oder versucht es zumindest, so wirr wie ihr zumute ist.
»Ich weiß überhaupt nicht, woran ich mit ihm bin. Wenn er doch wenigstens mal nen Ton sagen würde! Stattdessen hat er alles völlig falsch verstanden. Wir haben uns noch nicht mal geküsst!«, bricht es aus ihr heraus.
»Was nicht ist, kann ja noch werden«, meint Hanna trocken.
»Nein, ich meine Mark«, sagt Lia hitzig.
«Wie? Hast du nicht gerade von einem Nils gesprochen? Wer ist denn jetzt Mark?«
Lia fährt sich aufgelöst durch die Haare. »Mark ist ein Student aus dem Jülicher Forschungszentrum. Mit dem habe ich abends eine Fahrradtour unternommen. Seitdem ist Nils wie ausgewechselt. Mark ist ja ganz nett, aber wir sind uns wirklich nicht näher gekommen und geküsst haben wir uns schon gar nicht.«
»Mann, Süße, der Typ ist in dich verknallt! Klar, dass er da so reagiert.
»Aber warum sagt er es dann nicht?«
»Vielleicht wartet er auf ein Zeichen von dir?«, flötet Hanna in den Hörer.
»Du hättest mal sehen sollen, wie er heute Morgen diese Referentin mit ihrem 1 000-Watt-Lächeln angestarrt hat. Sie hat ihm sogar ihre Adresse gegeben.«
»Ja, ja«, antwortet Hanna belustigt. »Eifersucht ist eben, wie der weise Spruch sagt, eine Leidenschaft, die mit Eifer sucht, was Leiden schafft. Wenn ihr euch Morgen seht, kannst du ihm doch erzählen, wie es wirklich war und sagen, was du für ihn fühlst. Nur Mut, du schaffst das schon!« Es klickt im Hörer. Hanna hat aufgelegt.

Als Nils wieder im Hotel angekommen ist, packt er seine Sachen und eröffnet als Erster das Frühstücksbuffet. Anschließend setzt er sich mit einem doppelten Espresso in einen bequemen Sessel im Foyer und schaut immer wieder auf die Uhr. Wo Lia nur blieb? Er steht auf, geht im Foyer auf und ab und setzt sich wieder hin. Und wartet.

Schließlich wendet er sich an die Rezeption.

»Ich warte auf Lia Da Silva. Würden Sie sie bitte wecken? Wir müssen zum Zug«, redet er ungeduldig auf den Mann ein.

Der nimmt den Hörer auf und wählt.

»Es meldet sich niemand.«

Nils erschrickt. Ihr ist doch hoffentlich nichts passiert?, denkt er.

»Ach, da hab ich sie ja«, unterbricht ihn der Mann in seinen Gedankengängen. »Frau Da Silva hat schon ganz früh heute Morgen ausgecheckt.«

Shit, denkt Nils. Wo ist sie wohl hin, zum Bahnhof oder zu Mark? Furchtbarer Gedanke …

Mit einem kräftigen Ruck greift Nils nach seinem Gepäck und rennt zum nächsten Taxistand.

»Zum Hauptbahnhof bitte. Ich hab's eilig«, ruft er dem Taxifahrer, der sich vor seinem Taxi gerade eine Zigarette angezündet hat, knapp zu.

»Die jungen Leute von heute haben es immer eilig. Obwohl sie noch so viele Jahre vor sich haben. Ich kann das nicht verstehen. Pensionäre haben es auch immer eilig. Aber die kann ich im Gegensatz dazu verstehen«, antwortet der Taxifahrer gemächlich und drückt mit dem Fuß langsam seine Zigarette aus. Nach wenigen Minuten, die Nils wie eine halbe Ewigkeit vorkommen, erreichen sie den Bahnhof. Nils sprintet mit seinem Gepäck zum Gleis, wo bereits der Zug nach Wien steht. Mit einem flinken Blick kontrolliert er den Zielort und die reservierte Wagennummer und springt in den Wagon. Hoffentlich ist sie hier. Sonst will ich hier wieder raus, schießt ihm durch den Kopf.

»Nils!«, ertönt da Lias Stimme hinter ihm. Nils dreht sich um, da steht sie. Und lächelt ihm zu.

Sie setzen sich, und nach einem Moment des Schweigens sagt er: »Ich habe an der Rezeption auf dich gewartet. Warum bist du schon so früh gefahren?«

»Ich konnte die ganze Nacht nicht schlafen«, antwortet Lia. Und du?«

Ich hab schon seit drei Nächten kaum geschlafen – eine heldenhafte Bilanz. Aber darauf möchte ich in Zukunft lieber verzichten. Verstehst du, was ich dir damit sagen will, Lia?«, und sieht ihr tief in die Augen. Ihre Blicke verschmelzen miteinander.

»Ich glaube schon. Ich möchte auch mit dir zusammen sein, nur mit dir«, antwortet Lia.

»Ich bin ja so froh!«, jubelt Nils. Dann fallen sie sich in die Arme – und nachdem nun auch die Anspannung von ihnen abgefallen ist, schlafen sie im nächsten Moment tief und fest ein. Hin und wieder, wenn sie sich räkeln und sich danach wieder aneinanderkuscheln, werfen sie einen Blick aus dem Fenster. Draußen fliegt das Alpenvorland an ihnen vorbei. Das Alpenpanorama, das frische Grün der Almwiesen und die malerisch gelegenen Seen nehmen sie aber nur flüchtig war. Für Lia und Nils besteht die Welt nur noch aus ihnen beiden.

Halle
Paris
Jülich
Boston
5

Die Preismacher

Bei der OPEC in Wien lernen sie die Funktionsweise der Weltenergiemärkte kennen.

Das Geschehen auf den Weltrohölmärkten

Nach knapp fünf Stunden Zugfahrt haben Lia und Nils ihr Ziel erreicht. Wien, die Metropole Mitteleuropas, empfängt sie mit strahlender Mittagssonne. Nils schultert ihr Gepäck und so gehen sie in Richtung Stephansdom, der mit seinen bunten Dachziegeln und dem hochgotischen Turm schon weithin sichtbar ist. Nachdem sie ihre in der Nähe des alten Getreidemarktes gelegene Unterkunft erreicht haben, schlendern sie durch die Stadt.

»Irgendwie sind die Menschen hier anders als in Paris«, meint Lia plötzlich nachdenklich.

»Inwiefern?« »Hier herrscht weniger Hektik und auch die Lebensfreude der Menschen scheint verhaltener. Schau dir mal ihre Gesichter an. In ihre Lebensfreude mischt sich immer auch ein Hauch von Melancholie.« Nils nimmt Lias Bemerkung schweigend zur Kenntnis und denkt, woran macht sie das nur fest? Schon komisch, ich entdecke keinen Unterschied.

Abends besuchen sie ein Musical und kehren bei klarem Sternenhimmel eng umschlungen in ihr kleines Hotel zurück.

Am nächsten Morgen, unterwegs zu ihrem Termin, erblicken sie am Donaukanal einen schlichten Bürokomplex.

»Das muss es sein«, sagt Nils, »dort, wo die blaue Fahne weht. Darunter steht unübersehbar der Name.« Nachdem sie die Straße überquert haben schaut Lia Nils an.

»Gib mir noch schnell einen Kuss. Du weißt ja, gleich müssen wir uns benehmen.« Nils nimmt Lia in die Arme und sofort schlägt ihr das Herz bis zum Hals. Dann verschwinden beide im Gebäude, wo sie von einem Portier freundlich empfangen und direkt in einen Besprechungsraum geführt werden. Auf dem Tisch stehen schon Erfrischungsgetränke bereit.

Kurz darauf betritt auch schon eine hoch aufgeschossene Gestalt, die in einem dezenten Einreiher mit grauer Krawatte steckt, den Raum. Ein richtiger Managertyp, denkt Nils.

Lia und Nils werden mit einem festen Händedruck begrüßt: »Mein Name ist Doktor Khelie, ich bin hier der Chefökonom. Schön, dass Sie uns besuchen. Darf ich Ihnen Tee, Kaffee oder Wasser eingießen?«

»Danke, im Moment nicht«, bedanken sie sich.

»Hier stehen aber viele Flaggen«, wendet Lia vorsichtig ein.

»Ach so, Sie meinen die Wimpel auf dem kleinen Tisch hinter mir? Das sind die Nationalflaggen unserer Mitglieder. Ursprünglich haben fünf Mitglieder 1960 in Bagdad die Organisation erdölexportierender Länder, kurz OPEC genannt, gegründet. Mittlerweile ist unsere internationale Organisation auf 14 Mitglieder angewachsen. Bestimmt kommen Sie mit gemischten Gefühlen zu uns. Sie sehen uns sicher als Gegenspieler zu den Industrienationen. Diese Zeiten sind aber vorbei. Heute verstehen wir uns mehr als gleichberechtigte Partner, als verantwortliche Mitspieler in der Weltwirtschaft.«

Lia schaut Dr. Khelie ein wenig skeptisch an. »Hm. Ich möchte nicht unhöflich sein, aber ich habe gelernt, dass Sie nicht immer so verantwortungsvoll waren.«

»Aus ihrer Sicht mögen Sie Recht haben. Unser Blick ist naturgemäß ein anderer: Während der 50er Jahre sank der Ölpreis aufgrund der Erschließung immer neuer Quellen und des damit verbundenen Überangebotes auf dem Weltmarkt kontinuierlich ab, was zu schweren Verlusten in den Staatskassen der Ölförderländer führte. Um 1960 machten mehrere von ihnen deshalb ernste Haushaltskrisen durch. In dieser Situation regte Saudi-Arabien die Gründung eines Förderkartells an. Es sollte nicht nur die Fördermenge kontrollieren, sondern auch ein Gegengewicht zu den großen multinationalen Ölkonzernen bilden, die auf der Basis von Verträgen aus der Kolonialzeit ihre Gewinne weitgehend ohne Beteiligung derjenigen Staaten erwirtschafteten, auf deren Gebiet die Ölquellen lagen.«

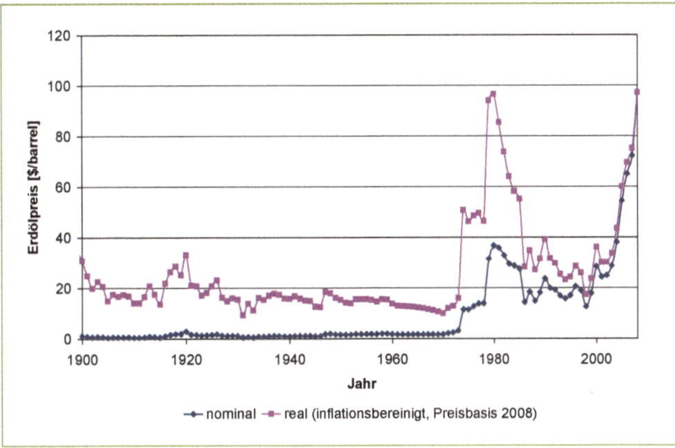

Historische Entwicklung der Erdölpreise

Lia wendet sich an Nils und legt eine Hand auf sein Knie. »Nils, wusstest du, dass es damals so ungerechte Verträge gab?«

»Nee, das war alles lange vor meiner Zeit.«

»Tja, so viel zur Geschichte der OPEC«, schließt Dr. Khelie.

»Und die Gegenwart?«, fragt Lia.

Dr. Khelie holt tief Luft. »Ja, wie soll ich Ihnen das erklären? Wir sind natürlich keine selbstlosen Mitspieler, wir haben starke wirtschaftliche Interessen. So wie die Industriestaaten mit ihrem Ölhunger auch. Um Ihnen das komplexe Geschehen auf den Weltrohölmärkten zu erklären, sollten wir zwischen kurz- und langfristiger Preisgestaltung unterscheiden. Ist das in Ihrem Sinne?«Lia und Nils nicken und holen sich etwas zu trinken.

»Prima«, antwortet Dr. Khelie, »dann erkläre ich Ihnen zuerst

Die langfristige Preisgestaltung

Nehmen wir einmal an, Sie wären Besitzer einer großen Ölquelle. Was wäre für Sie das Signal, Erdöl zu fördern oder aber es in der Erde zu lassen?«

Nils fragt verunsichert: »Mit Signal meinen Sie den Ölpreis?!«

»Ganz recht, den Ölpreis, den ich auf dem Weltmarkt erzielen kann.«

»Nun, der bildet sich durch Angebot und Nachfrage«, erwidert Lia.

»Ja so ist es. Aber wie soll ich reagieren, wenn der Ölpreis nicht meinen Erwartungen entspricht?«, fragt Dr. Khelie. Beide schauen ihn achselzuckend an. »Meine Erwartungen richte ich im Wesentlichen an zwei Kriterien aus: Zunächst einmal ist es wichtig, dass der Marktpreis deutlich über meinen Förderkosten liegt. Das ist meistens der Fall. Die Förderkosten der OPEC-Staaten liegen bei ungefähr 6 Dollar pro Berrel bzw. 6 $/b und der Weltmarktpreis des Rohöls zurzeit bei 60 $/b und auch häufig darüber. Diese Erwartung wird also gut erfüllt. Aber was ist sonst noch wichtig?«

»Der zukünftige Preis«, meint Nils, während er an seinem Kaffee nippt.

Das Hotelling-Modell

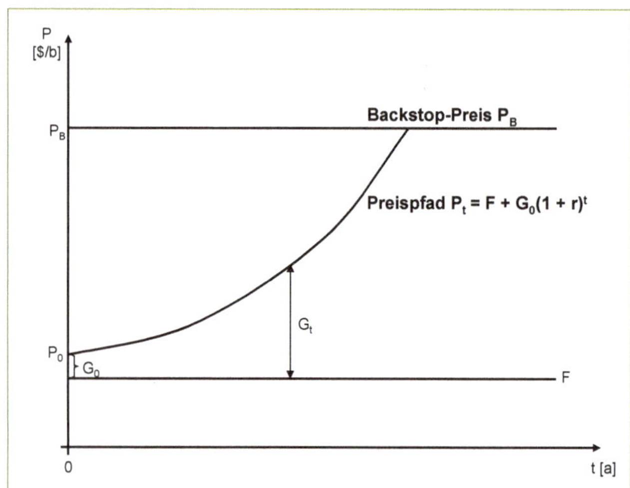

»Richtig. Wenn zu erwarten ist, dass der Preis in Zukunft steigen wird, dann wäre ich doch dumm, wenn ich das Öl schon heute aus der Erde holen würde. Aber was ist darüber hinaus noch als Entscheidungskriterium wichtig?«

Erneut zucken Lia und Nils leicht ratlos mit den Schultern.

»Ich verrate es Ihnen«, sagt Dr. Khelie. »Der Zinssatz.«

Lia und Nils schauen Dr. Khelie verwundert an. »Welcher Zinssatz?«

»Was nützen mir meine Milliarden von Dollarnoten aus meinem Ölexport im Tresor? Ich muss das Geld sinnvoll anlegen. Und solche Anlagemöglichkeiten suchen wir auf der ganzen Welt. Wir beteiligen uns an multinationalen Unternehmen. An großen Anlagenbauern oder Automobilunternehmen, wie zum Beispiel Mercedes.«

»Aber ich sehe den Zusammenhang noch nicht«, wirft Lia gedankenvoll ein.

»Der ist leicht herzustellen.« Dr. Khelie nimmt sich auch einen Kaffee. Kurz darauf fährt er fort: »Wenn wir nach umfassenden Recherchen zu dem Ergebnis kommen, dass es lukrativer ist heute zu fördern und das

Geld gewinnbringend anzulegen als zu warten, bis eine Ölpreissteigerung den gleichen oder sogar einen höheren Ertrag bringt, dann fördern wir.«

»Aha«, meldet sich Nils zu Wort. »Wenn Sie der Überzeugung sind, dass die Zinseinnahmen aus Ihren Kapitalanlagen höher sein werden als aus zukünftigen Ölpreissteigerungen, dann drehen Sie den Ölhahn also schon heute weiter auf.«

»Ja, genau so ist es. Sonst bleibt das Öl in der Erde.«

»Also noch einmal ganz langsam«, bittet Lia sich aus. »Das heißt doch: Wenn Ihre Zinserwartungen höher sind als Ihre Ölpreiserwartungen, dann fördern Sie. Und wenn die Zinserwartungen niedriger sind als Ihre Ölpreiserwartungen – also wenn Sie hohe Preiserwartungen haben – dann fördern Sie heute nicht, sondern erst in Zukunft.«

»Sie haben das schnell verinnerlicht und verstehen nun auch, warum wir an einer florierenden Weltwirtschaft interessiert sind«, meint Dr. Khelie anerkennend. »Der Zins verbindet uns. Wenn unsere Kapitalbeteiligungen in den Industriestaaten nichts mehr abwerfen würden, dann hätten wir ein schlechtes Geschäft gemacht. Deshalb sehen wir uns auch als verantwortliche Partner der Industrienationen.«

»Theoretisch einmal angenommen, Sie hätten die Erwartung, dass der Ölpreis unendlich hoch steigt, dann würden Sie den Ölhahn trotzdem jetzt zudrehen und so lange auf die unendlich hohen Einnahmen warten, oder?«, fragt Nils.

»Nach der Logik, die ich Ihnen soeben erläutert habe, müssten wir das tun. Aber wir tun es nicht. Dafür gibt es praktische Gründe: Erstens sind wir selbst daran interessiert – wie ich es eingangs schon erklärt habe – dass die Weltwirtschaft mit Treibstoff versorgt wird. Zweitens benötigen wir Einnahmen, um die laufenden Ausgaben unserer Volkswirtschaften zu decken. Drittens haben unsere Erdölreserven zwar einen Anteil von 75 % an den Weltreserven, aber unsere tägliche Förderung hat nur einen Anteil von 42 %. Wir sind kein Weltkartell und würden sofort Marktanteile an andere Länder, wie zum Beispiel Russland, verlieren.«

»Und ich würde bei so hohen Preisen mit dem Elektroroller fahren«, äußert Nils.

»Ja, auch das müssen wir im Auge behalten.« Dr. Khelie

Entscheidungskalküll beim Hotelling-Modell

P = Ölpreiserwartung [\$/b]
F = Förderkosten [\$/b]
G = Gewinnerwartung [\$/b]
t = Ressourcennutzungszeitraum [a]
r = Marktzins für Kapitalanlagen

Preispfad $P_t = F + G_0 (1 + r)^t$
(Hotelling-Regel)
Der Wert einer Ressource im Boden verzinst sich wie Geld auf der Bank:

Entscheidungskalkül:
$G_1 > G_0 (1 + r)$
Die Ressource im Boden belassen ist die attraktivere Anlageform.
Folge: Aufschub der Förderung, Angebotsverknappung und Preisanstieg

$G_1 < G_0 (1 + r)$
Es besteht ein Anreiz zur erhöhten Förderung und zur Anlage der Erträge auf dem Kapitalmarkt.
Folge: Angebotsausweitung und Preissenkung

$G_1 = G_0 (1 + r)$
Gleichgewicht

Beispiel

F = 0
(in der OPEC liegen die Fördergrenzkosten bei ca. 5 \$/b)
$\mathbf{G_0}$ = 30 \$/b
t = 1 a
r = 10 % (3 \$/b)

G_1 = 33 \$/b =>
(indifferent)

G_1 > 33 \$/b =>
Ressource bleibt im Boden

G_1 < 33 \$/b =>
Ressource wird gefördert

räuspert sich. »Erdöl kann man langfristig durch andere Energien und Technologien ersetzen. Heizöl durch Erdgas oder Solartherme in den Wohnungen und die Kraftstoffe durch Strom. Das sind sogenannte *Back-Stop-Technologien*. Würde der Preis zu hoch steigen – wir nennen diesen Preis *Back-Stop-Preis* –, dann würde das Öl durch andere Technologien und Energien substituiert werden. Und das wollen wir natürlich nicht.«
Lia hebt ruckartig ihren Arm: »Aber Öl gibt es doch nur noch 30 Jahre.«
Dr. Khelie lacht: »Natürlich wird Erdöl eines Tages versiegen, und deshalb verlangt es die Vorsorge, schon jetzt nach alternativen Energien und Technologien zu suchen. Die 30 Jahre sind so was wie eine Naturkonstante. Solange es die Erdölwirtschaft gibt – und die gibt es schon seit über 100 Jahren – schwirrt diese Zahl durch den Raum. Das hat mehrere Gründe: Der technische Fortschritt wurde bisher immer unterschätzt. Modernste Erdölsuchgeräte zeigen uns immer wieder den Weg zu neuen Lagerstätten. Auch wurde über viele Jahre hinweg die Fördertechnik immer besser. Lag früher die Ausbeutungsrate eines Ölfeldes bei 20 %, so liegt sie heute schon bei 60%. Auch wird unkonventionelles Öl, wie beispielsweise der Ölsand in Kanada, durch steigende Preise wettbewerbsfähig. Selbst unter dem Nordmeer und unter den abschmelzenden Eiskappen auf Grönland werden noch riesige Ölvorkommen vermutet. Und grundsätzlich gilt, dass bei steigenden Preisen aus vorher unwirtschaftlichen Ressourcen wirtschaftliche Reserven werden. Die Steinzeit wurde nicht deshalb abgelöst, weil es keine Steine mehr gab, sondern weil etwas ganz Neues kam. Und so werden auch eines Tages nur noch die Geschichtsbücher an das Öl-Zeitalter erinnern.« Für einen Augenblick müssen alle über diese letzte Bemerkung schmunzeln.
»Die Mineralölunternehmen müssen sehr weit in die Zukunft blicken«, findet Nils.
»Grundsätzlich müssen sie das schon. Aber ihr wirtschaftlicher Planungshorizont reicht ungefähr nur 30 Jahre weit. Für eine Zeit von 30 Jahren versuchen sie, in ihrem Bestand ein wirtschaftliches Portfolio von Ölreserven zu halten. Zusätzlich müssen sie den internationalen Finanzmärkten nachweisen, dass sie eine ausreichende Finanzkraft haben, um die Erschließung zu finanzieren.«
»Und daher kommt dieser Richtwert?«, hakt Nils nach.
»Genau, daher kommen die 30 Jahre.«
Nils schmunzelt: »Ich habe zu Hause zwei kleine Schwestern und häufig finden wir schon bei Kleinigkeiten keinen gemeinsamen Nenner. Wie schaffen Sie das bei so vielen Mitgliedsländern?« Dr. Khelie lacht auf. »Das ist bei uns nicht anders. Zweimal jährlich treffen sich die zuständigen Minister der OPEC-Mitgliedsländer zur Ministerkonferenz, um den Stand des Erdölmarktes zu beurteilen und um entsprechende Maßnah-

men, wie zum Beispiel die Festlegung der täglichen Fördermenge, einzuleiten. Die Reglementierung der Erdölfördermenge dient dazu, einen stabilen Ölmarkt zu gewährleisten und gleichzeitig die eigenen Erdölgewinne zu sichern.«

»Das hört sich alles sehr vernünftig an«, meint Lia, »aber zu Ihren Mitgliedern gehört doch auch Nigeria?«

»Oh, da haben Sie einen wunden Punkt getroffen! Eine Einigkeit über die tägliche Fördermenge herzustellen, erfordert viel Geduld. Länder mit korrupten Eliten an der Spitze wollen nur in der Zeit ihrer Regentschaft die Einnahmen maximieren.«

»Wohl doch nur zu ihrem persönlichen Vorteil?!«, empört sich Lia.

Dr. Khelie nickt zustimmend, ohne die Bemerkung jedoch direkt zu kommentieren. »Wir können nur Sanktionen einleiten. Wenn sich allein zwei Mitgliedsländer nicht an die Förderquoten halten und ausscheren, verlieren wir unsere Marktposition, und damit auch die Preishoheit.« Dr. Khelie unterbricht für einen Augenblick die Diskussion und schneuzt sich. Danach nimmt er den roten Faden seiner Gedankenführung wieder auf: »Nun soll es um

Die kurzfristige Preisbildung

gehen.«

»Woher das Auf und Ab der Preise an den Zapfsäulen kommt, wollte ich schon immer gerne wissen«, meint Nils begeistert.

»Dafür gibt es viele Gründe. Manchmal ist es sogar nur die Psychologie.

Ursachen kurzfristiger Preisschwankungen

Das Öl wird in US-Dollar gehandelt. Bei einem starken Dollar ist das Austauschverhältnis bzw. die Wechselkursparität zu einer anderen Währung ungünstiger. Dies bedeutet beispielsweise für die Europäer, dass sie bei einem starken Dollar mehr Euros für das Öl ausgeben müssen. Bei einem schwachen Dollar hingegen, haben sie einen Vorteil und müssen entsprechend weniger für das Öl bezahlen.

Sind die Öllager zu Beginn des Winters voll gefüllt, aber der Winter bleibt sehr mild, so werden mit Beginn des Frühjahrs große Lagerbestände auf den Markt geworfen, wodurch der Ölpreis sinkt.

Auch die Spekulanten darf man nicht vergessen. Hofft ein Spekulant auf stark steigende Ölpreise und kauft daher große Rohölmengen zu den jetzt günstigen Konditionen ein, so treibt er auch damit die Preise in die Höhe.

Die Weltkonjunktur hat ebenfalls einen großen Einfluss auf den Ölpreis. Steigt die Ölnachfrage deutlich stärker als die Förderländer prognostiziert haben und sie kommen mit der Fördermenge nicht direkt nach, dann steigen die Preise.

Auch Spitzennachfragen wirken sich preistreibend aus. So steigt zum Beispiel gerade zu Beginn der Sommerzeit, wenn viele Menschen in den Urlaub fahren, der Preis an den Zapfsäulen.

Wenn irgendwo in der Welt ein Krisenherd ausgerufen wird, dann steigen die Ölpreise häufig sprunghaft an. Einen ursächlichen Zusammenhang jedoch gibt es meistens nicht. Aber einige Gründe sind direkt nachvollziehbar.« Lia und Nils hören interessiert zu, während Dr. Khelie sie ihnen vorstellt.

Dr. Khelie schließt seine Ausführungen mit den Worten: »Freie Förderkapazitäten wirken preissenkend, ausgelastete Förderkapazitäten preissteigernd. Preissteigerungen haben den Vorteil, dass mehr Investitionen in die Erkundung und in die Erschließung von neuen Erdölquellen fließen.

»Wenn das die Faktoren sind, die Einfluss auf den Ölpreis haben, woher erfahre ich denn dann die genaue Höhe des Ölpreises?«, fragt Lia.

»Von den Börsen«, sagt Dr. Khelie, »zum Beispiel in Rotterdam, Tokio oder New York. Und das Öl fließt dorthin, wo der höchste Preis geboten wird.«

»Eine Pipeline von Saudi-Arabien durch den Atlantik bis nach New York?«, stutzt Lia.

Dr. Khelie muss lachen. »Nein, nein, so habe ich das nicht gemeint. Natürlich mit einem Öltanker. Und was glauben Sie, wie oft die Ladung eines Öltankers seinen Besitzer wechselt?«

»Ich kaufe die Ladung und dann wird sie mir gebracht. Ganz einfach«, stellt Lia fest.

»Aber nur, wenn man einen festen Vertrag hat und sowohl die Menge als auch der Preis fixiert sind. Aber das ist oft nicht der Fall, denn häufig bekommt der Kapitän die Order, dahin zu fahren, wo er mit seiner Ladung den höchsten Preis erzielen kann.«

»Das kann ja lustig werden«, wirft Nils erheitert ein.

»Ja, dass ist es auch manchmal. Es kann passieren, dass der Kapitän den Funkruf bekommt, Kurs auf England zu nehmen. Doch kurz bevor er England erreicht, erhält er einen erneuten Funkruf und soll stattdessen nach New York schippern, weil dort der Preis zurzeit höher ist. Dann ist er gerade zwei Tage unterwegs und bekommt den Funkruf, dass jetzt in Rotterdam der Preis besonders hoch ist. Und so kann es geschehen, dass eine Ladung manchmal drei- oder viermal den Zielort wechselt, bevor sie schließlich in einem Hafen gelöscht wird.«

»Verdrehte Welt«, rutscht es Lia über die Lippen »Und das ist ein Geschäftsmodell?«

»Dieses Geschäftsmodell macht deshalb häufig Sinn, weil es auf den Rohstoffmärkten einen aktuellen Marktpreis – wir nennen ihn *Spotpreis* – für sofortige Bezahlung mit unmittelbarer Lieferung und einen Terminpreis gibt. Wenn der aktuelle Marktpreis niedriger ist als der Terminpreis für die zukünftige Lieferung, sprechen die Fachleute von *Contargo*. Das bedeutet, dass das Öl, das am Spotmarkt zu kaufen ist, niedriger festgesetzt werden als Ölkontrakte mit einer Fälligkeit zu einem späteren Zeitpunkt. Diese Differenz nutzen Händler für Arbitragegeschäfte, indem sie die Kursunterschiede an verschiedenen Börsen ausnutzen. Das lohnt sich trotz der hohen Kosten für den Tanker. Insgesamt gibt es rund 4000 Schiffe auf den Ozeanen, die als Öltanker fungieren und nicht nur Rohöl, sondern auch Heizöl, Benzin und Kerosin transportieren. Und die so lange parken, bis es günstig ist, die Ladung zu verkaufen.«

»Dann ist der Ölpreis also eine Art Barometer für die lang- und kurzfristige Energienachfrage?«, will Nils wissen.

»Der Ölpreis ist die Leitwährung der Energiewirtschaft«, meint Dr. Khelie. »Öl wird in Kraftwerken zur Stromerzeugung, in den Haushalten zum Heizen und im Verkehr eingesetzt. Alle Energieträger richten sich am Ölpreis aus. So beispielsweise der Erdgas- und der Kohlepreis. Steigt der Ölpreis, so folgen im Abstand auch diese Preise. Das Öl ist auf den Energiemärkten der *Preismacher*, und das wird auch noch lange so bleiben. Was ich mit Ihnen besprechen wollte, haben wir nun geschafft«, sagt Dr. Khelie. »Aber wir können gerne weiterdiskutieren.«

»Dann bestimmt die OPEC also, ob innovative Energien und Effizienzmaßnahmen lohnenswert sind?!«, empört sich Nils.

»Im Prinzip ja«, bestätigt Dr. Khelie. »Würden wir den Ölpreis dramatisch senken, bliebe viel Neues auf der Strecke. Die Industrieländer würden mit dem *billigen Öl* weiter so wurschteln wie bisher. Und es würde viel schwieriger, innovative Energien im Markt zu platzieren, um auf einen kohlenstoffarmen Energiepfad einzuschwenken.«

»Das hab ich noch gar nicht so gesehen. Dann entscheidet die OPEC zudem über unser zukünftiges Wetter«, meint Nils.

Dr. Khelie nickt lächelnd: »Das kann man so sehen. Aber wir wollen uns nicht selber schaden, wir benötigen die Einnahmen. Und je mehr Öl heute verbraucht wird, umso schneller rückt das Nach-Öl-Zeitalter näher. Ohne technische Alternativen wäre das fatal für die Weltwirtschaft. Aber auch für uns. Denken Sie an den Zins, der verbindet uns. Sie erinnern sich?«

Nach einer nachdenklichen Pause meldet sich Lia: »Sie meinen also, dass die Aussage mit der Reichweite von nur noch 30 Jahren eigentlich Blödsinn ist? Mit jedem neuen Jahr können wir diese 30 Jahre einfach so fortschreiben?«

»Bisher war das so«, stimmt Dr. Khelie zu. »Aber bestimmt wird das nicht bis in alle Ewigkeit so bleiben. Einen Anhaltspunkt kann ich Ihnen noch geben. Das maximale tägliche Fördervolumen für das konventionelle Öl wird um das Jahr 2025 erwartet. Ab diesem Zeitpunkt wird mit einem Rückgang der täglichen maximalen Fördermenge gerechnet. Der Rückgang wird nicht abrupt, sondern Schritt für Schritt eingeleitet. Für viele Jahrzehnte wird noch ausreichend Mineralöl verfügbar sein. Also keine Panik.«

»Aber keine Ewigkeit mehr«, sagt Lia.
»Nein, keine Ewigkeit mehr. Den Übergang zu anderen Energieträgern muss die Weltgesellschaft evolutionär gestalten, also von der Gesamtentwicklung abhängig machen. Deshalb beteiligen wir uns mit unseren Petrodollars auch weltweit an Fotovoltaikunternehmen. Wir versuchen überdies, unsere Städte mit regenerativen Energien zu kühlen,« schließt Dr. Khelie.

Es ist früher Nachmittag, als sich Lia und Nils von Dr. Khelie verabschieden. Draußen herrschen warme, frühsommerliche Temperaturen, und so entscheiden sie sich für eine Fahrradtour entlang des Donauufers. Die Strecke führt an modernen Hotels, Restaurants und Freizeitparks vorbei, bis sich schon nach wenigen Kilometern die in der Stadt gebändigte Donau in eine offene, breite Flusslandschaft mit Inseln, dichten Wäldern und üppigbunten Feldern mündet. Das Wechselspiel der Natur wird von den beiden mit Begeisterung aufgenommen. Erst in der Abenddämmerung geben sie ihre Fahrräder wieder an der Leihstation ab. Anschließend tauchen sie in den Szenekneipen des Ersten Bezirks unter und tanzen eng umschlungen bis weit in die Nacht hinein.

Energie der Visionen und des Alltags

Der nächste Morgen beginnt dementsprechend spät. Das Frühstücksbuffet im Hotel ist schon abgeräumt, und so gehen Nils und Lia noch leicht verschlafen in ein kleines, in der Nähe gelegenes Café. Eine Semmel und ein starker Kaffee wecken ihre Lebensgeister wieder. Heute steht nichts Dienstliches auf dem Programm.
Lia hebt fröhlich beide Arme in die Luft: »Juhu, heute haben wir frei, ein tolles Gefühl! Wie ein unverhoffter freier Schultag.«
»Komm, wir lassen uns heute mal treiben«, sagt Nils voller Tatendrang. Über Sehenswürdigkeiten stolpern wir hier an jeder Ecke.« Nachmittags besuchen sie das MuseumsQuartier für moderne Kunst, das zu den zehn größten Kunstarealen der Welt zählt. Erschöpft von ihrem Stadtbummel und den unzähligen Eindrücken und Bildern –, von Menschenmengen, Kirchen, Parks, dem Schloss Schönbrunn und der Hofreitschule, – lassen sie sich auf der Terrasse des Museumscafés nieder. Zur Stärkung bestellen sie sich Kaffee und Kuchen. Lias Gedanken schweifen ab. »Die jungen Wissenschaftler am Forschungszentrum in Jülich waren wirklich spitze. Sie haben den Eindruck vermittelt, dass sie genau wussten, wovon sie sprachen. Das waren echt keine Dampfplauderer. Aber sie müssen auch viele Rückschläge einstecken«, sagt sie nachdenklich.

Nils reagiert überrascht: »Wie kommst du denn jetzt darauf?«
»Die Sonderausstellung des zeitgenössischen Fotografen Andreas Gursky, die wir gerade gesehen haben, hat mich gefesselt und mir Parallelen aufgezeigt. Wie Gursky die Warenwelt inszeniert – Nils, erinnerst du dich an das Foto der Schuhe im Prada-Schaufenster? – und ihr einen beschreibenden Charakter gibt, ist fantastisch! Ich fotografiere selbst sehr gerne, doch der tiefe Blick der Fotografen bleibt mir verschlossen. Mit ihrer Sichtweise und ihren Bildern gewinnen sie Deutungshoheit über Menschen und Dinge. Sie haben, wie auch Wissenschaftler, eine unbändige Energie, etwas erkennen zu wollen. Sie bohren sich sozusagen in die Gegenwart und halten sie fest.« Und leicht ernüchtert fügt Lia hinzu: »Wo andere trotz Irrwegen noch weiter nach wissenschaftlichen Erkenntnissen suchen, habe ich meinen Wissensdurst schon schnell gestillt. Ich besitze nicht die Ausdauer, im Dienste der Wissenschaft immer wieder Rückschläge einstecken zu müssen. Ich bin kein Sisyphus, der unermüdlich wieder den Stein den Berg hinaufrollt.«
Nils streichelt ihr übers Haar: »Nicht jeder kann so ein Sisyphus sein.«
Lia lacht mit leuchtenden Augen. »Ich bin, glaub ich, vielmehr eine Visionärin, eine Träumerin. Mit meinen Gedanken bewege ich mich in anderen Sphären. Wie ein Seeadler im Flug, der Erdanziehung entronnen.«
»Du malst hier Bilder, die mich an die Gemälde von Dalí im Erdgeschoss erinnern«, meint Nils.
»Tja, meine Gedanken und Gefühle sind häufig unwirklich, wie bei den Surrealisten auch«, fährt Lia fort. »Wie Dalís vier zerfließende Taschenuhren im Wüstensand. Die Zeit verrinnt. Aber war es im Gestern oder im Morgen? Darüber geben die Bilder keine Auskunft. Sie regen mich aber dazu an, das Unmögliche zu träumen, die Zeit anzuhalten, Visionen zu haben. In dieser Denkweise bin ich verortet, das ist meine Heimat.«
»Bei aller Träumerei solltest du aber nicht vergessen, dass es ohne harte Arbeit manchmal nicht geht. Man bewegt nicht in erster Linie etwas durch Visionen. Mein Saxofon zum Beispiel ist ein schwieriges Instrument. Nach vielen Anläufen beherrsche ich es nun halbwegs. Und bestimmt haben sich auch Gursky und Dalí abgerackert, bis sie in der Öffentlichkeit den Durchbruch erzielten. Und der ist einem vorab nie gewiss. Sisyphus' Schicksal bleibt, wenn sein Projekt nicht gelingt, ein ganz normales menschliches Schicksal. Der Fels ist seine Aufgabe. Er wälzt seinen Stein bergan, bis er wieder hinunterrollt, wuchtet ihn erneut hinauf – unermüdlich.«
»Ich glaube trotzdem, ich könnte mich nicht so abrackern wie diese eifrigen jungen Wissenschaftler, die wir in Jülich kennengelernt haben«, sagt Lia gedankenverloren.
»Mir hat es Spaß gemacht, Saxofon zu lernen und mich dafür abzurackern.

Der Sinn der Rackerei ist die Rackerei«, erwidert Nils.
»Das meinst du doch wohl nicht im Ernst?«, entgegnet Lia.
»Doch, das ist mein voller Ernst.« Nach einer kleinen Pause kommt über Lias Lippen: »Hin und wieder ist Rackerei vielleicht nötig, aber sie hat keinen Sinn.«
»Was ist denn, bitteschön, die Alternative zur Rackerei?«, fragt Nils.
»Sich nicht abzurackern und dafür eine Sinnerfüllung zu suchen«, sagt Lia mit ernster Miene.
Wild gestikulierend fügt Nils hinzu: »Und möglichst sollte es noch eine Sinnerfüllung sein, die sich eines fernen Tages auch erfüllt.«
Lia stößt ihm spielerisch einen Ellenbogen in die Seite: »He, mach dich nicht lustig über mich.«
»Und was tust du in der Zwischenzeit, bis der Zeitpunkt deiner Erfüllung gekommen ist?«, will Nils wissen.
Lia wirkt nachdenklich und nach einer längeren Pause sagt sie: »Vielleicht muss ich mich auch abrackern, bis ich dieses ferne Ziel erreicht habe. Aber es bringt mir keinen Spaß. Es macht mich unglücklich, den steinigen Weg zu gehen.«
»Wer sein Heil oder die Sinnerfüllung in der ungewissen, fernen Zukunft sucht, der täuscht sich meist selbst. Er redet sich die Gegenwart madig und wird mit der Zeit zynisch und desillusioniert – und zu einer verbitterten Gestalt.«
»Lieber eine verbitterte Gestalt als ein glücklicher *Rolling Stone* wie Sisyphus«, sagt Lia störrisch.
Nils schaut Lia zärtlich an: »Ach, Lia, nimm dir doch nicht immer alles so zu Herzen.« Er zieht sie an sich.
»Ach, ich weiß auch nicht«, sagt Lia und kuschelt sich an ihn.
»Nils, erinnerst du dich noch an die alte Frau in Halle, die zu uns sagte, wir sollten aus unserem Leben ein Kunstwerk schmieden? Diese Worte habe ich nicht vergessen. Waren sie eine Botschaft, eine Mahnung, eine Aufforderung oder wird man nicht zwangsläufig unglücklich, wenn man über sie nachdenkt? Anfangs habe ich gedacht, das Leben wäre ganz einfach. Doch je mehr ich darüber nachgrübele, umso schwerer fällt es mir, den richtigen Weg zu finden und dem Leben einen Sinn zu geben.«
Lia klingt verzagt, doch schleicht sich im nächsten Augenblick eine Prise Optimismus in ihre Stimme. »Vielleicht ist es so wie bei den großen Seefahrern: Sie hatten eine feste, unerschütterliche Vision, waren schier unglaublich detailversessen. Und Irrtümer – und davon gab es viele – bügelten sie durch unermüdliche neue Unternehmungen aus. Sie ließen sich nicht entmutigen. So wurden uns Magellan und Seinesgleichen in der Schule beschrieben. Übrigens blieb ihm die Ehrung seines Triumphs versagt, weil er kurz zuvor verstarb.«

Nils drückt Lia fest an sich: »Die Wiener Melancholie hat dich wohl angesteckt«, sagt er neckend. »Wenn du meine Visionärin bist, will ich dein Sisyphus sein. Oder anders gesagt: Wir ergänzen uns perfekt – wie das Künstlerpaar Christo und Jeanne-Claude. Ein unzertrennliches Doppel.«
Lia sieht ihn fragend an.
»Du hast doch auch die Grafiken im Museumsshop gesehen«, erinnert Nils sie. Christo, der träumerische Visionär und Ideengeber. Jeanne-Claude, die geniale Organisatorin, die sich durch nichts entmutigen ließ, um die Vision Wirklichkeit werden zu lassen. Gefühl und Verstand.«
Lia springt auf und küsst Nils auf die Stirn. Bald wird ein inniger Kuss daraus, und schließlich flüstert Lia ihm ins Ohr: »Du hast recht. Gemeinsam sind wir stark. Wir ergänzen uns perfekt.«
Lia zieht Nils hoch und den Rest des Abends bummeln sie Hand in Hand durch die Wiener Gassen. Es ist bereits kurz vor Mitternacht, als sie in ihr Hotel zurückkehren.

Halle → Paris → Jülich

Boston →

6

München → Wien

Nevada → Shanghai → Paris

Fortschrittliche Nuklearentwicklungen und Innovationsforschung

Am Massachusetts Institute of Technology und an der Harvard University in den USA studieren Lia und Nils die neuesten Entwicklungen in der Nuklearforschung und erfahren welche Faktoren für erfolgreiche Innovationen notwendig sind.

Annäherung an die USA

tags darauf fliegen Nils und Lia von Wien über London Heathrow nach Boston. Nach mehreren Stunden Flug ohne Turbulenzen streckt Lia sich in ihrem Sitz und drückt ihr Gesicht gegen das Plexiglasfenster. Der Abendhimmel ist sternenklar. Sie dreht sich zu Nils um. »Nach meiner Zeitrechnung müsste in 10000 Metern Tiefe unter uns die Südküste Grönlands liegen.«

»Ja, das wird wohl so ungefähr hinkommen.«

Lia schüttelt sich. »Wie kalt es dort unten sein muss«, sagt sie und kuschelt sich wieder in ihre Decke.

»Grönland wird schon bald sein Gesicht verändern« meint Nils. »Schon jetzt bauen sie in Südgrönland Gemüse an.«

Ein kräftig gebauter Mann, der neben Nils sitzt und an seinem Whiskyglas nippt, schaltet sich in das Gespräch ein. »Ich habe vor kurzem für ein amerikanisches Unternehmen im Nordmeer und auf Grönland die Rohstoffvorkommen erkundet. Wir vermuten, dass jenseits des Polarkreises fast ein Viertel der weltweiten Vorkommen an fossilen Energierohstoffen lagern. Wenn ich diese unwirtliche Gegend betrete, schlägt mein Herz höher – sie ist phantastisch. Das ewige Eis, die vorbeiziehenden Eisberge, das tiefe Blau des Nordmeeres! Die gewaltige Natur Grönlands übersteigt meine Einbildungskraft.«

»Die Rohstoffe werden im hohen Norden wohl einiges verändern«, stellt Nils fest.

Der Mann stellt sein Glas ab. »Darauf wette ich. Ich heiße übrigens John. Grönland ist so groß wie Europa, doch es leben nur knapp 60000 Menschen dort – die Inuit. Es ist ein Eldorado für Pioniere, der *Wilde Westen* wird nach Norden wandern. Für mich kommt der Treck allerdings zu spät. Vielleicht werden meine Kinder oder Enkelkinder dabei sein. Die können ihren alten Opa dann im *Schlitten ziehen.*« Nach einer kleinen Pause schiebt er hinterher: »Ich hoffe sie werden ebenso wie ich ein *brennender Speer.*«

Lia lauscht mit halbem Ohr dem Gespräch und denkt bei sich, der hat sie doch nicht mehr alle.

Während John einen weiteren Schluck Whisky trinkt, führt Nils die Unterhaltung fort: »Auch die nördlichen Seestraßen werden eines Tages eisfrei sein.«

»Nicht erst eines Tages«, wendet John mit begeisterter Stimme ein. Klimawandel jetzt! Einige Schiffe haben es schon geschafft. Mann, wie gern wär ich dabei gewesen! Die Nordost- und Nordwestpassagen werden bald viele Monate im Jahr eisfrei sein. Die Seemeilen von Hamburg nach Shanghai werden sich gewaltig verkürzen und an den Küsten, an denen jetzt noch Eis und Pampa regieren, werden neue Häfen und große Städte entstehen. Ein Menschheitstraum wird nach unzähligen Fehlschlägen endlich in Erfüllung gehen. Also ich habe mich für Hoffnung statt Angst entschieden.«

Jetzt wird es Lia zu bunt. Sie schält sich aus ihrer Decke. Wozu Whisky so alles fähig ist, denkt sie. Lia lehnt sich etwas vor und spricht John direkt an: »Wenn Ihre Phantasien Realität werden, dann ist Ihre viel beschworene Schönheit Grönlands bald dahin. Ihre Regierung sollte besser den internationalen Verpflichtungen zur Reduzierung der Treibhausgase nachkommen und das unberührte Eis in Ruhe lassen. Gemeinsames Handeln ist bei dieser globalen Herausforderung besser als eigenmächtiges Handeln, oder um es anders zu sagen: Multilateralismus ist besser als Unilateralismus. Die Amerikaner sollten als Weltmacht in dieser Hinsicht wirklich mehr Verantwortung übernehmen.«

John lehnt sich zurück, schwenkt schweigend seinen Whisky, setzt sich dann aufrechter hin und wendet sich an Lia: »Hier geht es um Grundsätzliches. Mir fällt da der Westernklassiker Shane ein. Da gibt es den Vater Jo, der für Gemeinsinn und Solidarität eintritt und zu den Schwächeren hält. Sein Gegenspieler ist der Revolutionsheld Shane, der seine Angelegenheiten lieber selbst regelt. Zwischen diesen beiden Polen schwankt unsere amerikanische Gesellschaft und mit der Verantwortung verhält es sich ähnlich.«

»Und an welchem Pol finde ich Sie?«, fragt Lia angriffslustig.

John antwortet wie aus der Pistole geschossen: »Ich bin ein Shane.«

»Besitzen Sie denn den Menschen gegenüber kein Verantwortungsgefühl? Kennen Sie nicht den Grundsatz *Was du nicht willst, das man dir tu …*?«, fragt Lia mit spitzer Zunge.

John fällt ihr ins Wort: »Darauf hab ich gerade noch gewartet! Die selbst ernannten Moralisten lesen Kant immer nur halb und suchen sich das heraus, was ihnen gerade passt. Bevor Kant zur Einhaltung der universalen Werte aufrief, stellte er nachdrücklich fest, dass zunächst jeder für seine eigenen Handlungen verantwortlich ist. Und genau das beherzigt Shane.«

Lia lässt sich genervt in ihren Sessel zurückfallen. Gott, wie hoffnungslos ist dieser Kerl, denkt sie und flüstert. Nils zu: »Ich will nicht mehr nach Amerika.«

»Ich sag dem Kapitän Bescheid«, erwidert Nils belustigt und gibt ihr einen schnellen Kuss.

Aber der Wortwechsel lässt Lia keine Ruhe und so hakt sie nach: »Eigenverantwortung ist wichtig, aber das allein reicht nicht.«

»Das stimmt«, antwortet John »Eigenverantwortung ist die moralische Basis aller Forderungen nach universalen Werten und stellt die lebensnotwendigen Grundlagen für die Fürsorge bereit. Zu moralisieren, ohne selbst im Besitz von Ressourcen zu sein, und ohne Einfluss und Macht, ist wirkungslose Plauderei.«

»Wenn die Amerikaner alle wie dieser Shane wären, dann wären doch die Grundvoraussetzung für eine bessere Welt und für eine umfassende Fürsorge gegeben.«

John lacht Lia freundlich an: »Da hast du wohl Recht – ich darf doch ruhig Du sagen? Doch so einfach ist das nicht. Shane sorgt für sich selbst, liebt die Freiheit und ist fürsorglich, wenn seine Position im Beziehungsgeflecht nicht geschwächt wird. Er teilt die Verantwortung aus einer Position der Stärke heraus, nicht aus Schwäche.«

»Amerika ist eine Weltmacht«, stellt Nils fest.

»Ganz recht, diesen Führungsanspruch haben wir. Aber bedenkt das eben genannte Beziehungsgeflecht – unsere Macht ist nur relativ. Es gibt auch noch Russland und China«, wendet John ein.

»Und Europa«, sagt Lia mit einer mahnenden Geste.

»Na ja, wenn die Europäer wollten, könnten sie eine Weltmacht sein«, räumt John ein. »In den vergangenen Jahrzehnten haben die europäischen Länder allerdings eher bewiesen, dass ihnen zur wirklichen Übernahme von Verantwortung der Konsens auf EU-Ebene und der Mut fehlen. Die europäischen Diplomaten pflegen auf dem internationalen Parkett den Multilateralismus, weil sie genau wissen, dass ihre Stimme in der Welt verhallt. Ihnen ist ein vielstimmiges Geschrei gegeben, aber kein Gesang. Sie sind Weltmeister im Moralisieren, wobei sich einige Länder in der Rolle des Vorreiters noch überbieten. Die *guten Deutschen* zum Beispiel. Sie bemerken gar nicht, dass sie den Blick für die Realität verlieren.«

»Wir Europäer sind doch nicht realitätsfern«, sagt Lia nachdrücklich. »Der Klimawandel ist doch für jeden sichtbar, auch für die Amerikaner und die Chinesen.«

»Du bestätigst mein Vorurteil. Das ist genau das, was ich meine. Ihr Europäer schaut mit einer Zwergenbrille in eine Röhre, ihr habt einen Tunnelblick. Ihr hört und seht nur noch Klima, Klima, Klima ... Cheers, übrigens.« John hebt sein Glas und nimmt einen Schluck. Dann fährt er fort: »Wir haben noch ganz andere Sorgen als das Klima. Nach dem Zusammenbruch der Sowjetunion sahen wir uns als Imperium. Aber der Schein trügte. Es folgte der 11. September und China betrat mit schnellen Schritten die Weltbühne. Einseitige Klimaschutzziele, ohne dass China mit im Boot sitzt, werden wir nicht akzeptieren. Wir suchen immer die Waffengleichheit, und wenn möglich, die Überlegenheit. Denk an Shane. Cheers ... «

»Und in diesem Wettstreit ist euch das Klima völlig egal«, kommentiert Nils.

»Dass die Chinesen eine verbindliche Reduktionsverpflichtung verhindern wollen, kann ich verstehen. Die Menschen suchen Anschluss an unseren Wohlstand. Aber die Amerikaner zählen mit zu den reichsten Bürgern der Welt!«, wendet Lia ein.

»Das mag vielleicht für die US-amerikanische Gesellschaft im Durchschnitt stimmen. Aber wir haben ein großes soziales Gefälle. Mit deiner Bemerkung zielst du wohl darauf ab, dass wir in unseren Häusern die Klimaanlagen ausschalten und nicht so dicke, benzinfressende *Schlitten* fahren sollten. In dem Punkt gebe ich euch recht. Bei uns liegt noch vieles im Argen. Hier gibt's noch einiges zu tun. Unsere Wissenschaftler sind zwar hervorragend, aber wir müssen noch das Verhalten unserer Bürger ändern. Für all das brauchen wir allerdings kein Weltklimaabkommen. Wir wissen selbst, was wir tun müssen.«

»Es gibt in Amerika auch andere Stimmen«, wendet Lia ein.

»Ihr habt jetzt meine Stimme, die Stimme des Shane, gehört. Die Stimme des Vaters Jo, der den Gemeinsinn predigt, gibt es natürlich auch«, erwidert John.

»Vielleicht sollten die Europäer zwischen diesen beiden Positionen vermitteln«, überlegt Lia.

»Und anschließend zwischen den Interessen Chinas und denen der USA«, amüsiert sich Nils.

John lacht. »Und alles wird gut … Cheers, again.«

Es vergeht einige Zeit mit nachdenklichem Schweigen.

Lia und Nils denken schon, John sei eingeschlafen, als sie ihn leise vor sich hinmurmeln hören: »Verflixt noch mal, den Europäern wächst Macht zu. Und das ganz ohne Schwerter, ohne Panzer. Nur durch das Wort. Ziemlich clever, diese kleinen Quasseltalente.«

Und in hörbarer Lautstärke an Nils und Lia gewandt: »Ich geb euch mal meine Visitenkarte, besucht mich doch, wenn ihr Lust habt. Cheers!«

Nach ein paar Stunden leuchtet das Signal *Bitte anschnallen* auf und die Maschine setzt zum Landeanflug auf den International Airport von Boston an.

Während Nils seine Reisetasche vom Gepäckband nimmt und wartet, geht Lia nervös auf und ab. Ihr Gepäck ist immer noch nicht aufgetaucht. Zufällig kommt ihr Sitznachbar John *Shane* vorbei.

»Lia, was ist?«, fragt er. Du schaust so niedergeschlagen aus.«

Lia fährt sich müde über die Stirn. »Ich warte auf mein Gepäck. Es kommt nicht. Alle Reisenden sind schon durch den Zoll.«

»Nils, draußen wartet meine Frau Anna mit unseren kleinen Jungens«, ruft John. »Sag ihr, dass ich etwas später komme. Du erkennst sie an der Mütze mit dem Seehundaufnäher. Sie ist eine glühende Verfechterin für den Erhalt der Naturreservate hier am Atlantik und kümmert sich um die jungen Seehunde.« Er dreht sich zu Lia um und sagt: »Ich gehe mit dir zur Fundstelle, die kennen mich da schon. Mir passiert das auch öfters.«

Kaum betreten sie den Raum, kommt auch schon ein Mann auf John zugeeilt. »Ach, John, bist du schon wieder hier! Was fehlt denn heute?«

»Bevor ihr mir wieder weismachen wollt, das Gepäck sei in Heathrow geblieben, schaut erst einmal hinter euren Gepäckbändern nach. Meine Reisebekanntschaft Lia wartet auf ihr Gepäck.« John weist mit dem Daumen auf Lia.

Nach einer Weile kommt der Flughafenangestellte zurück: »Wir haben ein Gepäckstück gefunden. Ist es das?«

»Ja, genau, danke!«, ruft Lia hocherfreut aus.

»Komm, wir gehen gemeinsam durch den Zoll«.

John geht voraus. Hinter der Zollabfertigung wird John schon von seiner Familie erwartet und herzlich umarmt.

»Wo seid ihr denn untergebracht?«, fragt Johns Frau Anna, nachdem sie sich miteinander bekannt gemacht haben und lächelt.

Nils kramt in seinen Unterlagen: »Im Prescott International Hotel.«

»Das ist eine preiswerte Unterkunft. Boston hat sehr hohe Übernachtungspreise. Euer Quartier liegt in der Church Street 36, ein angenehmer Stadtteil.«

»Wir fahren auch in diese Richtung«, sagt John, »warum kommt ihr nicht einfach mit? Es dauert nur eine halbe Stunde.«

Während der Autofahrt erzählt John voller Stolz von Boston, *seiner* Stadt. »Boston ist *very british*. Zahlreiche zwei- bis vierstöckige Häuser aus rotem Backstein im viktorianischen Stil dominieren unser Stadtbild. Auch die Wolkenkratzer aus Glas, Beton und Granit können den wahren Ursprung der Stadt nicht verhehlen. Die Gründungsväter hatten ihre heimatlichen Wurzeln im alten Europa und waren stolz darauf, Amerika aus der *Wiege gehoben* zu haben. Der als Stadtgründer geltende John Withrop und eine Gruppe von Puritanern, die der religiösen Unfreiheit Englands entflohen waren, hatten 1630 beschlossen, eine Modellstadt zu gründen. Frömmigkeit und Tugendhaftigkeit sollten als oberste Prinzipien gelten. Wessen Verhalten zu Tadel Anlass gab, kam schon bei geringfügigen Verstößen an den Pranger und ziemlich rasch auch an den Galgen. Da auch Verschwendungssucht zu den Sünden gehörte, blieb den Bostonians nichts anderes übrig, als reich zu werden. Dieser Reichtum verführte das Mutterland England dazu, immer höhere Steuern von den

Kolonien einzutreiben – bis es dem liberalen Bürgertum Bostons reichte. Sie, die *Söhne der Freiheit*, wehrten sich. Sie kippten fast alle Steuergesetze und Einschränkungen, so auch die Teesteuer. Im Dezember 1773 warfen einige Bostonians – als Indianer verkleidet – die Fracht des mit Tee beladenen britischen Handelsschiffes Beaver über Bord. Ein Ereignis, das als *The Boston Tea Party* in die Geschichtsbücher eingegangen ist und das den Unabhängigkeitskampf eingeläutet hat. Die Briten sperrten nach dieser Aktion den Hafen und brachten die Kolonisten durch einen drastischen Strafkatalog von Neuem gegen sich auf. Die nachfolgenden Ereignisse führten zum Amerikanischen Unabhängigkeitskrieg von 1775–1783, dessen erste Schlacht in der Nähe von Boston ausgetragen wurde.«

»Du bist ja ein wandelndes Geschichtslexikon«, meint Nils und lächelt.

»Aber jetzt sind wir friedfertig geworden«, sagt Anna mit einem Seitenblick auf die beiden jungen Leute. »75 Universitäten und Colleges mit 250000 Studenten in und um Boston sorgen für einen überdurchschnittlich hohen Akademikeranteil in der Bevölkerung. Boston ist heute eine schöne, nordeuropäisch wirkende Wirtschaftsmetropole, in der man gut bummeln, einkaufen und schlemmen kann. Obwohl wir nur 600000 Einwohner haben, sind wir ein *Mix aus aller Welt*, weil so viele verschiedene Nationen hier leben.«

John fährt vor dem Hotel vor. »So, wir sind angekommen. Ich wünsch euch eine schöne Zeit.«

»Wenn ihr Hilfe benötigt, ruft uns an«, fügt Anna noch hinzu. Lia und Nils bedanken sich herzlich. Gerade, als sie durch die Tür verschwinden wollen, ruft John ihnen hinterher: »Lia, bewahr dir dein Feuer!«

Lia muss lächeln. Also doch ein Shane mit Herz, denkt sie.

Ein junger Mann zeigt Lia und Nils den Weg zu den Zimmern. Kurz darauf schaut Lia Nils perplex an. »Das sind ja Schlafsäle, und noch dazu für Männer und Frauen getrennt! Wie blöd ist das denn?!«

Nils zuckt nur mit den Schultern.

»Das macht dir wohl gar nichts aus?!«, fragt Lia leicht erbost.

»Na, ja, es war ein langer Flug … «

Lia unterbricht ihn. »Aber wir haben durch die Zeitverschiebung doch nur wenige Stunden verloren. Was machen wir denn jetzt?«

»Lass uns etwas essen und dann schlafen gehen. Wir sind doch beide total k. o. und werden gleich frühmorgens erwartet«, schlägt Nils vor.

Lia boxt ihm spielerisch in die Rippen.

»Du bist mir vielleicht ein Schlappschwanz, aber na gut.« Dabei unterdrückt sie ein Gähnen. Nils wirft ihr einen schiefen Seitenblick zu und Lia muss lachen. »Ok., ok.«, sagt sie und hebt in einer entwaffnenden Geste die Hände.

Lia und Nils stärken sich bei einem nahe gelegenen Thailänder. Als sie zurück in der Herberge sind, plumpst auch Lia todmüde ins Bett. Die Nachricht von Mark auf ihrem Handy ignoriert sie.

Am Massachusetts Institute of Technology

Am nächsten Morgen finden sich Lia und Nils schon frühzeitig am Massachusetts Institute of Technology ein. Im Seminarraum werden sie von einem Mann begrüßt, der ihnen mit seinem rundlichen Gesicht freundlich zulächelt. Sein fülliger Körper steckt in einem grauen Anzug Größe XXL.
»Hi, eine weite Reise habt ihr hinter euch«, sagt er zu Lia und Nils. »Willkommen am Massachusetts Institute of Technology, auch MIT genannt. Mein Name ist Harold. Ich schlage vor, wir duzen uns, das ist bei uns so üblich. Hier in Cambridge befindet sich übrigens die wissenschaftliche Hochburg der amerikanischen Ostküste. Zur Harvard University ist es nur ein Katzensprung. Sie wurde schon 1636 gegründet und ist die älteste amerikanische Universität.«
»Hi«, begrüßen auch Lia und Nils Harold.
Sogleich schiebt Lia hinterher: »Die älteste europäische Universität wurde im Jahr 1100 in Bologna gegründet.«
»Das mag sein«, antwortet Harold. »Die amerikanische Geschichte ist jünger, uns fehlen die Griechen und die Römer. Aber was ich am meisten vermisse, sind die romantischen Städte in Europa. Wenn ich meine forschenden Kollegen dort besuche, genieße ich die friedfertige Geselligkeit auf den Marktplätzen. Ich habe nämlich europäische Wurzeln, meine Mutter stammt aus Italien und mein Vater aus Polen. Vielleicht liegt es daran, dass ich so gerne eure Heimat bereise.«
»Und die Europäer schwärmen wiederum von den USA«, grinst Nils.
»Unsere Natur ist gewaltig und schön zugleich«, nickt Harold. »In unseren großen Städten herrscht ein lebhaftes ethnisches Treiben. Sicherlich werdet ihr ein paar Eindrücke davon mit nach Hause nehmen. Aber die USA ist riesig. Glaubt nicht, nach eurer Stippvisite Amerika zu kennen.«
»Schade, dass wir nur wenige Tage bleiben«, bedauert Nils.
»Nun aber zum Gegenstand eures Besuches. Zuerst möchte ich euch kurz unsere Forschungslandschaft vorstellen. Ich stelle immer wieder fest, dass sie in Europa wenig bekannt ist. Anschließend präsentiere ich euch unsere neuesten Nuklearprojekte.
Doch zuerst zur Forschungslandschaft. 40 namhafte Forschungseinrichtungen in den USA – zu denen die Stanford University ebenso wie das Oakrich National Laboratory gehören – befassen sich mit allen möglichen Fragen rund um die Energienutzung. Darin unterscheiden wir uns nicht

von unseren europäischen Kollegen. Die Spannbreite reicht von der großen Palette der regenerativen Energien über CCS bis hin zur nuklearen Sicherheitsforschung. Das gesamte Budget des Departements of Energy beläuft sich jährlich auf rund 30 Milliarden US-Dollar.«

»Kennen Sie Vergleichszahlen aus Europa?«, fragt Lia nach.

»Die Europäische Kommission stellt jährlich 1,7 Milliarden US-Dollar für die Energieforschung bereit«, beantwortet Harold die Frage. »In Zukunft soll dieser Betrag erhöht werden. Zudem ist zu berücksichtigen, dass sowohl die Ausgaben der europäischen Nationalstaaten – Deutschland gibt jährlich 1,1 Milliarden US-Dollar für die Energieforschung aus – als auch die Ausgaben der einzelnen US-Staaten, wie beispielsweise die von Kalifornien, noch nicht in den Vergleich eingeflossen sind.«

»Europa ist auch kleiner«, gibt Lia leicht gekränkt von sich.

»Nein, nein«, wehrt Harold ab. »In der EU leben 492 Millionen Menschen, in den USA 307 Millionen. Dies bedeutet nach Adam Riese, dass die USA 100 US-Dollar, die EU 3 US-Dollar – und berücksichtigen wir im Vergleich noch Deutschland mit 13 US-Dollar pro Kopf – für die Energieforschung ausgeben. Hinsichtlich der Energieforschungsausgaben sind die USA Spitzenreiter. Wenn wir als Relation das Sozialprodukt nehmen, dann sieht der Vergleich nicht viel anders aus.«

»Ich dachte immer, Europa und insbesondere Deutschland seien die Vorreiter?«, sagt Lia erstaunt.

»In der moralischen Aufrüstung sind die Europäer Spitze. In der Umsetzung sind sie allerdings etwas schlapp.«

»Und wofür wird das Geld ausgegeben?«, will Nils wissen.

»Die Erforschung klimafreundlicher Energien genießt bei uns die höchste Priorität. Unsere Forschungszentren haben das Ziel, innovative Energien bis zur Marktreife zu entwickeln. Für regenerative Energien, solare Stromerzeugung, Energiespeicher und energieeffiziente Gebäude sind 20 Milliarden US-Dollar vorgesehen. Zudem gibt es Finanzhilfen für konkrete Forschungsprojekte. So beispielsweise für CCS-Kraftwerke mit 3,4 Milliarden US-Dollar, alternative Fuel Technologies und die Fusions- und Kernforschung.«

»Warum allein so viel Geld für die CCS-Forschung?«, fragt Nils überrascht nach.

»Für die Budget-Aufteilung ist viel politisches Geschick und Durchsetzungsstärke notwendig«, antwortet Harold. »Wir haben eine Konfliktlinie zwischen den Traditionalisten und den Modernisten. Zu den Traditionalisten, die eher den Republikanern zugerechnet werden, gehören die Öl- und Kohleunternehmen. Die Demokraten vertreten eher die Modernisten, zu denen die Anlagenbauer und Elektrizitätsversorgungsunternehmen zählen. Beide Gruppen werden von Lobbyisten und Bürgerbewegungen unterstützt. Doch die Gruppe der Klimainteressierten wächst rapide. Rund 1000 Firmen und Organisationen haben sich bis Ende 2009 bei der amerikanischen Regierung registrieren lassen. Doch gelingt es der Kohle-Öl-Gruppe immer wieder, erhebliche Finanzhilfen für CCS und den Abbau von Teersanden in ihre Kanäle zu schleusen.«

»Und zu welcher Gruppe zählst du dich?«, fragt Lia mit einem neckischem Lächeln.

Harold lächelt verschmitzt in sich hinein, ohne eine klare Antwort zu geben. Nach einer Weile nimmt er den Faden wieder auf. »Die Energie- und Klimapolitik der USA ist stark im Wandel. Sie geht den *Sonnenweg*, den viele Bundesstaaten schon vor einigen Jahren eingeschlagen haben.«

»Nach diesem kurzen Ausflug in die amerikanische Forschungslandschaft nun zu unserem internationalen Nuklearprojekt«, kommt Harold zum nächsten Thema. »Nach dem Inferno von Tschernobyl gab es, grob skizziert, zwei Reaktionen: Es gab Länder, die sich aus der Kernenergienutzung und der Forschung zurückzogen und es gab Länder, die sich nach einer Phase des Nachdenkens zu einer Initiative *Kernreaktoren der Generation IV* zusammenschlossen. Diese Initiative ist eine wissenschaftlich-technische Plattform für einen ausgedehnten und weltweiten Einsatz von Kernkraftwerken, und zwar mit einem Zeithorizont von drei Dekaden.

Er dreht sich zu einem Laptop um, drückt eine Taste und ein Text erscheint.

Mitgliedsländer der Initiative Kernreaktoren

Argentinien
Brasilien
Euratom (als Vertretung der EU)
Frankreich
Japan
Kanada
Schweiz
Südkorea
Südafrika
USA
Vereinigtes Königreich

Ziele des Generation IV-Programms

Nachhaltigkeit
Nachhaltigkeit bedeutet, Kernenergie heute derart zu nutzen, dass künftige Generationen die Möglichkeit zur Nutzung der Kernenergie im gleichen Umfang wie heute erhalten bleibt. Darunter wird nicht nur die Nutzung der Uranressourcen verstanden, sondern darüber hinaus auch ein entsprechend nachhaltiges Abfallmanagement.

Wirtschaftlichkeit
Die wirtschaftlichen Ziele des Programms beinhalten sowohl wettbewerbsfähige Kosten als auch eine Minimierung der finanziellen Risiken der Kernenergie.

Sichere und zuverlässige Systeme
Die Sicherheit und Zuverlässigkeit künftiger Kernenergiesysteme hat hohe Priorität in diesem Programm. Dazu gehören der sichere und zuverlässige Betrieb der Anlagen, ein verbessertes Unfallmanagement, Minimierung der Unfallfolgen, Gebäudeschutz und Konzepte, die Schutzmaßnahmen außerhalb der Anlage nicht weiter benötigen. Hierzu gehören Konzepte mit inhärenten Sicherheitseigenschaften.

Physikalischer Schutz
Terroristische Angriffe bisher unbekannten Ausmaßes waren der Anlass für dieses weitere Forschungs- und Entwicklungsziel. Ein verbesserter Schutz der kerntechnischen Anlagen als auch eine Gewährleistung, dass Spaltmaterial nicht zu militärischen oder terroristischen Zwecken weiterverbreitet und missbraucht werden kann.

Wie ihr hier seht, ist das Ziel der Initiative, innovative Kernenergiesysteme zu entwickeln und zu unterstützen, um damit die wichtigsten Fragen des öffentlichen Interesses zu beantworten. Im Wesentlichen geht es darum, Systeme mit einer erhöhten Sicherheit zu entwickeln, die ein Minimum an Abfall produzieren, die widerstandsfähig gegen die Proliferation von Spaltmaterialien und gleichzeitig wirtschaftlich sind. Ich möchte euch die verschiedenen Generationen von Reaktoren vorstellen. Lest Euch den Text auf dem Bild kurz durch.

»Und wie wird bei der dritten Generation die Sicherheit gewährleistet?«, fragt Nils anschließend nach.

»Da bei keiner Technologie ein Ausfall einzelner Bauteile oder Systeme hundertprozentig ausgeschlossen werden kann, sind in einem Kernkraftwerk wie in dem hier beschriebenen Europäischen Druckwasserreaktor, auch als EPR bezeichnet, alle Sicherheitssysteme mehrfach vorhanden«, erläutert Harold.

Reaktorgenerationen

Die Reaktorentwicklung kann in vier Generationen unterteilt werden:
Die Generation I umfasst frühe Prototypen, die seit den 50er Jahren zur Stromerzeugung eingesetzt wurden.
Reaktoren der Generation II gelten als wirtschaftliche *Arbeitspferde*, von denen über 400 in aller Welt als Rückrat für die Grundlast in der Stromversorgung eingesetzt werden.
Reaktoren der Generation III werden für Neubauten vorgesehen. Sie sollen über alle Vorteile der Generation II mit ihrer großen, über weite Jahre hinweg angesammelten Betriebserfahrung verfügen. Darüber hinaus sollen sie eine weiter verstärkte Sicherheit sowie eine erhöhte Wirtschaftlichkeit aufweisen.

Kernkraftwerk mit Druckwasserraktor

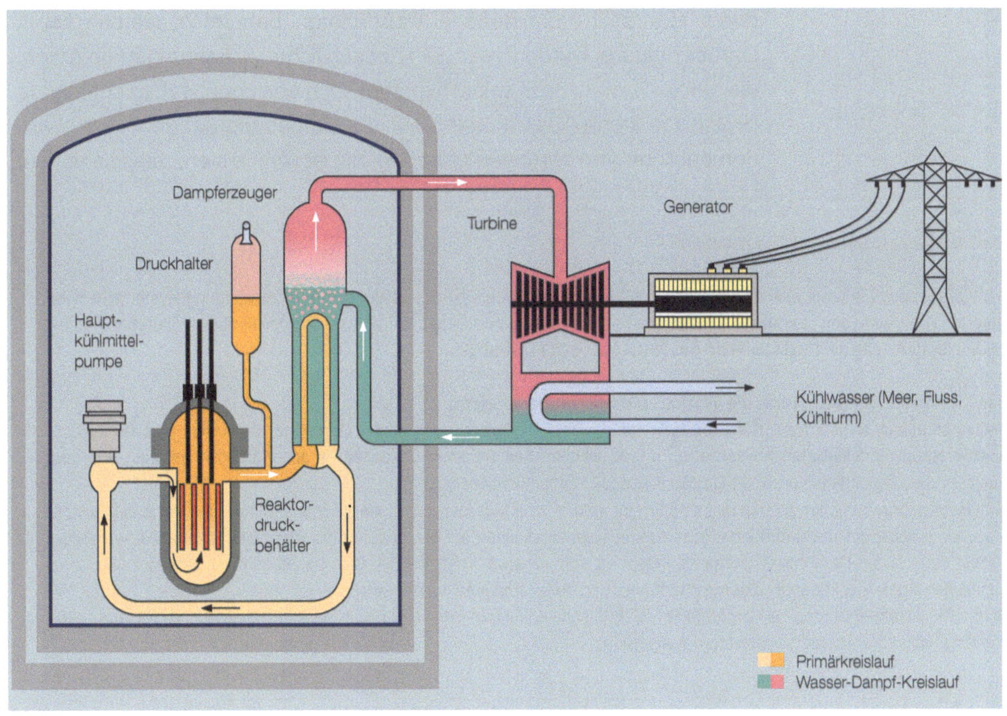

»Je nach Auslegung gibt es dabei mindestens zwei Systeme mehr, als für die eigentliche Schutzfunktion benötigt werden – man nennt dies das, *N-Plus-Zwei-Prinzip*. Das heißt, eines kann sich im Reparaturzustand befinden und eines kann durch einen Einzelfehler ausfallen. Beim EPR sind die meisten Sicherheitssysteme vierfach redundant, also viermal vorhanden. Um eine gleichzeitige Beschädigung mehrerer Redundanzen durch ein einziges Ereignis zu verhindern, sind diese räumlich voneinander getrennt untergebracht, zum Beispiel in den vier Sicherheitsgebäuden. Da auch mehrfach vorhandene gleichartige Sicherheitssysteme aus derselben Ursache – beispielsweise wegen Konstruktionsfehlern eines Bauteils – versagen können, werden zusätzlich zu einer Schutzfunktion technisch unterschiedliche Einrichtungen vorgesehen. Das sind zum Beispiel Bauteile verschiedener Hersteller oder hydraulische und elektrische Antriebe, vergleichbar mit dem sprichwörtlichen *Gürtel zum Hosenträger.* Dieses Auslegungsprinzip wird Diversität genannt«, schließt Harold.
»Und das reicht an Sicherheitsvorkehrungen?«, hakt Lia nach.
»Mit der zugrunde liegenden sicherheitstechnischen Konstruktion ist die Wahrscheinlichkeit, dass sich Störungen beziehungsweise Störfälle zu auslegungsüberschreitenden Ereignissen entwickeln können, bereits auf ein Minimum reduziert. Die Auslegung technischer Systeme enthält immer Sicherheitsreserven, sodass auch ein Ereignis, das die Auslegungsgrenzen überschreitet, entweder durch diese Reserven abgefangen oder aber durch zusätzlich vorgesehene Maßnahmen beherrscht werden kann. Darüber hinaus wurden beim EPR zusätzliche Vorkehrungen getroffen, die gewährleisten, dass selbst hypothetische auslegungsüberschreitende Ereignisse keine Auswirkungen auf die Umgebung haben. Hierzu wurden bauliche Vorkehrungen getroffen, die gewährleisten, dass bei einem

Funktionsweise des Druckwasserreaktors

Herausragendes Merkmal eines Druckwasserreaktors ist die Aufteilung des nuklearen Dampferzeugungssystems in zwei separate Kreisläufe: den radioaktiven Primärkreislauf und den nichtradioaktiven Wasser-Dampf-Kreislauf. Daneben gibt es ein Kühlsystem, das die Restwärme an das Meer oder den Fluss abgibt.

Der Reaktorkühlkreislauf führt die Wärme zu den Dampferzeugern.
Vier symmetrisch angeordnete Kühlkreisläufe mit je einem Dampferzeuger, einer Hauptkühlmittelpumpe und den verbindenden Hauptkühlmittelleitungen schließen an die Stutzen des Reaktordruckbehälters an und bilden mit dem über die Ausgleichsleitung angeschlossenen Druckhalter das Reaktorkühlsystem.
Vom Reaktordruckbehälter gelangt das erhitzte Primärkühlmittel (Wasser) durch die Hauptkühlmittelleitungen in die Dampferzeuger, durchströmt die U-förmigen Heizrohre und gibt dabei einen Teil der mitgeführten Wärme (Energie) an das Speisewasser des Wasser-Dampf-Kreislaufes ab, indem es sich um etwa 30 °C abkühlt. Die Hauptkühlmittelpumpen fördern das abgekühlte Kühlmittel in den Reaktordruckbehälter und damit zum Reaktorkern zurück.
Durch Temperaturänderung hervorgerufene Volumenschwankungen des Kühlmittels werden kurzfristig vom Druckhalter und langfristig vom Volumenregelsystem ausgeglichen.

Barrieren zur Verhinderung des Austritts radioaktiver Substanzen und ionisierender Strahlung

1. *Im Kristallgitter der Urantabletten werden die bei der Kernspaltung entstehenden Spaltprodukte bis auf wenige Prozent festgehalten.*
2. *Hüllrohre aus Zirkaloy, gasdicht und druckfest verschweißt, umhüllen den Brennstoff und halten die Spaltprodukte zurück.*
3. *Der Reaktordruckbehälter, ein Schutzpanzer, der den auftretenden Belastungen durch Druck, Temperatur und Strahlung standhält.*
4. *Die Betonabschirmung: Ein dicker konzentrischer Schild aus Stahlbeton umgibt den Reaktordruckbehälter und schirmt die austretende Strahlung nahezu vollständig ab.*
5. *Die innere Stahlbetonhülle des Reaktorgebäudes ist vollständig mit Stahl ausgekleidet und umgibt den nuklearen Teil der Anlage – vollkommen dicht und nur durch Schleusen begehbar.*
6. *Die äußere Stahlbetonhülle des Reaktorgebäudes schützt vor allem gegen Einwirkungen von außen. Zusammen mit der inneren Stahlbetonhülle dient sie als letzter Strahlenschutzschild und reduziert die letztendlich aus dem Reaktorgebäude austretende Strahlung auf vernachlässigbar kleine, weit unterhalb der zulässigen Grenzwerte liegende Werte.*

extrem unwahrscheinlichen Kernschmelzunfall die Schmelze innerhalb des Containments der Kernschmelzausbreitungsfläche aufgefangen und dort zuverlässig gekühlt wird.«

»Aber es bleibt ein Restrisiko?«, hakt Nils nach.

»Durch die gleichzeitige Anwendung von Redundanz, räumlicher Trennung und Diversität wird erreicht, dass die Ausfallwahrscheinlichkeit von Sicherheitssystemen sehr, sehr gering ist«, erklärt Harold. »Doch ein Restrisiko bleibt. Bei der vierten Generation arbeiten wir gerade daran, dieses Restrisiko auszumerzen. Wir haben viele neue Konzepte geprüft. Sechs Konzepte werden intensiv weiterverfolgt.

Ein recht vielversprechendes Konzept stelle ich euch jetzt vor. Es heißt Höchsttemperaturreaktor, auch Very-High-Temperatur-Reactor-System oder kurz VHTR. Auf den nächsten Bildern seht Ihr die wichtigsten Komponenten und Erläuterungen. Als Harold seine Ausführungen beendet hat, fragt Lia: »Einen *inhärent* sicheren Reaktor zu bauen ist lobenswert. Aber wie viele Atomkraftwerke benötigen wir denn in Zukunft überhaupt?«

»Das weiß ich nicht«, erwidert Harold. »Wir können den Reaktor nur so

Schema des Höchsttemperaturreaktors (VHTR)

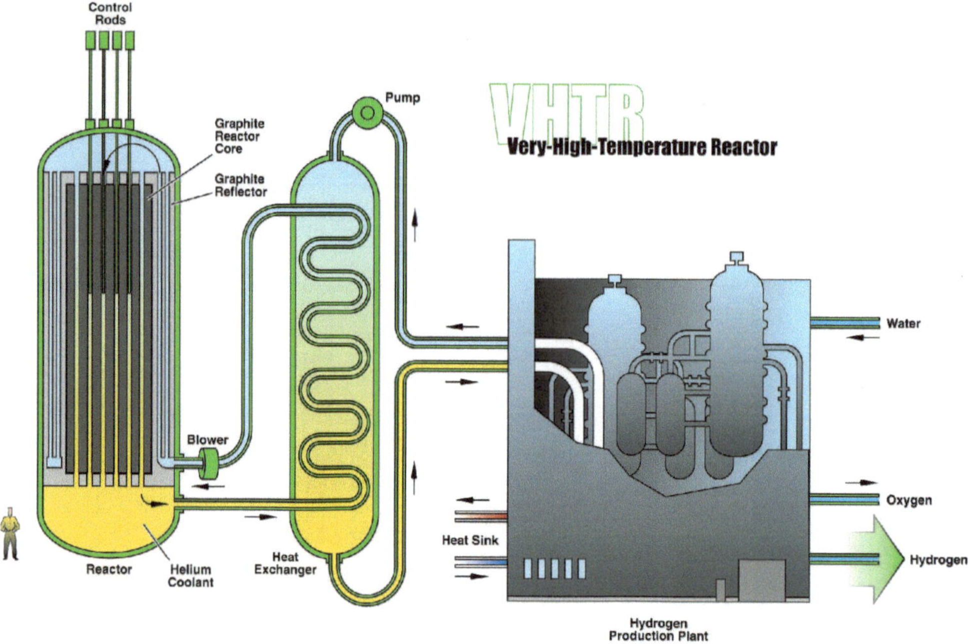

Der Reaktortyp VHTR

Der VHTR ist ein grafitmoderierter und heliumgekühlter Reaktor mit einem thermischen Neutronenspektrum. Der Reaktortyp des VHTR kann aus einem prismatischen Kern wie der japanische HTR bestehen, oder ein Kugelhaufenreaktor wie der chinesische HTR-10 sein. Für die Bereitstellung von Elektrizität kann ein direkter Kreislauf vorgesehen werden, das heißt eine mit Helium angeströmte Turbine wird direkt im Primärkreislauf integriert. Auch kann der VHTR den Bedarf nach Wärme, wie zum Beispiel in Raffinerien, in der Petrochemie, in der Metallurgie und der Wasserstoffproduktion, mit einem indirekten Kreislauf befriedigen.

Die Designparameter des VHTR seht ihr hier auf dem Bild. In Expertenkreisen diskutieren wir darüber, die mittlere Leistungsdichte noch zu reduzieren. Dann kommen wir in einen Bereich, in dem aufgrund physikalischer Gesetze eine Kernschmelze ausgeschlossen werden kann. Wir sprechen dann von einem *inhärent* sicheren Reaktor. Doch bis es so weit ist, müssen wir noch Materialien entwickeln, die den hohen Temperaturen standhalten können.

auslegen, dass er den Anforderungen der Energiewirtschaft genügt. Das heißt, er muss sicher und wirtschaftlich sein. Nur dann wird er im Technologiewettbewerb bestehen können. Aber ich kann dir einen Anhaltswert geben. Derzeit gibt es weltweit 435 Reaktoren mit einer elektrischen Gesamtleistung von 370 Gigawatt, die jährlich 2600 TWh Strom erzeugen. Das sind rund 14 % der gesamten Weltstromproduktion. Und die Planungen vieler Energieunternehmen sehen vor, die alten Reaktoren durch neue zu ersetzen. Einige Länder, wie beispielsweise China, wollen die Kernenergie sogar weiter ausbauen.«

»Und wie viel CO_2 wird durch den Einsatz von Atomkraftwerken eingespart?«, fragt Nils wissbegierig.

»Weltweit werden durchschnittlich für jede erzeugte Kilowattstunde 600 Gramm CO_2 frei. Nimmt man diesen Referenzwert, ergibt sich durch den Einsatz der Kernenergie eine jährliche CO_2-Reduktion von 1 560 Millionen Tonnen. Oder anders formuliert: Gebe es die Kernenergie nicht, lägen die weltweiten CO_2-Emissionen, die bei der Stromproduktion entstehen, um 14 % über dem derzeitigen Niveau«, verdeutlicht Harold.

Nils: »Der Referenzwert ist aber ein Mix des derzeitigen Weltkraftwerkparks. Dieser besteht aus fossilen und nuklearen Kraftwerken und regenerativen Anlagen.«

Harold: »Das ist richtig. Würde man alle fossilen Kraftwerke durch Kernkraftwerke ersetzen, könnten rund 18 % aller weltweiten CO_2-Emissionen eingespart werden. Das ist aber nur eine Modellrechnung. In der Praxis ist das nicht umsetzbar. Allein die Uranreserven würden nicht ausreichen.«

»Und wie lange reichen die Uranreserven?«, will Nils wissen.

»Noch exakt 166 Jahre.«

»Woher willst du das so genau wissen, Harold?«, fragt er erstaunt.

»Natürlich habe ich es jetzt mit der Genauigkeit übertrieben. Aber wenn wir die Reserven und Ressourcen berücksichtigen und durch die derzeitige Uranjahresförderung dividieren, erhalten wir die Dauer an Jahren, mit denen zu rechnen ist. Unbekannt ist, ob wir zukünftig mehr oder weniger Uran benötigen werden und wie schnell der technische Fortschritt bei der Uranerforschung und den Kraftwerkswirkungsgraden voranschreiten wird«, meint er.

Lia wird sichtbar nervös und wippt mit ihrem Stuhl: »Harold, ihr könnt doch forschen und entwickeln, was ihr wollt. Das Endlagerproblem bleibt.«

Harold antwortet mit stoischer Ruhe: »Nein.«

Lia kippt mit ihrem Stuhl abrupt nach vorn: »Wieso Nein?«

»Das will ich aber auch wissen!«, ertönt es von Nils.

»Das zu erklären, ist etwas kompliziert. Aber ich will es versuchen. Schaut euch hierzu die Poster an der Wand an.

Entsorgung von radioaktiven Abfällen

Aus den Kernkraftwerken werden weltweit pro Jahr 10500 Tonnen abgebrannte Kernbrennstoffe entladen, die sicher entsorgt werden müssen. Die sichere Entsorgung soll gewährleisten, dass heutige und zukünftige Generationen nachhaltig vor den schädlichen Einwirkungen radioaktiver Strahlung geschützt werden. Besonderes Augenmerk muss dabei auf den Radionukliden mit langer Halbwertzeit und hoher Radiotoxizität liegen. Das sind die Transurane, allen voran Plutonium, aber auch die sogenannten minoren Aktiniden, abgekürzt Ma, Neptunium, Amerizium, Kurium so wie einige besonders langlebige Spaltprodukte wie beispielsweise Technetium und Jod. Weltweit werden Projekte verfolgt, abgebrannte Brennelemente und hoch radioaktive Abfälle in tiefen geologischen Formationen zu lagern, um sie so aus der Biosphäre zu entfernen. Zurzeit ist allerdings noch kein Endlager für hoch radioaktive Abfälle in Betrieb.

Vor dem Hintergrund der langen Lebensdauer der Radionuklide und der damit verbundenen Frage, ob über sehr lange Zeiträume sicher gestellt werden kann, dass eine Freisetzung von radioaktiven Stoffen aus einem Endlager unterbleibt, werden international Alternativen zur Endlagerung langlebiger Radionuklide untersucht. Eine Möglichkeit wäre solche Radionuklide durch geeignete Prozesse aus dem abgebrannten Kernbrennstoff abzutrennen, auch Partitionierung genannt, um sie dann in speziellen Anlagen durch Neutronenreaktion in stabile Spaltprodukte oder solche mit vergleichsweise kurzer Halbwertzeit zu überführen (Transmutation). Durch die Partitionierungs- und Transmutationsstrategie soll erreicht werden, dass nach einigen hundert Jahren die Radiotoxizität der endgelagerten Abfälle auf ein Niveau wie zum Beispiel von Natururan abgeklungen ist, und somit ihr Langzeitgefährdungspotential deutlich verringert wird.

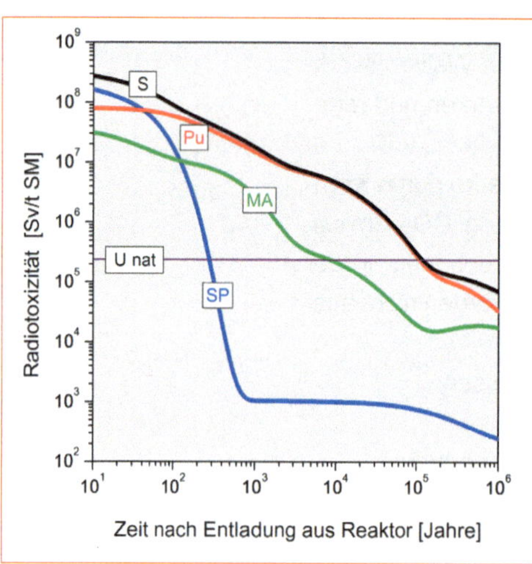

Radiotoxizität von einer Tonne abgebranntem Kernbrennstoff in Abhängigkeit von der Zeit nach der Entladung aus dem Reaktor (Anreicherung: 4,2% U-235, Abbrand: 50 GWd/t).
S: Summe
Pu: Beitrag von Plutonium
MA: Beitrag der Minoren Actiniden (Neptunium, Americium und Curium)
SP: Beitrag der Spaltprodukte
U nat: Radiotoxizität des zur Herstellung einer Tonne Kernbrennstoff benötigten Natururans

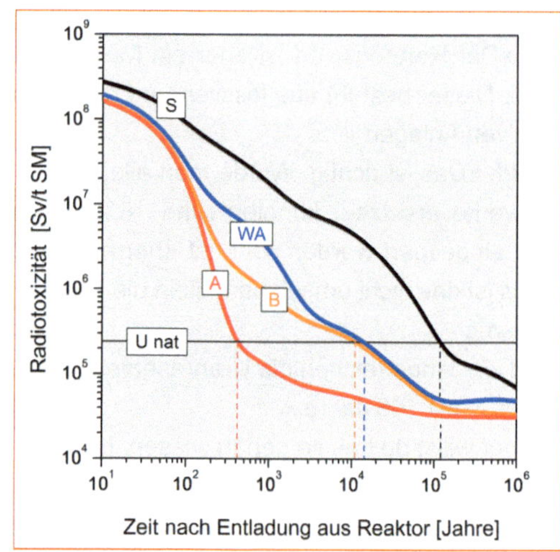

Auswirkung der Abtrennung und Transmutation von Plutonium und Minoren Actiniden auf den Verlauf der Radiotoxizität.
S: ohne Abtrennung
WA: Hochradioaktiver Abfall nach Wiederaufarbeitung
A: P&T-Effizienz 0,995
B: P&T-Effizienz 0,95

»Die bisherigen Versuche machen uns Mut, dass es uns gelingt, die Radiotoxizität der Kernbrennstoffe schon nach etwas über 300 Jahren, also einem historisch überschaubaren Zeitraum, in die Radiotoxizität von Natururan zu überführen«, formuliert Harold seine Hoffnung. »Die neuesten Ergebnisse der internationalen Forschungsauswertungen zeigen euch diese Schautafeln. Aber die erforderlichen Entwicklungsarbeiten werden noch Jahrzehnte dauern und ihr Erfolg ist nicht garantiert.
Sehr groß sind die technischen Anforderungen bei der Konstruktion, dem Bau und dem Betrieb derartiger Anlagen.«
»Aber 300 bis 400 Jahre – das ist immer noch eine lange Zeitspanne«, stellt Lia fest.
»Aber zwischen Hunderttausenden von Jahren und 350 Jahren ist doch wohl schon ein gewaltiger Unterschied«, wendet Nils an Lia gerichtet ein.
»Das stimmt. Aber in 350 Jahren kann auch viel passieren«, meint sie.
Harold zeigt eine nachdenkliche Miene. »Lia, ich kann dich gut verstehen. Aber bedenke, dass die Entscheidung zwischen dem *Für und Wider* einer Technik auch eine Güteabwägung ist. Mit der Kernenergie kannst du das Klima nicht retten, wohl aber den Temperaturanstieg etwas mindern.«
»Dafür sollte man lieber andere Techniken einsetzen«, beharrt Lia.
»Ich weiß, meine Argumente entfalten nur eine begrenzte Wirkung. Das Feuer von Tschernobyl brennt noch in vielen Seelen«, sinniert Harold.

An der Harvard University

Harold schaut in die nachdenklichen Gesichter von Nils und Lia und unterbreitet ihnen einen Vorschlag. »Zusammen mit meinen Kollegen habe ich mir überlegt, wie wir euch einen Einblick in die wissenschaftliche Welt von Cambridge geben können. Mein Kollege von der Harvard University hält gleich eine Vorlesung über technische Innovationen, die ist bestimmt interessant für euch. Wenn ihr die Massachusetts Avenue entlanggeht, findet ihr die Universität auf der rechten Seite. Unterwegs könnt ihr noch in einen Coffee-Shop aufsuchen, wenn ihr wollt. Die Vorlesung findet in dem efeuberankten Backsteinbau neben der Widener Library statt. Mit ihren mächtigen korinthischen Säulen und fast fünf Millionen Bänden ist die Bibliothek der ganze Stolz der Universität.
Lia und Nils verabschieden sich, trinken unterwegs noch einen Kaffee und erreichen etwas verspätet den Hörsaal, weil sie sich auf dem weitläufigen, mit altem Baumbestand bewachsenen Campus verlaufen hatten.

Leise setzen sie sich in die letzte Reihe des Seminarraums, in dem ungefähr 20 Studenten den Worten des Dozenten lauschen.

»Menschen haben bestimmte Gewohnheiten. Sie denken, sprechen und arbeiten wie gewohnt und bestärken einander darin. Das Gewohnte ist immer gegenwärtig. Näher als irgendwelche Südseeinseln, die vielleicht in ein paar Jahrzehnten untergehen könnten. Die Gewohnheit macht es uns so schwer, anders zu handeln. Gelingt das dennoch – und zwar auf Dauer – dann spricht der Techniksoziologe von einer Innovation. Unter Innovation verstehen wir nicht eine neue Sache, sondern eine neue Praxis: Also nicht etwa die neue Solarzellentechnologie, sondern den massenhafte Einsatz von Solardächern. Das ist der springende Punkt, der von Ingenieuren häufig vergessen wird. Auch wird häufig vergessen, dass Innovationen an vielerlei Voraussetzungen geknüpft sind. Der Siegeszug der Fischstäbchen in unserem Lande nach dem Zweiten Weltkrieg beispielsweise, setzte sowohl eine sonargestützte Fangtechnik, neuartige Gefriermethoden, Kettensägen und Kühlketten von den Trawlern bis zur Verkaufstheke als auch Supermärkte voraus. Folglich wären Fischstäbchen undenkbar gewesen, wenn es nicht die Mittelschichtsfamilie mitsamt ihrer Tiefkühltruhe und ihres Fernsehers gegeben hätte. Der Fernseher wiederum ließ den Wunsch nach unkomplizierten Mahlzeiten aufkommen – dem sogenannten TV-Dinner. Zudem war die von Wissenschaftlern empfohlene Eiweißnahrung modern, weil sie wie Astronautenkost aussah. Sie war so etwas wie ein Statussymbol.«

Nils und Lia sind sofort gefesselt. Sie beugen sich in ihren Sitzen vor, um ja kein Wort des Dozenten zu verpassen.

»Komplexer noch war der Siegeszug des Autos«, fährt dieser fort. »Die Eroberung der Welt durch eine neue Lebensweise. Zu ihr gehörten neue Arbeits- und Siedlungsformen ebenso wie ein aufzubauendes Verkehrszeichensystem. Das Gefährt verwies auf Freiheit und Wohlstand und es wurde zum symbolischen Ort, an dem gegessen, Filme gesehen, Kinder gezeugt und Amerika erfahren wurde. Zu Beginn der Entwicklung gab es Fußgänger-Lobbyisten und Motor-Lobbyisten. Beide befehdeten sich auf unbotmäßige Weise. Drangen die Autofahrer zunächst als Störenfriede dort ein, wo bis dahin alle Welt kreuz und quer spazierte und seinen Karren schob, galten die Fußgänger bald im Kampf um den Raum als das anarchische, sich auflehnende Element. Die Motor-Lobbyisten bezeichneten die Fußgänger als Landeier, die sich in der Stadt nicht auskennen und überall im Weg stehen würden. Autofahrer waren hingegen moderne Städter, gegen die die Fußgänger Zurückgebliebene, Unterschichtler und Provinzielle waren, die keine Bereitschaft erkennen ließen, sich der neuen Zeit anzupassen. Motoraktivisten verteilten Mahnzettel oder verspotteten die Fußgänger mit clownesken Einlagen. Polizisten stellten

unbotmäßige Fußgänger per Trillerpfeife bloß. Das Auto hatte gewonnen, eine neue Infrastruktur war geboren. Entstanden aus Technik, Sprache, sozialem Druck und ökonomischem Interesse. Eine Innovation.
Was lernen wir daraus? Aus historischen Studien erfahren wir, was bei der Einführung neuer Techniken alles bedacht werden muss. Und das geht nur fächerübergreifend, eben interdisziplinär. Wir nennen unsere Wissenschaft, die zwischen Philosophie, Soziologie und theoretischer Informatik angesiedelt ist, *Künstliche Gesellschaften*. Wir modellieren Veränderungsprozesse. Unser Ausgangspunkt ist der sogenannte methodologische Individualismus: In Computersimulationen treffen einfach konstruierte Akteure aufeinander und verändern einander wechselseitig so, dass für die nachfolgenden Begegnungen wieder neue Bedingungen gegeben sind. So geht es immer weiter. Und siehe da, stellt man diese Prozesse grafisch dar, zeigen sich Zusammenballungen, Netze und andere Muster. In den modellierten Akteuren lassen sich zusätzliche Eigenschaften einprogrammieren, die beispielsweise die Rolle der Moral, der Lernfähigkeit, der Beeinflussbarkeit oder der Innovationsbereitschaft wiedergeben. Auf diese Weise entstehen viele unterschiedliche Modelle.
Doch immer wieder erweist sich: Dauerhafte Verhaltensänderungen gehen von entschlossenen kleinen Gruppen aus, die andere Gruppen mitreißen. Diese kleinen Gruppen sind die Macht des Wandels. So galt die Ökobewegung ursprünglich als unbedeutend doch hat sie mittlerweile eine globale Dimension erreicht. Aktuell modellieren wir die Voraussetzungen für die Einführung der Elektromobilität und der Fotovoltaik.«
Lia flüstert Nils zu: »Das ist ja ein tolles Studienfach, das möchte ich studieren! Ich glaube, dass Harold die Vorlesung seines Kollegen noch nie gehört hat.«
»Für heute ist die Vorlesung beendet«, meldet sich der Dozent erneut zu Wort. »Wir sehen uns morgen, dann bringe ich ein Fallbeispiel mit.«

Die Studenten verlassen einer nach dem anderen plaudernd den Raum. Der Dozent kommt auf Nils und Lia zu. »Hallo, seid ihr die Kopernikus-Preisträger?«
Lia und Nils sehen sich verwundert an und drehen sich zu ihm um. »Ja.«
»Ihr wurdet bei mir angemeldet. Schön, dass ihr da seid. Ich hoffe, die Vorlesung hat euch gefallen?«
»Und wie!«, kommt es gleichzeitig aus Lias und Nils Mund.
»Hier an der Harvard University pflegen wir den interdisziplinären Gedankenaustausch. Heute Abend trifft sich meine Kollegin mit Studenten aus den unterschiedlichsten Fachbereichen in der Philosophischen Fakultät. Kommen Sie doch auch um 18 Uhr dorthin, das Thema wird Ihnen bestimmt gefallen.«

»Worum geht es denn?«, will Lia wissen.
»Das verrate ich nicht, nur dass es spannend wird«, sagt er lächelnd.
»Na klar, wir kommen«, freuen sich Lia und Nils.

Energie, das unbekannte Wesen

Pünktlich um 18 Uhr kreuzen Lia und Nils im altehrwürdigen Gebäude der Philosophischen Fakultät auf, um sich mit der Professorin und einigen Studierenden in zwangloser Runde auszutauchen.
Die Professorin stellt sich als Xoana vor und erklärt, dass sie das Gebiet *Einheit der Wissenschaft* lehre und versuche, den *Graben* zwischen den Natur- und den Geisteswissenschaften zu überwinden. Ihre schlanke Figur wird durch eine bunte Patchworkjacke betont, die aus unzähligen Mustern zusammengestückelt ist und mit der Mode-Junkies dem Stoff der 70er Jahre zur Renaissance verhalfen. Im Kreis der jungen Leute ist sie kaum auszumachen. Als das laute Geschnatter der Anwesenden langsam versiegt, steigt sie ins Thema ein. »Heute befassen wir uns mit *Energie* … «
»Nicht schon wieder!«, murmelt Lia.
»Eine Dienstreise mit Überstunden«, kommentiert Nils.
»Sieht wohl so aus. Und ich dachte, ich würde was Neues lernen.«
» … und zwar mit einem Phänomen der Energie, das noch voller Geheimnisse steckt; das ihr alle aber schon einmal kennengelernt habt«, fährt die junge Dozentin fort. »Die Philosophen und andere wissenschaftliche Disziplinen versuchen das Geheimnis zu lüften, bisher allerdings vergebens. Es gibt viele Vorstellungen darüber, doch eine eindeutige Klarheit fehlt.«
»Worauf will sie bloß hinaus?«, fragt Nils Lia. Lia zuckt die Schultern.
»Aus den Vorlesungen oder auch noch aus der Schule wisst ihr, dass am Anfang unserer Welt eine Unmenge an Energie stand, von dessen Energievorrat noch heute das gesamte Universum lebt. Deshalb ist Energie einer der wichtigsten Begriffe der Naturwissenschaften. In den Geisteswissenschaften ist das ebenso. Zwar lässt sich der Begriff in der Philosophie nicht so eindeutig wie in der Physik definieren, doch tritt er in den unterschiedlichsten Kontexten und Sinnzusammenhängen immer wieder auf. Denkt an die Liebe, und ihr bekommt vielleicht ein Gefühl davon, was ich meine.«
Ein Tuscheln geht durch den Raum.
Nils nutzt die Gelegenheit, um Lia einen schnellen Kuss auf die Lippen zu drücken. Tatsächlich, es kribbelt, denkt Lia und lächelt in sich hinein.
Xoana lässt sich jedoch nicht ablenken und fährt fort: »Zuerst wollen wir

einige Begriffe klären.« Ein Student flüstert Lia zu: »Ich möchte wissen, was Liebe ist. Begriffe langweilen mich.« Lia reagiert nicht.
Nils guckt ihn misstrauisch an. Das ist doch nicht schon wieder einer, der Lia anbaggern will?, denkt er.
»Die Griechen haben für das Wort Energie den Begriff *energeia* geprägt«, doziert Xoana. »Aristoteles bezeichnete damit die Wirklichkeit im Sinne einer verwirklichten Bestimmung. Die verwirklichte Kraft im Gegensatz zur bloßen Möglichkeit. Die bloße Möglichkeit nennt Aristoteles *dynamis*. Sie ist der gedankliche Ursprung einer Veränderung beziehungsweise einer verwirklichten Kraft. Der Übergang von *dynamis* zu *energeia* wird als *Dynamismus* bezeichnet. Hierdurch wird zum Ausdruck gebracht, dass – basierend auf der Lehre des Philosophen Heraklit – *alles fließt*. Die Wirklichkeit tritt als ein *Spiel von Kräften* auf oder anders gesagt, sie hat in diesem Kräftespiel ihren Ursprung. Aristoteles verwendet den Begriff *energeia* auch häufig austauschbar mit *Entelechie*. Darunter versteht er die zielstrebig wirkende Kraft, die nach Vollendung strebende Tätigkeit. Etwas, das sein Ziel in sich selbst hat. Das Prinzip, das die Möglichkeit – *Dynamis* – erst zur Wirklichkeit – *energeia* – macht.«
»Aha«, kommentiert ein Student frech. »Das Prinzip, wie aus einem schüchternen Mädchen eine heiße Liebhaberin wird.«
Alle lachen.
»Ja, so ungefähr«, stimmt Xoana ein. »Für Aristoteles ist die Entelechie mit der Seele gleichzusetzen. In ihr wirken Gefühle, Triebe und Verstand zusammen.«
»Und dort ist also auch die Liebe angesiedelt.«, meint eine Studentin.
»Richtig. Viele Psychologen sehen die Seele als ein Energiebündel. Als ein Kraftwerk, das sein Ziel in sich selbst hat. In einigen Willenstheorien, wie beispielsweise der von Schopenhauer oder Nietzsche, spielt die Seele eine große Rolle. Doch eindeutig fassen und beschreiben lässt sie sich letztlich nicht. Sie ist wie ein spielendes Fohlen. Die philosophische Auffassung, dass die Seele wesentlich ist, wurde durch die Auffassung der Psychologie, welche die Begriffe Geist, Bewusstsein, Ich, Selbst et cetera eingeführt hat, ersetzt. Doch durch die Neuronalwissenschaften scheint es wieder eine Annäherung der Disziplinen zu geben. Das soll uns jetzt aber nicht weiter interessieren. Wenden wir uns der Bemerkung zu, die eben eine eurer Kommilitoninnen gemacht hat. Diese Bemerkung war interessant. Darf ich nach dem Namen fragen?«
»Ich bin Sarah.«
»Sarah hat die Liebe ins Spiel gebracht«, nimmt Xoana den Faden wieder auf »Liegt die Liebe auf der Gefühls- oder auf der Verstandesseite der Seele? Wo würdet ihr sie einordnen?«
»Auf der Gefühlsseite ... Auf der Verstandesseite ... Auf der Gefühlsseite

... Auf der Verstandesseite ... Liebe ist nur ein Gefühl, Verstand ist wichtiger ... «, so geht es im Chor wild durcheinander.
»Ist die Liebe ein Wunder, ein Traum, ein Tausch? Ist sie Prosa oder Poesie?«, gibt Xoana einen Denkanstoß.
Eine Studentin meldet sich. Bevor Xoana ihr das Wort erteilt, sagt sie an alle gerichtet: »Meldet euch bitte direkt mit eurem Namen, dann können wir persönlicher miteinander diskutieren.«
»Es waren einmal ein Junge und ein Mädchen, die schrieben einander zärtliche Briefe, in denen sie sich gegenseitig ihre Liebe beschworen, auf das sie ein Leben lang halten möge«, sagt die Studentin namens Barbara. »Eines Tages ließ das Mädchen den Jungen zurück. Ihr Herz schenkte sie einem anderen. Die Liebe des Jungen aber, der mittlerweile ein Mann geworden war, loderte unvermindert weiter. Nicht, dass er seither Frauen gemieden hätte. Im Gegenteil, er suchte das körperliche Abenteuer. Die eine große Liebe jedoch bewahrte er in seinem Herzen. 51 Jahre, neun Monate und vier Tage lang verzehrte er sich nach ihr. Bis zu jenem Augenblick, als sich erfüllte, wovon er geträumt hatte. Diese Liebesgeschichte ist eine der schönsten, die je erzählt worden ist. Sie stammt von Gabriel García Márques und heißt *Die Liebe in den Zeiten der Cholera*. Eine Geschichte voller Sehnsucht und Schmerz, Verzicht und Warten, Hoffen und Bangen. Am Ende steht die Erfüllung der Liebe. Eine Geschichte voller Romantik«, schließt die Studentin.
»Diese Geschichte hat nichts mit der Wirklichkeit zu tun, denn sie ist erfunden und spielt in einer anderen Zeit«, meint ein Student mit Namen Jonas dazu. »In meinen Geschichtsvorlesungen habe ich das anders gelernt: Es waren einmal ein Mann und eine Frau, die saßen in einer Höhle und das Feuer wärmte ihre Körper. Frühmorgens brach der Mann auf zur Jagd, um mit dem Fleisch der erlegten Tiere seine Familie zu ernähren. Währenddessen sammelte die Frau Pflanzen, Beeren und Wurzeln und kümmerte sich um das Wohl der Kinder.«
»Jeder erfüllte eine bestimmte Aufgabe und das Zusammenleben funktionierte am besten, wenn alle Rädchen ineinander griffen«, erläutert Xoana dazu. »Die Liebe zwischen Mann und Frau festigte deren Bindung zugunsten der Lebensfähigkeit der Kinder. Sie stellte sicher, dass der Nachwuchs für eine Welt, in der überall Gefahren lauerten und in der es sich durchzusetzen galt, optimal vorbereitet war. Um die dafür notwendigen Techniken und Taktiken zu erlernen, brauchte es Vater und Mutter. Die Nachkommen waren ein gemeinsames Projekt, denn die Liebe hatte eine Funktion.«
»Jonas hat in seiner Geschichtsvorlesung nur die Hälfte gelernt«, mischt sich Monika ein. »Es ist zwar richtig, dass die Menschen früher nicht heirateten, weil sie sich liebten, sondern heirateten, um eine Produktions-

gemeinschaft zu bilden. Das änderte sich aber im 18. Jahrhundert. Da entdeckte der Mensch, dass er zwar vernünftig war, aber dass Leidenschaft auch etwas mit seinem Wesen zu tun hatte. Das war die Zeit der Romantik, des Gefühls. Das war die Zeit, als die Liebe sich befreite. Es gab Friedrich Schlegel, der alles bisher Gewesene auf den Kopf stellte, weil er in einer nicht legitimen, das heißt sittenwidrigen Beziehung mit Dorothea Veit lebte. Er forderte in seinem Roman Lucinde die Einheit von Leidenschaft und Ehe. Beides, so fand er, gehöre untrennbar zusammen, ebenso wie Körper und Geist zusammengehören. Liebe hieß für ihn die völlige Hingabe, die Verschmelzung zweier Menschen, die ihre Herzen einander ohne jeden Vorbehalt auslieferten. Die wirtschaftliche Seite wischte Schlegel einfach fort. Das war damals revolutionär.«

»In den Köpfen der modernen Menschen hat die Idee der romantischen Liebe bis heute überlebt. Von dieser Liebe wird erwartet, dass sie alle Sinne und Empfindungen ausfüllt, ihn trunken macht vor Glück, ihn verzaubert, elektrisiert. Über ihn hereinbrechen wie ein Naturschauspiel soll sie und die schicksalshafte Bestimmung füreinander vor Augen führen. Niemand, der sich dagegen wehren könnte. Der Mensch will den Rausch und die Liebe aus Leidenschaft. Die Leidenschaft setzt viel Energie frei und öffnet die Seele für neue Energieströme. Irgendwann, sagt ihm sein Gefühl, wird ihm das unerwartete und doch so sehnlichst erwartete Wunder widerfahren. Es steht ihm ja zu, so malt er sich die Liebe aus ... «, sagt Xoana.

Sie wird von Andreas unterbrochen: »Aber lieben tut der Mensch anders. Die Liebe – so sagen zumindest meine Ökonomieprofessoren – ist für den Menschen ein Tauschgeschäft. Auf dem Partnermarkt versucht jeder, den optimalen Deal abzuschließen, also jemanden zu finden, dessen Status, Verdienst, Aussehen und Intelligenz der Liga, in der er selbst spielt, möglichst nahe kommt. Das marktwirtschaftliche Prinzip von Angebot und Nachfrage bestimmt, wer wen liebt und wie man liebt.«

»Wir Soziologen betrachten die Liebe auch unter einer Art tauschtheoretischer Perspektive«, meldet sich Robert. »Dass der Mensch ständig weiterzieht und seine Partner wechselt, hat unserer Ansicht nach nichts mit tiefgekühlten Gefühlen zu tun, im Gegenteil. Es entspricht nur der Logik des Marktgeschehens, das sich ja auch durch steigende und fallende Kurse auszeichnet. Der Mensch verhält sich ganz einfach nach dem Prinzip der Nutzenmaximierung, das entspricht seiner Natur. Dafür gibt es eine Bezeichnung, sie lautet *Theorie der rationalen Entscheidung*. Wenn ich einmal heirate, werde ich darauf achten, dass die Abweichung bei der Wahl der Partnerin sowohl in die eine wie auch in die andere Richtung gering ist. Ich glaube, dass das die Wahrscheinlichkeit einer dauerhaften Liebesbeziehung erhöht. Partner, bei denen der eine deutlich unattraktiver oder weniger intelligent ist als der andere, sollten die Finger voneinander lassen.«

»Meine Erfahrung ist, dass man bei der Liebe sehr realistisch bleiben muss«, gibt Marlien zu bedenken. »Wenn zwei Menschen sich finden, dann sollten sie darauf achten, ihre Liebe in Balance zu halten, sie zu tarieren wie den Bootskiel eines Segelschiffes. Ich wehre mich mit aller Macht gegen so etwas wie Ergriffenheit, weil dieses Gefühl nach Kitsch klingt und mir – außer in Romanen und im Film – noch nirgendwo begegnet ist. Mein Freund wollte nicht mehr investieren als er bekam, wodurch er unsere Liebe ständig gegeneinander aufgerechnet hat. Ich glaube, der Mensch wägt ab, bevor er liebt, und wenn es sich nicht lohnt, dann liebt er lieber gar nicht. Er sucht keine verwandte Seele, sondern einen Lebensabschnittsgefährten.«

»Ich habe ähnliche Erfahrungen gemacht«, ergreift Sarah das Wort. »Es ist töricht, sich in etwas Unbekanntes hineinzustürzen, sich nacheinander zu verzehren, die eigene Seele zu offenbaren und sie so verwundbar zu machen. Als ich mich einmal so verrückt vor Liebe benommen habe, fanden meine Freundinnen, das sei krankhaft.«

Ein Student namens Michael ergänzt: »Und dann gibt es noch die Liebe auf Distanz. Je größer die Entfernung und je seltener sich die Partner sehen, desto mehr glauben sie an eine feste Beziehung. Ich nenne das kognitive Dissonanz.«

»Was du als kognitive Dissonanz bezeichnest, ist noch harmlos. Neuerdings sucht der Mensch nach dem Menschen an seiner Seite systematisch im Internet«, wirft Ulf ein.

»Das liegt auf der Hand, da das Internet dem Menschen das Gefühl vermittelt, effizient zu sein«, geht Xoana darauf ein. »So spart er Zeit.«

Ein Student, der sich als Ai vorstellt, bringt einen anderen Aspekt ins Spiel. »Ich studiere Informatik und arbeite an einem Forschungsprojekt mit, das die Profile der Partner optimiert. Zuvor ergründen wir zusammen mit den Psychologen alle wichtigen Eigenschaften, die sich ein Suchender von seinem zukünftigen Partner wünscht, dann ermitteln wir die Matching-Punkte. Je mehr Übereinstimmungen es gibt, desto größer ist die Wahrscheinlichkeit, dass dem einen im anderen das Glück begegnet.«

»Der Computer präsentiert dem Menschen eine Auswahl an Partnern«, ergänzt Frauke. »Er reduziert die Liebe auf einfache Schemata und gaukelt vor, zu wissen, welche Herzen zueinander passen. Das ist doch alles Quatsch! Das Internet redet den Menschen ein, sie könnten den perfekten Partner finden. Es bedient den Wunsch, der tief im Menschen verwurzelt ist, sein optimales Gegenstück zu treffen.«

»Im Laufe der Evolution hat es den Menschen Jahrmillionen gekostet, Vorlieben auszubilden«, erläutert Xoana. »Das, was technologisch in den vergangenen 20 Jahren möglich geworden ist, entbehrt im Vergleich dazu jedweder zeitlicher Dimension. Der Mensch beherbergt – evolutionsgeschichtlich betrachtet – ein altes Gehirn in seinem vergleichsweise jungen Körper. Und sein visueller Sinn reagiert auf das, was jetzt vor seiner Nase abläuft.«

»Beim Finden der Liebe ist Chemie nötig«, mischt sich David in die Diskussion ein. »Der Mensch reagiert auf körperliche Reize und Signale, zum Beispiel auf die Stimme des anderen. Aber auch auf seinen Gang, seinen Geruch, sein Lachen. Wenn die Liebe nur noch übers Internet vermittelt wird, ist sie zum Scheitern verurteilt.«

»Ihr seht, wie breit das Meinungsspektrum über die Liebe als Kraft des menschlichen Willens auseinander geht«, resümiert Xoana.

»Ich glaube ja, dass der Aspekt der Produktionsgemeinschaft genauso wichtig ist wie der Aspekt der Romantik«, äußert Axel. »Und was das Internet angeht, glaube ich, dass der Mensch einfach eine neue Auswahltechnik gefunden hat und sich damit nur der Zeit anpasst.«

»Vielleicht geht die Evolution tatsächlich einen Mittelweg«, meint Xoana. »Das belegen viele Studien, die sich auf die Wissenschaft der Erfahrung stützen. Aus ihnen geht hervor, dass die Liebesehe eine Unmöglichkeit und die Liebe auf Dauer mit dem Leben nicht vereinbar ist. Das lehrt die Erfahrung. Die Ehe ist ein Projekt, kein Wunder. Sie ist die gemäßigte Form intimer Organisation. In dieser intimen Organisation müssen die Partner darauf achten, dass ihre Ansprüche auf Gerechtigkeit, Gleichberechtigung und Herrschaftsfreiheit gewahrt werden. Um nicht übervorteilt zu werden, müssen sich die Partner auf gemeinsame Maßstäbe einigen. Sie müssen die Leistungen messen, kontrollieren, honorieren. Statt um Gefühle, dreht sich das Miteinander um den pragmatischen Umgang, also welchen Nutzen wir voneinander haben. Die Liebe hat auf diese Weise die beste Chance zu überleben.«

Jetzt kann Lia nicht mehr stillhalten und es bricht aus ihr heraus: »Ihr könnt sagen was ihr wollt, aber die Vernunft ist der Tod der Leidenschaft! Herzklopfen, den Verstand verlieren, Schlaflosigkeit. Nicht mehr denken, nicht mehr essen können. Wenn die Welt plötzlich Kopf steht, dann ist alles nur noch Sehnsucht. Dann kann ich Energie im Überfluss verströmen und in mich aufnehmen. Das ist Liebe. Und darauf will ich nicht verzichten.« Sie stößt Nils an: »Was meinst du dazu, Nils?«

»Ich glaube zwar auch , dass das wichtig ist, aber dass es in erster Linie auf ein harmonisches und partnerschaftliches Zusammenleben im Alltag ankommt«, antwortet er ganz pragmatisch und handelt sich einen entrüsteten Blick von Lia ein.

»Das Unergründliche werden wir auch heute Abend nicht ergründen«, versucht Xoana die Wogen zu glätten. »Lia, deine Worte haben mir gut

gefallen. Emotionen eröffnen uns den Zugang zur Welt. Sie haben eine objektive und eine subjektive Seite. Die objektive Seite sagt mir, dass ich mit dem Menschen, der mir gerade gegenübertritt, vielleicht eines Tages eine Partnerschaft eingehen kann. Die subjektive Komponente hingegen beschert mir Herzklopfen.
Damit wollen wir die Veranstaltung schließen. Wenn ihr jetzt in die Kneipen um den Havardsquare gehen solltet, nehmt doch bitte unsere Gäste Nils und Lia mit.«

Lia und Nils verbringen bis spät in die Nacht Zeit mit den Studenten, die ihnen das Bostoner Nachtleben von seiner besten Seite zeigen. In einer ruhigen Minute meint Lia zu Nils: »Vor dem Schlafsaal graut`s mir.« Nils schaut sie ebenfalls enttäuscht an: »Wir haben leider keine andere Wahl.«
Den folgenden und letzten Tag in Boston verbringen sie zu zweit. Sie schlendern den Freiheitspfad entlang, sonnen sich am Ufer des Charlesrivers und besuchen das New England Aquarium. Abends kratzen sie ihre Dollars zusammen und gönnen sich zum Abschied ein Essen im nostalgischen Restaurant Ye Olde Oyster House denn schon am nächsten Tag soll es weiter nach Las Vegas gehen.

Halle → Paris → Jülich
Boston →
7

München → Wien

Nevada → Shanghai → Paris

Think big!

In der Wüste von Nevada lernen sie etwas über die Entwicklung solarthermischer Kraftwerke für die industrielle Nutzung.

Die Faszination der Solarkraftwerke

Als Lia und Nils am nächsten Tag am McCarran International Airport in Las Vegas aus dem Flugzeug steigen, schüttelt sich Lia erst einmal. »Brrr, bin ich froh, dass diese alte Klapperkiste durchgehalten hat. Mann, ist die USA ein riesiges Land! Acht Stunden Flugzeit von der Ostküste bis in den Westen. Der Flug von London nach Boston war auch nicht länger.«

Nachdem Nils und Lia die Zollformalitäten erledigt und ihre Gepäckstücke – diesmal vollzählig – vom Gepäckband gezogen haben –verlassen sie die Ankunftshalle.

»Puh, ist das heiß hier!«, stöhnt Nils.

»Und dabei ist es schon eine Stunde vor Mitternacht. Tagsüber werden wir hier wohl gegrillt ... 35 °C und mehr sind in den Sommermonaten der Normalzustand, hab ich gelesen«, meint Lia.

Nils wirft sich beide Reisetaschen über die Schultern, dann gehen sie zum Flughafenbus, der sie in die City bringen soll.

»Mein Hemd klebt am Oberkörper fest«, ächzt Nils. »Wenn wir in unserer Unterkunft sind, brauch' ich als erstes eine kalte Dusche. Oder, besser noch, ich übernachte gleich darin.«

»Huh, der Bus ist ja eiskalt«, beschwert sich Lia, der sogleich eine Gänsehaut über die Arme gelaufen ist, als sie den Bus besteigen. »Heiß – kalt, heiß – kalt ... Wie halten die Amerikaner das bloß aus?«

»In den Hotels soll es nicht anders sein. Mit Klimaanlagen kennen die sich aus«, sagt Nils.

»Das Lichtgeflimmer auf diesen dinosauriergroßen Werbetafeln terrorisiert meine Augen. Ich möchte zu dem alten Mann in die Bretagne ... «, seufzt Lia sehnsuchtsvoll.

»Später, wenn ich alt bin, will ich das auch«, meint er. »Morgen Mittag müssen wir aber erst einmal südöstlich von Boulder City sein. Ich besorge Straßenkarten und einen Leihwagen. Die 35 Meilen schaffen wir auch allein.«

Am nächsten Morgen schaut Lia in die endlose Weite, während sie den Highway 215 entlangfahren »In dieser sonnendurchfluteten Einsamkeit möcht' ich nicht leben«, meint sie gedankenvoll.

»Die Mojave-Wüste und das Death Valley sind übrigens ganz in der Nähe«, spielt Nils den Reiseführer. »Dort leben die Menschen in kleinen Siedlungen; Oasen, Bewässerungssysteme und Klimaanlagen sind ihr Schutz gegen die Sonne. Bei Badwater, mitten in der schneeweißen

Salzebene Kaliforniens, liegt mit 56,7 °C und 86 m unter dem Meeresspiegel der heißeste Punkt der USA. Beim Durchqueren dieser Senke sind die Goldsucher elendig verdurstet. Und überall trifft man noch auf Zeugnisse altindianischer Kulturen.«
»Der Grand Canyon Nationalpark soll ein Naturerlebnis sein. Sonne, Wasser und Wind haben den roten, braunen und weißen Sandstein dort zu spektakulären Formen ausgewaschen«, meldet sich Lia zu Wort.
»Unsere Thermometeranzeige beläuft sich auf eine Außentemperatur von 31,5 °C. Gut, dass wir eine Klimaanlage haben.«
»Ich mag gar nicht ans Aussteigen denken«, murrt Lia.
»Für regenerative Energien tust du doch alles«, grinst Nils sie an. »Das hier ist ein ideales Gebiet, um die Sonnenenergie einzufangen.«
»Gleich sind wir da, dort hinten ist es. Ich habe den Wegweiser gesehen«, meint Lia.
Beim Aussteigen fällt Lia das Handy aus der Tasche. In Windeseile hebt Nils es auf, sieht aufs Display und bemerkt fünf eingegangene Mitteilungen von Mark. Er hebt ruckartig den Kopf und sieht Lia entsetzt an. Lia zieht ihn an sich. »Da ist nichts. Wirklich. Er will nur nicht einsehen, dass ich nichts von ihm will und bombardiert mich immerzu mit Nachrichten. Lia sieht Nils ernst in die Augen. »Ehrlich.«
»Ehrlich?«, fragt Nils und man merkt ihm noch einen leichten Zweifel an.
»Ganz ehrlich«, sagt Lia und gibt ihm einen Kuss.
»Dann ist ja gut.« Nils atmet auf.
Händchenhaltend gehen sie auf das Gebäude zu.

Ohne große Formalitäten wird Lia und Nils von einem Pförtner der Zutritt zu einem großen Gelände gewährt und der Weg zu einem schlichten Gebäude gezeigt. Dort angekommen, werden sie in einen Raum geführt, in dem bereits einige Leute warten. Einen Moment später betritt ein großer, schlanker Mann von jugendlichem Aussehen in Leinenhose und Cowboyhut den Raum.
»Hi, mein Name ist Dinis. Ich begrüße meine Gäste aus China und Europa auf dem Gelände der *Nevada Solar One* auf das Herzlichste! Die *Nevada Solar One* ist mit einer elektrischen Leistung von 75 MW das größte solarthermische Kraftwerk der Welt. Und wir denken auch in großen Maßstäben. Im Juni 2007 haben wir das Kraftwerk in Betrieb genommen, das war ein spannender Augenblick. Als Projektingenieur war ich von Anfang an dabei. Den erzeugten Solarstrom liefern wir in der Spielerstadt Las Vegas ab. Die guten Erfahrungen, die wir mit der *Nevada Solar One* und den vorherigen kleineren Kraftwerken mit einer elektrischen Gesamtleistung von 354 MW in der kalifornischen Mojave-Wüste gesammelt haben,

bestärken uns darin, in den nächsten Jahren im Südwesten – beispielsweise in Kalifornien und Arizona –weitere Kraftwerke mit einer Gesamtleistung von 16 GW zu bauen. Die Voraussetzungen dafür sind ideal in dieser Gegend. Die weltweite regionale Verteilung zeigt die optimalen Bedingungen der USA und anderer südlicher Kontinente. Das ist hier zu sehen:

Sun belt

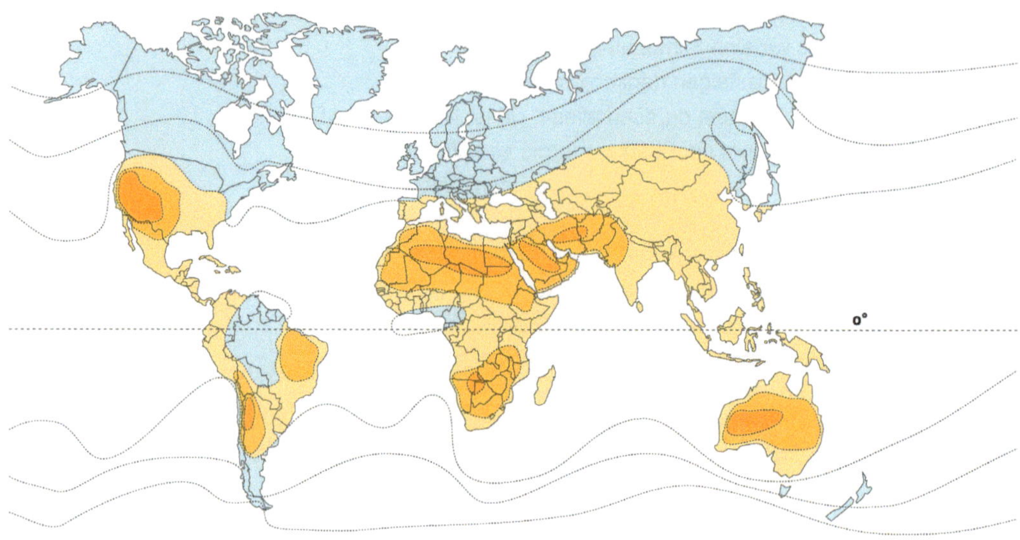

hervorragend gut geeignet ungeeignet

Im Vergleich zu Süd- und Mitteleuropa ist dieser Fleck vom *Sonnengott* besonders bedacht worden.« Das nächste Bild erscheint. »Wir wollen den Sonnengott natürlich nicht enttäuschen, sondern sein Geschenk mit Freuden annehmen. Wenn die 16 GW in wenigen Jahren in Betrieb sind, erzeugen wir bei 4600 Jahresbetriebsstunden 74 Millionen MWh Strom. Insgesamt liegt der Anteil des regenerativ erzeugten Stroms derzeit bei 14 %. Bis 2030 werden wir den Ausbau verdoppeln. Da aber auch der Stromverbrauch wächst, wird der Anteil konstant bleiben.«

»Welche Technik setzen sie ein?«, fragt ein Chinese.

»Es gibt viele solarthermische Kraftwerkskonzepte«, antwortet Dinis. »Wir sind davon überzeugt, dass dem Parabolrinnen-Kraftwerk aufgrund seiner ausgereiften Technik die Zukunft gehört. Unüberwindbare Hürden sehen wir nicht mehr, wir sind im Optimierungsprozess. Bitte, nehmen Sie noch einen Schluck Wasser, denn wir werden uns gleich das Sonnenfeuer anschauen.«

Draußen setzt Dinis, ungerührt von der gleißenden Sommersonne, seinen Vortrag fort: »Das gesamte Gelände hat eine Fläche von 1,6 km^2 ; die Solarkollektoren bedecken davon 1,2 km^2. Die gesamte Anlage besteht aus 760 Parabolrinnen, die mit 180000 Spiegeln belegt sind. Die Parabolspiegel, die der Sonne permanent nachgeführt werden, konzentrieren das Sonnenlicht auf ein vakuumisoliertes Absorberrohr in der Brennlinie, in dem sich ein synthetisches Thermoöl auf knapp 400 °C erhitzt. Höhere Temperaturen würden das Öl zersetzen, was es zu vermeiden gilt. Nähert sich die Öltemperatur diesem kritischen Wert, werden die Spiegel entweder aus dem Fokus gedreht oder man erhöht die Durchflussgeschwindigkeit des Öls. Auch der Rest ist konventionelle Technik. In einem Wärmetauscher wird mit dem heißen Öl Dampf erzeugt, der dann eine Turbine und diese einen Generator antreibt. Wie bei jedem normalen Wärmekraftwerk muss der Dampf, nachdem er seine Arbeit getan hat, kondensieren, was nur funktioniert, wenn gekühlt wird. Hierzu bedient man sich eines Nasskühlturms oder eines Luftkühlturms. Der Luftkühlturm benötigt zwar kein Kühlwasser, was in sonnenreichen und daher meist trockenen Gegenden von Vorteil ist. Er hat aber den Nachteil eines schlechteren Wirkungsgrades. Kommen Sie mit, wir wollen einige Meter durch die Anlage gehen«, sagt Dinis und führt die Gruppe weiter.

»Sie sehen, die Parabolrinnen stehen auf einer robusten Stahlfachwerkkonstruktion, damit auch bei Windgeschwindigkeiten von bis zu sieben

Concentrating Solar Resource of the United States

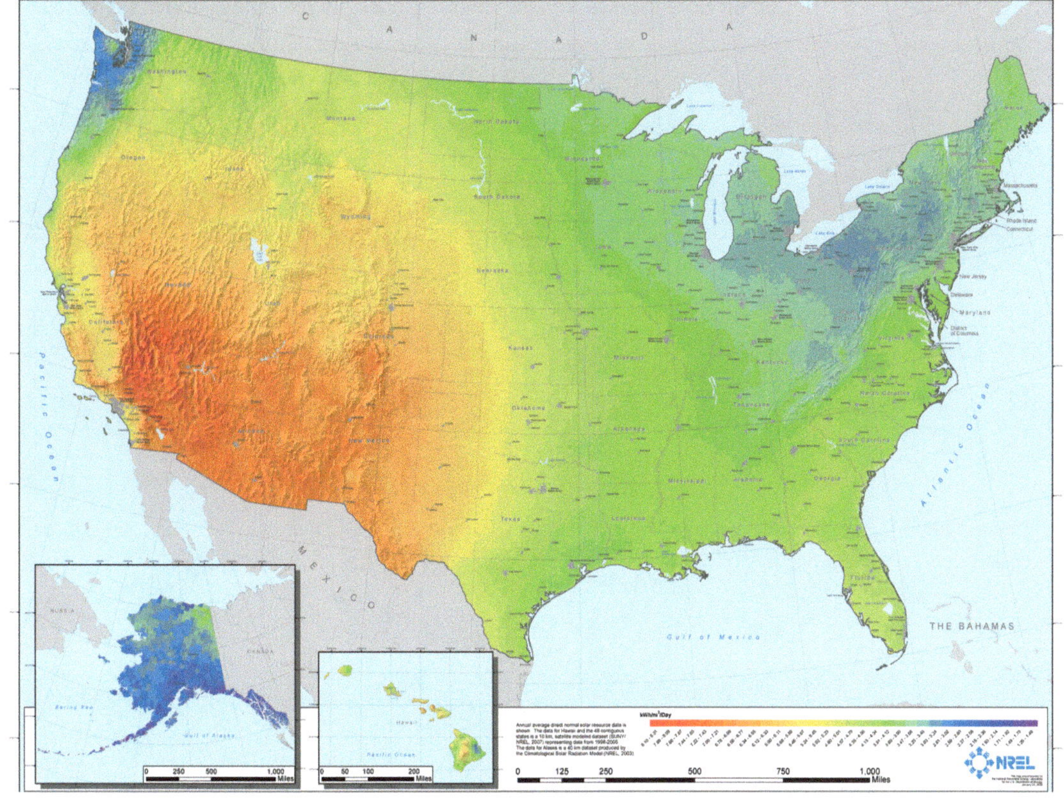

Bild eines Parabolrinnen-kraftwerks

Metern pro Sekunde beim Drehen der langen Spiegelelemente nur geringe Biegeabweichungen von wenigen Graden auftreten. Präzision ist kein Selbstzweck, je geringer die Biegeabweichungen sind, desto höher ist die Sonnenausbeute. Die solarthermischen Anlagenteile beziehen wir aus Deutschland. In der Anlagentechnik sind die deutschen Firmen Weltspitze.«

»In China planen wir in der Wüste Gobi ähnliche Anlagen«, meldet sich erneut der Mann aus China zu Wort. »Welche Erfahrungen haben Sie mit der Effizienz?«

»Die Spiegel haben einen Wirkungsgrad von ungefähr 70%«, erläutert Dinis. »Der mittlere Wirkungsgrad der Gesamtanlage liegt bei rund 15%. Wenn die Anlage ihre volle Leistung bringt, liegt der Peak-Wirkungsgrad – also der höchst erreichbare Wirkungsgrad – bei 26%. Aber das bedeutet noch nicht das Ende der Fahnenstange. Wir werden den Wirkungsgrad noch beträchtlich steigern können.«

Lia wischt sich den Schweiß von der Stirn. »Das ist ja ein Labyrinth von Spiegelreihen. Alleine würde ich mich hier verlaufen. Aber die Technik eines Solarkraftwerkes ist verständlicher als die eines Atomkraftwerkes.

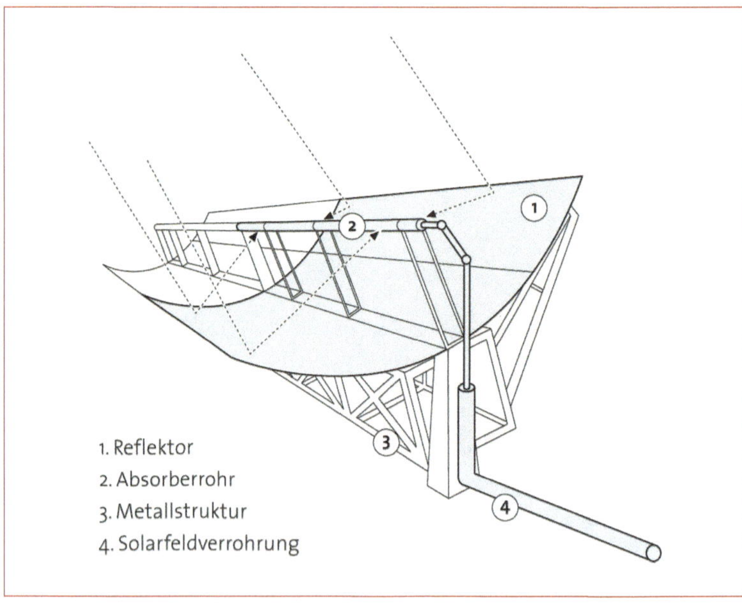

Bestandteile eines Parabolrinnen-Kollektors

Warum hat man nicht schon früher Solarkraftwerke gebaut?«
»Die Technik der Solarrinnen-Kraftwerke ist eigentlich nicht neu. Bereits 1861 ließ der französische Lehrer Augustin Bernard Mouchot einen *Sonnenmotor* patentieren. Eine Dampfmaschine, deren Kessel über Hohlspiegel geheizt wurde. Und drei Jahre später arbeitete in Algerien bereits eine Pumpe nach diesem Prinzip, das ständig weiterentwickelt wurde. 1882 bestaunte man in Paris eine von Abel Pifre aufgestellte Maschine: Ein Parabolspiegel von 3,5 Metern Durchmesser, in dessen Achse ein zylindrischer Kessel installiert war, trieb eine Dampfmaschine an, die ihrerseits eine Druckpresse in Gang setzte. Auf ihr wurden an sonnigen Tagen bis zu 500 Exemplare eines *Sonnenjournals* gedruckt. Im Zuge des aufkommenden Ölbooms wurde es ruhig um diese Technik. Erst als man sich nach der ersten sogenannten Energiekrise stärker auf regenerative Verfahren konzentrierte, wurde die *Rinne* wieder neu entdeckt. Mitte der 80er Jahre entstanden in der Wüste Kaliforniens neun Solarrinnen-Kraftwerke. Mit sinkenden Ölpreisen verloren diese Projekte jedoch an Attraktivität und es wurde lange Zeit keine weitere Anlage gebaut. Die Wende kam hier, wo Sie jetzt stehen. Mit dem Solarkraftwerk *Nevada Solar One*.«
Nils flüstert Lia zu: »Du siehst, die OPEC bestimmt mit ihrem Ölpreis, was in der Welt geschieht.«
»Sieht wohl so aus«, sagt Lia.
»Neben dem Ölpreis war aber auch das Speicherproblem eine Schwierigkeit, denn wir brauchen auch Strom in den Nachtstunden«, wendet der Chinese ein.
Dinis kratzt sich am Kopf. »Das ist wohl war. Großtechnische Lösungen zur Stromspeicherung gibt es noch nicht. Daran arbeiten die Wissenschaftler auf der ganzen Welt. Aber wir haben eine indirekte Lösung. Eine aufwendige Lösung zwar, aber sie funktioniert. Das erkläre ich Ihnen aber besser im klimatisierten Gebäude.«
Als sie wieder im Hauptgebäude angekommen sind, zupfen die Gäste an ihren durchgeschwitzten Hemden, wischen sich den Schweiß aus dem Gesicht und trinken ein weiteres Glas kaltes Wasser. Dann hören sie Dinis weiteren Ausführungen zu.
»Unsere indirekte Lösung heißt: Salzspeicher. Denn Salz ist ein hervorragender Wärmespeicher. Das Konzept besteht darin, dass wir das Solarfeld überdimensionieren und die überschüssige Wärme in den Speicher geben. Insgesamt haben wir Zwei-Takt-Salzschmelzspeicher. Wenn ein Speicher beladen wird, wird das Salz von dem kalten in den heißen Speicher (circa 400 °C) gepumpt. Beziehungsweise, wenn der Speicher beladen wird, wird das heiße Salz in den kalten Speicher (circa 300 °C) gepumpt.«

»Das ist aber ein großer Aufwand«, gibt der Mann aus China zu bedenken.

»Das regelmäßige Hin- und Herpumpen führt zu einem Wirkungsgradverlust von 1 %. Steht die Anlage wegen eines Defektes still, bleibt die Natrium- und Kaliumnitratmischung in den Speichertanks lange flüssig. Erst nach 45 Tagen würde das Salz, dessen Schmelzpunkt bei 220 °C liegt, in einem halb vollen Behälter zu erstarren beginnen. Aber der Aufwand lohnt sich. Die Energie im Solarfeld ist besser steuerbar; wir erhöhen die Betriebszeit der Dampfturbine, wir fahren die Anlage auch an bewölkten Tagen und –was das Wichtigste ist – wir decken den Strombedarf auch dann, wenn die Solarenergie nicht zur Verfügung steht. So beispielsweise beim Tag- und Nachtwechsel.

Dieses Speicherkonzept verfolgen wir selbstverständlich nicht allein. Unsere europäischen Kollegen haben im Hochland von Andalusien am Fuße der Sierra Nevada das erste kommerzielle europäische Parabolrinnen-Kraftwerk mit einer elektrischen Leistung von 50 MW in Betrieb genommen. Und wenn alles gut läuft, beabsichtigen die Energieunternehmen in Europa weitere Anlagen in Nordafrika zu bauen.«

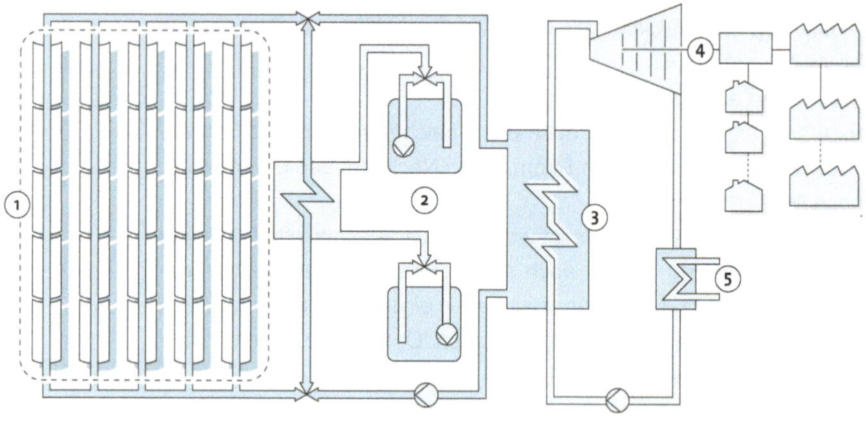

1. Solarfeld, 2. Speicher, 3. Wärmetauscher, 4. Dampfturbine und Stromgenerator, 5. Kondensator

Anlagenschema eines Parabolrinnenkraftwerks

»Das ist ja spannend, Dinis. Haben Sie genauere Zahlen?«, fragt Nils neugierig.

»Europäische Studien weisen mittels Szenarien nach, dass es möglich ist bis 2050 20 solarthermische Kraftwerke mit einer Leistung von je 5 GW in Nordafrika, vorzugsweise in Südmarokko oder Ägypten, zu bauen. Diese könnten jährlich rund 700 TWh – das sind rund 15 % des europäischen Stromverbrauchs – in die Bedarfszentren Europas liefern.«

»Und wie käme der Strom nach Europa?«, fragt Lia.

»Mit der Hochspannungs-Gleichstrom-Übertragung ... «
Ein chinesischer Besucher fällt ihm ins Wort: »Damit haben wir in unserem riesigen Land gute Erfahrungen gesammelt. Die Verluste liegen bei nur 3% auf 1000 km. Von Südmarokko bis ins Ruhrgebiet sind es 3000 km beziehungsweise die Verluste halten sich mit knapp 10% in Grenzen. Aber was ich noch fragen wollte, wie beurteilen Sie die Wirtschaftlichkeit?«
»Unter Berücksichtigung sämtlicher Investitionskosten einschließlich der Salzspeicher und der Betriebskosten liegen die Stromerzeugungskosten bei 4 Cent pro Kilowattstunde«, sagt Dinis. »Dazu kommen die Transportkosten, die bei einer Entfernung von 3000 km bei rund 1 Cent pro Kilowattstunde liegen. Das bedeutet, dass die solarthermischen Kraftwerke in Zukunft den Wettkampf mit den herkömmlichen Kraftwerken aufnehmen können. Da große Wüsten in Nord- und Südamerika, in Nord- und Südafrika, im Nahen Osten, in Indien, China und Australien vorhanden sind, kann *sauberer* Strom aus der Wüste an mehr als 90% der Weltbevölkerung geliefert werden.«
»Von so einer Energie habe ich schon immer geträumt. Gibt es denn überhaupt keine Nachteile?«, hakt Lia nach.
»Die solarthermischen Kraftwerke und die Hochspannungs-Gleichstrom-Übertragungstechnik sind ein tolles Gespann. Sie können an fast jedem Punkt der Erde solarerzeugten Strom zeitgerecht und kostengünstig zur Verfügung stellen. Doch zeichnen sich zwei geopolitische Probleme ab: Werden die Europäer die solarthermischen Kraftwerke in Nordafrika errichten, besteht die Gefahr eines *Solarkartells*, ähnlich dem der OPEC. Zudem lassen sich zentrale Großtechnologien nur schwer gegen Terroranschläge schützen. Damit die Versorgungssicherheit gewährleistet werden kann, sind mehrere voneinander unabhängige Standorte und ein breiter Mix verschiedener Energieträger sinnvoll. Die beste Lösung wäre eine friedliche Welt.«
Die Besucher in dem kleinen Besprechungsraum wirken nachdenklich. Nach einer kleinen Pause schließt Dinis seinen Vortrag mit den Worten: »Das waren meine Ausführungen zur *Nevada Solar One*. Herzlichen Dank, dass Sie den Weg in diese ungastliche Landschaft gefunden haben.«

Auf der Rückfahrt legt Lia ihre Hand auf Nils' Oberschenkel. »Dinis hat Recht. Der heiße Wind ist die Waffe dieser ungastlichen Wildnis, die den Menschen nur allzu gerne wieder los sein würde. Sie hat an den Menschen keinerlei Interesse.«
Schweigend fahren sie weiter.
»Schau, die aufdringlichen Werbetafeln am Straßenrand werden immer

mehr – in der Ferne grüßt schon«, macht Nils Lia auf die überdimensionierten Plakatierflächen aufmerksam.
»Ich habe übrigens gesehen, dass viele Shows angeboten werden. Sollen wir heute Abend eine besuchen?«, fragt Lia.
»Gute Idee, ich werde mich im Hotel um Karten bemühen, hoffentlich reicht unser Geld.«
Lia sprudelt nur so vor Begeisterung und lächelt Nils dabei an. »Morgen fahren wir in die Wüste. Und das Beste ist: Wir haben keine Termine!«
»Genau, es geht in's Hochwüstengebiet. Es soll übrigens nur 20 Meilen von Las Vegas entfernt sein, das ist ein Klacks.«
Und nach einem Seitenblick auf Lias begeisterte Miene meint er: »Die Sonne beflügelt wohl deine Sinne.« Lia lacht auf, und im nächsten Moment fahren sie die Auffahrt ihres Hotels hoch.

Begegnung in der Wüste

Es ist früher Morgen, als Nils und Lia auf den Highway 159 fahren. »Die Show gestern Abend war echt klasse«, sagt Nils. »Hast du bemerkt, wie kraftvoll und filigran zugleich sich die Modern Dancer bewegt haben?«
»Ja, und das künstliche Himmelszelt mit 12,5 Millionen Leuchten in der Kasinolandschaft *Threemont Street Experience* war ja echt bombastisch! Die Videoclips mit den dahinrasenden Düsenjets auf der riesigen Outdoor-Leinwand, untermalt mit martialischem Trommelwirbel, haben mir zuerst einen Riesenschrecken versetzt. Und das Schleuderkarussell in 300 m Höhe ist nur etwas für Furchtlose. Wusstest du, dass der Pomp der Glücksburgen und ihre Roulette- und Würfeltische Glücksritter aus aller Welt anziehen, die auf den großen Geldsegen hoffen?«, fragt Lia.
»Klar, wir sind hier ja in Las Vegas! Gigantomanie in höchster Vollendung. Eine pulsierende Metropole, die niemals schläft.«
»*Think big!*, haben sich wohl die Gründer gedacht, als sie 1931 das Glücksspiel in den USA als Erste legalisierten«, meint Lia.
»Lia, schau! Da, geradeaus. Dort kündigt sich schon die Wüste mit ihren rostrot leuchtenden Felsformationen an.«
»Grandios!«
Nach ein paar Meilen stellen sie ihren Mietwagen auf einem Parkplatz ab und schlagen einen gekennzeichneten Wanderweg ein. Nach einer Weile hat Lia das Gefühl, dass der aufsteigende rote Feuerball am Himmel seine ganze Kraft nur auf sie richtet und sagt erschöpft zu Nils: »Gut das wir genügend Wasser dabeihaben. Dort hinten ist eine Holzhütte. Komm, lass uns dort im Schatten eine Rast einlegen.«
Sie biegen auf einen Pfad ab, der abseits des Weges zu der Hütte führt,

als Nils bemerkt: »Das ist eine richtige Behausung. Mir scheint, dort wohnt jemand.«
»Hier leben bestimmt nur Lebensmüde«, meint Lia. »Und wir wandern auch am Rande des Todes.« Nils lächelt Lia zu, als wolle er sagen, dass hast du bestimmt nicht ernst gemeint.
Als sie näher kommen, entdecken sie einen älteren Mann, der ruhig und gelassen in einem ausgeblichenen Leinenkimono unter einem Zeltdach neben der Hütte sitzt. Nils und Lia nähern sich bedächtig. Ihre Schritte werden langsamer.
»Ich glaube, wir sind hier nicht willkommen«, flüstert Lia Nils zu.
Da blickt der Mann auf und bedeutet ihnen, näher zu treten. »Ihr kommt aus der bevölkerten Einsamkeit. Setzt euch zu mir und guckt der Wüste beim Wachsen zu. Seht euch den Horizont an, der von der aufgehenden Sonne schon ganz erhellt ist. Der Sand nimmt eine andere Farbe an, der Himmel verliert ein wenig von seiner Durchsichtigkeit. Nehmt den Sand in eure Hände und lasst ihn durch eure Finger rieseln. Er erzählt euch Geschichten von vergangenen Kulturen, die einst in dieser Wüste lebendig waren.«
Lia betrachtet die seltsame Gestalt mit ihrem herben Antlitz und ihrem gestählten Körper, die in meditierender Sitzhaltung verharrt, mit verwunderter Miene. Sie trinkt einen großen Schluck Wasser und spricht den Mann beinahe schon zaghaft und mit leiser Stimme an: »Wie lange wohnen Sie schon hier?«
Ohne direkt auf die Frage zu antworten, sagt er philosophierend: »In jedem Menschen wohnt ein Teil der Wüste. Der Wunsch nach Luft und Wind, Sonne und Licht, freiem Raum und großer Leere. Die Wüste setzt neue Maßstäbe. Sie ist in ihrer Grenzenlosigkeit und Größe unvergleichlich. Die Beengtheit unseres Daseins zeigt sich angesichts ihrer unendlichen Weite in einem ganz neuen Licht, in neuer Gestalt und Perspektive. Schon vor vielen Jahren habe ich alles Beengende hinter mir gelassen.. Ich hatte einst Jura studiert, so wie mein Vater es wollte. Doch dann kam die Flower-Power-Ära, in der man aus beengten und verkrusteten Lebensformen ausbrach. Wir Blumenkinder wollten ein glückliches Leben führen: Liebe statt Gewalt, Musik statt Streit, Tanz statt Verhärtung, Blumen statt Gewehrkugeln. Das war ein Lebensgefühl, das wir aus eigener Kraft realisieren wollten, wir suchten eine sorgenfreie Zone. Doch die Blumenkinder waren vielfach zu schwach, um auf Dauer aus den etablierten Lebensverhältnissen auszubrechen. Ich aber habe später San Francisco verlassen und hier mein Glück gefunden.«
»Hier in der Wüste?«, fragt Lia erstaunt.
»Sie gibt mir zu essen und zu trinken«, sagt der eigentümliche Wüstenbewohner. »Ich brauche nicht viel mehr. Ich richte meine Aufmerksam-

keit auf die kleinen Dinge. Die Beobachtung der Steine und des Sandes über einen langen Zeitraum hinweg erfüllt mich mit Zufriedenheit. Das ist die Erfüllung meines Daseins. Als ich noch meinen Anwaltsberuf ausgeübt habe, war ich unglücklich. Das Glück aber wohnt nur im Herzen. Im Gefühl, nicht im Verstand. Ich sage dir: Vertraue deinem Gefühl, der Verstand wird dir folgen.«

Der Mann schaut Lia und Nils in die Augen: »Schön, dass der Zufall euch hierhergesandt hat. Einmal pro Tag schaut uns das Glück in die Augen. In der Stadt weichen die Menschen den Blicken anderer aus. Die Spieler, die in den Spielhöllen ihr Glück suchen, sind schon tot. Sie wissen es nur noch nicht.«

»Ja, der Zufall war es, der uns an diesen Ort geführt hat«, bestätigt Nils.

»Und Sie haben diesen Ort gesucht«, meint Lia.

Der Mann lacht. »Wer das Glück sucht, wird unglücklich. Doch ein Leben ohne Glück ist sinnlos. Es geht um die Erfüllung, um die möglichst vollständige Erfüllung dessen, was man begehrt. Doch was man begehrt, ist von Mensch zu Mensch ganz verschieden. Die einen begehren materielle Güter, die anderen die Ekstase spiritueller Erfahrung. Das alles kann man nicht stringent, auf direktem Wege, suchen. Dieser Platz hat zu mir gesprochen. Das war mein Glück. Ihr seid noch jung und habt noch vieles, was ihr im Leben erreichen wollt.«

»Ja«, bestätigt Lia schlicht.

»Die Menschen meinen immer, irgendwelche Ziele erreichen zu müssen. Sie glauben, dass das Glück dann beschlossene Sache sei. Ein solches Lebensverständnis ist trügerisch.. Wer meint, sich immer neue Ziele setzen zu müssen, steuert ins Unglück. Dem vermag der Mensch nur zu entgehen, indem er die Absurdität der Welt akzeptiert. Ich meine damit, dass es einen dem Lauf der Dinge innewohnenden Sinn nicht gibt.«

Mit verzagter Stimme ergänzt der seltsame Mann: »Wir sind nur ein kleines Sandkorn im Universum.«

»Sie glauben, es gibt keinen Sinn für das Sein und Tun?«, fragt Lia. »Wofür brauchen wir denn dann die Philosophie?«

»Durst kann die Philosophie sicherlich nicht stillen«, antwortet der Wüstenbewohner. »Aber wer sich mit ihr beschäftigt, wird wenigstens nicht völlig unvorbereitet von der Absurdität der Welt überrascht. Und vieles bleibt offen, unergründbar. Es war mir eine Freude, mit euch zu sprechen. Geht mit offenen Augen durchs Leben und hört auf euer Herz. Wie gesagt: Vertraut eurem Gefühl, der Verstand wird euch folgen.« Und nach einer kurzen Pause ergänzt er noch: »Wir werden uns noch öfter begegnen.«

Nils und Lia schauen ihn skeptisch an. »Hm … Morgen reisen wir schon wieder weiter.«

»Ich weiß«, sagt der Mann. »Gerade deshalb.«
»Das verstehe ich nicht«, gibt Nils ganz offen zu.
»Meine Worte und Gedanken sind niemals fertig. Sie sind noch im Fluss.«
Lia und Nils verabschieden sich respektvoll von dem Mann und verlassen schweigend den unwirklichen Ort.
Als sie wieder im Auto sitzen, sagt Nils zu Lia: »Ich bin völlig verwirrt. Meine Eltern haben mir eingetrichtert, dem Verstand zu folgen.«
»Meine Eltern mir auch. Selbst wenn mein Gefühl mir immer wieder einen Strich durch die Rechnung macht«, lacht sie. »Von dieser Begegnung werde ich heute Nacht bestimmt träumen.«
»He, von mir sollst du träumen, nicht von dem alten Knacker«, meint Nils scherzhaft und zieht sie an sich..
»Lass und den Rest des Tages nutzen, um noch ein bisschen auf dem Boulevard zu shoppen«, schlägt er vor.
»Und um etwas zu trinken. Diese Sonne dörrt mich richtiggehend aus.
Eine Stunde später geben sie in Las Vegas den Mietwagen zurück und stürzen sich dann in die Einkaufsmeilen von Las Vegas.

Halle
Paris
Jülich
Boston
8

München → Wien

Nevada → Shanghai → Paris

Megacitys

In Shanghai erfahren die beiden, wie die Gestaltung von Ballungsräumen die Energie- und Klimazukunft entscheidend beeinflussen kann.

China und die Energie

Nils und Lia sitzen im Café der Abflughalle, als ein Mann mit chinesischem Aussehen auf sie zukommt. Zur Begrüßung verneigt er sich vor ihnen und spricht sie an: »Haben Sie auch den Flug nach Shanghai gebucht?«

»Ja«, antwortet Nils verständnislos.

»Erinnern Sie sich denn nicht mehr an mich? Ich habe auch zu der Besuchergruppe auf dem Gelände der *Nevada Solar One* gehört.«

»Ja, natürlich«, fällt es Lia ein. »Bis zum Abflug müssen wir noch einige Zeit warten. Bitte, setzen Sie sich doch zu uns.«

»Danke, das tue ich gern.« Der Chinese bestellt sich einen Tee und setzt das Gespräch fort: »Mit meinen Kollegen bin ich viel unterwegs. Wir arbeiten für die chinesische Zentralregierung und sind Mitarbeiter der neu gegründeten National Energy Commission. Wir entwickeln Strategien zur Einsparung von Energie, die nicht auf Kosten unserer Versorgungssicherheit gehen.«

»Und das möglichst umweltfreundlich«, stellt Lia fest.

»Ganz recht. Wenn ich mich vorstellen darf – ich heiße übrigens De.«

»Ich darf Ihnen Lia vorstellen«, sagt Nils. »Und mein Name ist Nils.«

Nach dem Austausch von Höflichkeiten nimmt De seinen Faden wieder auf: »Wir streben in den nächsten zehn bis 15 Jahren ein Wohlstandniveau an, wie es unser östlicher Nachbar Japan in den 70er-Jahren erlangt hat. Wir nennen es *Xiao Kang*, der *bescheidene Wohlstand*. Das bedeutet einen Konsumschub durch mehr Wohnraum, Komfort und Mobilität. Dieser bescheidene Wohlstand wird zu einem durchschnittlichen Einkommen von 10 000 US-Dollar pro Einwohner führen. Dreimal so viel wie heute. Das ist die gute Nachricht. Die schlechte Nachricht ist, dass China heute schon der größte Primärenergieverbraucher und Schadstoffemittent auf der Welt ist. Und wenn wir so weitermachen, zeigt unser *Schreckensszenario*, dass sich der Primärenergieverbrauch bis zum Jahre 2020 verdoppelt. Das müssen wir unbedingt verhindern.«

Lia guckt ihn zugleich entsetzt und neugierig an. »Und wie wollen Sie das tun?«

»Wir müssen die Energieeffizienz steigern. Einiges haben wir schon durch strikte staatliche Verordnungen erreicht. Bisher liegt unsere Energieeffizienz um 50 % unter dem Niveau westlicher Industrien. Im ersten Schritt wollen wir das westliche Niveau erreichen. Im zweiten Schritt wollen wir es übertrumpfen. So haben wir den spezifischen Energieverbrauch für die Stahlerzeugung in den letzten zehn Jahren schon um 19 % gesenkt.

Bis 2020 werden es nochmals 5 % sein. So durchforsten wir die gesamte Industrie nach Effizienzpotentialen. Doch da unsere Wirtschaft stetig wächst, zurzeit mit jährlich 10 %, längerfristig vielleicht etwas weniger, wird der Primärenergieverbrauch um 2020 immer noch um 50 % höher sein als heute.«

»Und wie wollen Sie den wachsenden Primärenergieverbrauch decken?«, fragt Lia jetzt richtig interessiert.

»Im Wesentlichen durch Kohle, Mineralöl und Erdgas. Das *schwarze Gold* haben wir im eigenen Land oder beziehen es von unseren eigenen Kohleminen in Australien. Mineralöl und Erdgas müssen wir in riesigen Mengen importieren. Unsere Bezugsquellen sind die OPEC, Russland und Afrika. In Afrika haben wir uns eigene Förderrechte gesichert und mit dem Iran haben wir langfristige Lieferverträge abgeschlossen. 15 % unserer Importe kommen von dort.«

»Und die regenerativen Energien spielen gar keine Rolle?«, will Nils wissen.

»Doch doch, die Windenergie bauen wir zum Beispiel zügig aus, ebenso die Wasserkraft. Wir haben am Mittellauf des Jangtse einen Drei-Schluchten-Damm errichtet. Dort ist ein Stausee von 600 km Länge und 175 m Tiefe entstanden. Die Turbinen des Großkraftwerkes haben eine elektrische Leistung von 18,2 GW, damit können wir den derzeitigen Stromverbrauch von 56 Millionen Menschen decken. Weitere Großprojekte sind in Vorbereitung. Die Nutzung der Wasserkraft ist aber ökologisch bedenklich. Tausende Menschen mussten umgesiedelt werden und viele Tiere verloren ihren Lebensraum. Weiterhin planen wir große solarthermische Kraftwerke, deshalb waren wir gestern auch auf der *Nevada Solar One*. Die Solarkraftwerke in Europa haben wir uns auch schon angeschaut. Zudem setzen wir auf die Kernenergie. Zurzeit haben wir eine Gesamtleistung von 8 700 MW installiert. Bis zum Jahr 2020 planen wir jährlich zwei neue Kernkraftwerke. Unser Vorbild ist der in Europa entwickelte Reaktor der dritten Generation und die in Deutschland entwickelte Hochtemperatur-Reaktortechnologie. Weil Deutschland aber die Forschungsarbeiten eingestellt hat, haben wir diesen Reaktortyp jetzt mit der Universität Tsinghua bis zur Markttauglichkeit fortentwickelt. Bald wird in Weihai in der Provinz Shandong eine 195 MW-Anlage in Betrieb gehen. Wir brauchen alle Energiequellen, denen wir habhaft werden können. Bis zum Jahre 2020 wird unser Stromverbrauch um 30 % ansteigen. Dafür benötigen wir eine Kraftwerkkapazität von 900 GW. Heute liegt sie noch bei 600 GW. Das heißt, dass wir – unter Berücksichtigung des Ersatzes von alten Kraftwerken durch neue – in den nächsten zehn Jahren 500 neue Kraftwerke dazubauen müssen, wenn wir eine durchschnittliche elektrische Leistung von 750 MW zugrunde legen. Für unsere

Ingenieure und unsere nationalen und internationalen Anlagenbauer ist das eine Herkulesaufgabe. Jedes Jahr müssen sie 50 neue Kraftwerke in Betrieb nehmen, also jede Woche ein Kraftwerk. Zusätzlich benötigen wir für entlegene Siedlungen im Westen Chinas Fotovoltaikanlagen, Windenergierotoren und Kleinstwasserkraftwerke.«

»Das ist ja eine enorme Herausforderung«, sagt Nils.

»Ja. Und nur wenn wir sie meistern, schaffen wir es, unseren Wohlstand zu heben. Unser bisheriger jährlicher Stromverbrauch liegt bei 1500 kWh pro Kopf. In Zukunft streben wir 3000 kWh an. Und auch das wäre dann immer noch nur die Hälfte des deutschen Stromverbrauchs pro Kopf.«

»Sie haben eine spannende Aufgabe«, meint Lia und lächelt ihn an.

»Spannend und wichtig zugleich. Wir schauen uns auf allen Kontinenten um, wo wir die innovativsten und gleichzeitig finanzierbarsten Technologien herbekommen können.«

»Kann man die Technologie denn immer eins zu eins übernehmen?«, fragt Nils und nimmt noch einen Schluck von seinem Kaffee.

»Häufig ja«, antwortet De. »Häufig muss sie aber den neuen Marktbedingungen angepasst und weiterentwickelt werden. So entsteht aus einer Imitation eine Innovation. Unsere Fotovoltaiktechnik hat mittlerweile Weltstandard erreicht. In Baoding in der Provinz Hebei steht unsere größte Solarfabrik. Die hier produzierten Solarzellen haben hohe Wirkungsgrade und sind robust. Zudem sind unsere Solarzellen 20–30% günstiger als die der internationalen Konkurrenz. Insbesondere die deutsche Solarindustrie haben wir stark unter Druck gesetzt. Auch beabsichtigen wir, unsere Kerntechnik zu exportieren.«

»Aber China produziert doch überwiegend Massenware für den weltweiten Konsumgütermarkt«, gibt Lia zu bedenken.

De bestellt sich ebenfalls einen Kaffee und wendet sich dann Lia zu. »Wir produzieren Konsumgüter und Industrieprodukte. Deutschland haben wir als Exportweltmeister schon abgelöst, unser Anteil am gesamten Welthandel beträgt mittlerweile 9%. Den Titel Exportweltmeister werden wir verteidigen. Aber nicht nur mit Massenwaren. Wir sind auf dem Weg, uns zur größten Hightech-Nation weltweit zu entwickeln. E-Book-Geräte, Computer, Notebooks, Table-PCs und Handys produzieren wir für Markenunternehmen in Shenzen. Dort steht mit 250000 Mitarbeitern eine der größten Fabriken der Welt. Trägerraketen bringen Satelliten ins All, in China entwickelte Passagierflugzeuge werden bald auf allen Flugruten präsent sein und Chinesische Quantenphysiker an der University of Science and Technology in Hefei gehören zur Weltspitze. Sie werden bald den Computer neu erfinden und die Kommunikation revolutionieren. Unser Anteil am Export von Hightech-Produkten liegt weltweit bei 20%. Wir sind auf Aufholjagd und den Amerikanern dicht auf den Fersen. Unsere erzielten Exporterlöse haben unsere Devisenreserven zu den größten der Welt anwachsen lassen. Wir verplempern sie nicht für Importe, sondern investieren sie in strategische Rohstoff- und Energieindustrien auf der ganzen Welt. Unsere Städte revolutionieren wir. Wir lassen keinen Stein auf dem anderen. Wir kennen kein Innehalten. Wir bauen neue Städte in nur 20 Jahren mit 2 000 Hochhäusern, die gen Himmel wachsen. Niemand würde das tun, nicht New York, Rio, Tokyo oder Berlin. Dort ist alles festgezurrt und bürokratisiert.«

»Das hört sich an wie Zauberei«, meint Lia.

»Keine Zauberei. Von den weltweiten Forschungsausgaben in Höhe von 1,1 Billionen US-Dollar kamen im Jahre 2008 33 % aus den USA, 13 % aus Japan und 9 % aus China. In den kommenden Jahren wollen wir Japan von Platz zwei ablösen. Auch haben wir die Zahl der Absolventen der natur- und ingenieurwissenschaftlichen Studiengänge in den letzten Jahren verdreifacht und unseren Anteil an den internationalen wissenschaftlichen Publikationen haben wir innerhalb von sechs Jahren verdoppelt.«

»Diese Dynamik ist ja beängstigend!«, sagt Lia entsetzt.

»Wenn wir die Armut in unserem Land bekämpfen wollen, haben wir keine andere Wahl«, antwortet De mit ernstem Gesichtsausdruck. Doch dann hellt sich sein Gesicht auf und er lächelt Lia und Nils an: »Vielleicht werden wir in nicht allzu ferner Zukunft das Maß aller Dinge und die europäischen Länder werden Schwellenländer. Schon heute helfen wir südosteuropäischen Ländern mit zinsgünstigen Krediten. Doch jetzt muss ich aber zurück zu meinen Kollegen, die werden mich schon vermissen.«

»Unser Flug geht auch bald«, sagt Nils.

Lia wippt auf ihrem Stuhl hin und her und man sieht ihr an, dass sie noch etwas loswerden möchte. In möglichst höfliche Worte gekleidet sagt sie: »Ich finde das eigentlich nicht ganz fair, dass Sie unsere Technologie einfach so übernehmen.«

De lacht. »Ja, den Vorwurf, wir würden Know-how klauen, hab ich schon oft gehört. Aber wie soll sonst Neues in die Welt kommen? Die Entwicklung eurer abendländischen Kultur belegt, dass Wachstum immer aus dem Dreiklang Anpassung, Nachahmung und Überwindung entstand. In meiner Freizeit befasse ich mich mit Kunstgeschichte. Dort lernt man, dass aus dem Manierismus der Barock erwuchs – und aus dem Historismus das Bauhaus. Wenn die Schützlinge nie ihre Lehrer hätten übertrumpfen wollen, würden wir immer noch die Höhlenwände mit rennenden Mammuts bemalen. Aber jetzt wird's höchste Zeit für mich. Schauen Sie sich unser Land genau an, Sie werden viel Widersprüchliches entdecken. Wir haben noch viel zu tun. Ich wünsche Ihnen einen guten Flug.«

»Wir Ihnen auch«, erwidern Lia und Nils.

Ermattet von dem zwanzigstündigen Flug, verlassen Lia und Nils auf dem Shanghai Pudong International Airport die Maschine und begeben sich, ohne von der Stadt viel Notiz zu nehmen, mit dem Bus zum zentral gelegenen Laurel Hotel.
Tags darauf gehen Lia und Nils auf Entdeckungstour. Mit Bus, U-Bahn und per pedes erkunden sie den Stadtbezirk Huangpu. Hier saugen sie die einzigartige Verschmelzung von hektischer Moderne und kolonialem Flair, von Wolkenkratzern und Traditionsgeschäften, neuer und alter Kunst und Kultur in sich auf. In der Altstadt pulsiert das Leben: Quirlige Straßenmärkte, Tempel und Kultstätten unterschiedlichster Religionen bieten ein buntes Bild, Auch der berühmte Yu-Garden beeindruckt Lia und Nils tief. Im Stadtteil Luwan bummeln sie durch noble Boutiquen, hippe Künstlerviertel und bewundern die Zeugnisse alter shanghaier Wohnkultur. Am Abend besuchen sie das schrullige Folk-Restaurant bei 妈妈, was soviel wie *Mama* heißt, und genießen die chinesische Regionalküche Shanghais, die Fujian-Küche.
Während Lia mit ihren Stäbchen hantiert, sagt sie zu Nils: »Shanghai ist wirklich eine Stadt der Farbenspiele. Immer schimmert es irgendwo pink oder lila inmitten dieser Glitzerwelt aus Glas und Stahl. Grelle Werbeschilder spiegeln sich auf den regennassen Straßen und die gestapelten Hochbrücken sind in rosiges Licht getaucht.«
»Mir scheint Shanghai ist nicht von Menschen bewohnt, sondern von Türmen«, gibt Nils seinen Eindruck wieder. »Der Yin Mao-Tower mit dem Edelstahlnetz um seinen schlanken Leib sieht aus wie ein dürres Model.«
»Ja, so kommt es mir auch vor. Die Menschen sind hier Randfiguren. Ameisenklein. Und wo Leben ist, ist Armut. Hast du den Mann gesehen, der unter einer mit Planen bedeckten Hütte Getränke verkauft? Vor den himmelhohen Baugerüsten stehen schlichte Garküchen, in denen die Arbeiter ihr Mahl zu sich nehmen.«
»Mir scheint, als sei der Höhenrausch hier zum Selbstzweck geworden«, äußert sich Nils.
»Ich glaube, dass Shanghai trotz all seiner Schönheit eine kalte Stadt ist. Hier geht es ums Wesentliche – ums nackte Überleben«, stellt Lia fest.
»Aber meine eingelegten Rippchen schmecken köstlich.«, stellt Nils fest und leckt sich über die Lippen.
»Die vielen Eindrücke heute waren überwältigend. Meine Wahrnehmung ist für diesen Tag echt erschöpft. Und meine Füße sind wund gelaufen«, stöhnt Lia. »Ich bin auch total müde, lass uns ins Hotel zurückkehren.«
Sie zahlen und schlendern zu ihrem Quartier.

Stadtentwicklungsplanungen und ihre Relevanz fürs Klima

Am nächsten Tag fahren sie mit der U-Bahn zur Tongji-Universität, die nach den Plänen der chinesischen Zentralregierung in den nächsten Jahren zu einer der renommiertesten Universitäten der Welt ausgebaut werden soll. Ein Wegweiser auf dem Campus gibt an, wie sie zum *International Symposium Post-Oil-City* kommen. Gerade noch rechtzeitig im Vortragsaal angekommen, hören sie die Verlautbarungen des ersten Vortragenden. »In den Metropolen wird sich entscheiden, wie wir leben werden.« Eine Grafik wird auf eine riesige Leinwand projiziert.

»Die alten Methoden, mit denen wir Stadtplanung betrieben haben, besitzen angesichts der sozialen und ökologischen Herausforderungen der Gegenwart und Zukunft keine Relevanz mehr. Klimaschutz muss in den Städten beginnen, an dieser Erkenntnis führt kein Weg vorbei, denn die Fakten sind erdrückend. Die Großstädte bedecken gerade mal 1 % der Erdoberfläche, verschlingen aber 75 % der eingesetzten Energie und stoßen 80 % der weltweit emittierten Treibhausgase aus, allen voran Kohlendioxid. Und die Städte wachsen. Heute lebt gut die Hälfte der Weltbevölkerung in Städten. Im Jahre 2025 werden es voraussichtlich 60 % sein. Das Lebenselixier der pulsierenden Metropolen rund um den Globus sind bislang vor allem die fossilen Energieträger Erdgas, Kohle und Öl. Ihre Verbrennung setzt Jahr für Jahr Milliarden Tonnen des Treibhausgases Kohlendioxid frei.« Der Vortragsredner macht eine kleine Pause und lässt den Blick über die Zuhörer schweifen. »Kein Zweifel: Die Städte tragen am stärksten zum weltweiten Klimawandel bei. Zugleich werden die Folgen des Klimawandels hier besonders deutlich zu spüren sein. Klimaforscher erwarten bis Ende des Jahrhunderts eine deutliche Zunahme von sehr heißen Tagen und Tropennächten. Extrem heiße Sommer werden nicht mehr die Ausnahme, sondern die Regel sein. Dass die Ursachen des Klimawandels stark in den Städten verortet sind, hat andererseits einen

Einwohner in Metropolen

Stadt	Bevölkerung	Land
Tokyo	37.730.064	Japan
Mexiko	23.610.441	Mexiko
New York	23.313.036	USA
Seoul	22.692.652	Südkorea
Mumbai	21.900.967	Indien
Sao Päulo	20.831.058	Brasilien
Manila	20.654.307	Philippinen
Jakarta	19.231.919	Indonesien
Dilli	18.916.890	Indien
Shanghai	18.572.816	China
Los Angeles	18.013.728	USA
Osaka-Kobe-Kyoto	17.409.585	Japan
Al-Quāhirah	16.429.199	Ägypten
Kolkata	15.644.040	Indien
Moskau	14.926.656	Russland
Buenos Aires	14.598.065	Argentinien
Istanbul	14.350.423	Türkei
Dhaka	14.327.157	Bangladesch
Lagos	13.721.625	Nigeria
London	13.377.482	Großbritannien

Schlüsselelemente lebenswerter Metropolen:

- Dichte
- Mischung
- Mobilität
- Stadttechnik
- Landschaft in der Stadt
- Gebäudetechnik
- Management und Strategie

entscheidenden Vorteil. Dank dieser Begrenztheit lässt sich die Problematik gut bei den Hörnern packen, denn Klimaschutzmaßnahmen entfalten hier ihre größte Wirkung. So sind die Metropolen der Welt in der einzigartigen Position, den Weg zu klimafreundlichem Leben und Wirtschaften zu ebnen und Lösungen zu entwickeln, die anderen Regionen als Vorbild dienen können. Ich möchte Ihnen im Folgenden darlegen, mit welchen Mitteln und Strategien das erreicht werden könnte.

1. Dichte

Eine hohe bauliche Dichte ist die Voraussetzung für eine sparsame Flächeninanspruchnahme, Siedlungstechnik und Mobilität. Eine möglichst hohe Baudichte führt aber zu Zielkonflikten. Lebensqualität versus Ressourcenschutz; Durchlüftung versus Flächennutzung; Verschattung versus Parkanlagen.

2. Mischung

Die Stadt der hochindustrialisierten Wissensgesellschaft überwindet das Prinzip der Funktionentrennung. Funktionale und soziale Mischungen schaffen stabile Strukturen. Die Funktionsmischung ist die Voraussetzung für die Stadt der *kurzen Wege*. Die Trennung von Wohnen und Arbeiten sollte möglichst aufgehoben werden.

3. Mobilität

Nur eine Stadt der *kurzen Wege* ermöglicht eine effiziente Mobilität. Die innerstädtische Mobilität braucht einen Paradigmenwechsel. Erforderlich ist die Dominanz des öffentlichen Personenverkehrs. Zusätzlich helfen Elektroautos, elektrisch betriebene Motorroller und Fahrräder, Ressourcen zu schonen und die Luftverschmutzung zu reduzieren.

4. Stadttechnik

Stadtentwicklung und Infrastrukturtechnik sind zukünftig parallel zu entwickeln. Nicht wie früher konsekutiv. Das Denken in Kreisläufen, wie beispielsweise in der Abfallwirtschaft, muss erst entwickelt werden.

5. Landschaft in der Stadt

Die urbane Lebensweise sollte von viel *Grün* umgeben sein. Die historische Stadt konnte aus ihrer unmittelbaren Umgebung ernährt werden. Der ökologische Fußabdruck Londons ist über zweihundertmal größer als der Siedlungskörper. 40 % davon entfallen auf die Nahrungsproduktion und den Transport. Eine urbane Landwirtschaft, möglichst sogar gebäudeintegriert, schafft zudem Lebensqualität. Das Ziel muss sein den Bürger in der Stadt zu halten und ihn aus seinem Umfeld zu ernähren.

6. Gebäudetechnik
Die energetische Ertüchtigung des Gebäudebestandes spielt in den Industrieländern die größte Rolle. In den wachsenden Metropolen der Entwicklungs- und Schwellenländer geht es um die Vernetzung der Stadtentwicklung und der Gebäudetechnik.

7. Management und Strategie
Die größten Fehler werden am Anfang gemacht. Das Ziel muss ein Ressourcenschutz sein mit möglichst wenig Technologie, großer persönlicher Freiheit des Lebensstils, und hoher Akzeptanz beim Nutzer. Alles beginnt mit der Raumordnung.

Der Vortragende beendet seine Ausführungen mit den Worten: »Nur diejenigen Städte, die diese Prinzipien mit modernster Technik umsetzen, haben eine Chance im globalen Städtewettbewerb zu bestehen. Und wenn im Jahre 2050 75 % der Weltbevölkerung in städtischen Ballungsräumen lebt, entscheidet sich hier nicht die Zukunft der Stadt, sondern die des Planeten. Wir machen jetzt eine dreißigminütige Pause,« schließt er.

Im Foyer trinken Lia und Nils an einem der dort aufgestellten Stehtische einen Tee und unterhalten sich über das eben Gehörte.
»Der Vortrag war ganz nett«, beginnt Lia ein Gespräch.
»Na ja, ich fand ihn schon sehr abstrakt«, wendet Nils ein. »Ich kann nur wenig mit den Worten anfangen. Viele visionäre Stadtentwürfe sind Utopie geblieben und das, was letztendlich umgesetzt wurde, war nur selten überzeugend.«
»Aber man braucht doch Visionen, um das Unmögliche möglich zu denken«, sagt Lia.
Ein Mann steuert im Gefühl auf sie zu, ein Tablett mit einem Wasserglas und einem Sandwich balancierend.
»Es herrscht ein furchtbares Gedränge hier. Darf ich mich vielleicht zu Ihnen an den Tisch gesellen?«, fragt er freundlich.
»Ja, natürlich«, antworten Lia und Nils wie aus einem Mund.
Der Mann wickelt das Sandwich aus und fragt dabei, woher Lia und Nils kommen.
»Aus Portugal«, antwortet Lia.
»Und ich komme aus Schweden«, fügt Nils hinzu.
»Ich stamme aus Holland«, erklärt er Lia und Nils.
»Sind Sie extra für das Symposium angereist?«, fragt Lia.
»Die Golfstaaten und China sind ein wahres Eldorado für Architekten und Stadtplaner – hier entstehen die neuen Metropolen, hier kann man gestalten. Der *neue Westen* liegt im Osten. Und um Ihre Frage zu

beantworten: Ich berate die Behörde für Stadtentwicklung der Stadt Taichung, bin also in erster Linie deshalb hier«, gibt der Holländer Auskunft.

»Wo liegt die denn?«, will Lia wissen.

»Taichung ist eine aufstrebende Stadt auf der Insel Taiwan.«

»Aber China und Taiwan sind sich doch spinnefeind?«, wundert sich Lia.

»Das war einmal. Hin und wieder gibt es noch etwas mediales Getöse, mehr ist das nicht. Der Klimawandel macht vor Ländergrenzen und politischen Systemen nicht Halt. Vor diesem Hintergrund widmet sich unser Projekt *Taiwan-Strait-Incubator* dem *urbanen Gewebe* beidseits der Meerenge von Taiwan – der Formosa-Straße.«

»Mensch, faszinierend«, kommentiert Lia und ihre Augen leuchten.

»Wollen wir uns nicht setzen?«, schlägt der Mann vor. »Dort hinten am Tisch sind gerade drei Plätze frei geworden.«

»Aber die Vorträge gehen jetzt weiter«, wendet Nils ein.

»Das ist mir egal« meint Lia, »man kann ja auch mal einem Impuls nachgeben.« Nils gibt sich geschlagen. Der erste Vortrag war ja sowieso schon nicht ganz nach meinem Geschmack, denkt er.

Der Mann lacht und setzt das Gespräch am Tisch fort: »Ich heiße übrigens Raoul Bunschoten. Im Bereich der Meerenge zwischen China und Taiwan sollen die kulturellen und ökonomischen Beziehungen gestärkt und zu einem wirksamen *urbanen Netzwerk* ausgebaut werden. Wir entwickeln nachhaltige Pilotprojekte und helfen so, die gegebene geografische und politische Trennung des Gebietes im Angesicht des Klimawandels zu überwinden.«

»Wie breit ist denn die Meerenge von Taiwan?«, fragt jetzt auch Nils ganz interessiert.

»Gut 200 km«, antwortet Raoul. »Die beiden Städte Taichung auf Taiwan und Xiamen in China sollen als gemeinsames städtisches System betrachtet werden. Ein übergreifendes Entwicklungsmodell soll neue Formen der politischen Kooperation und der gesellschaftlichen Interaktion auf den Weg bringen.

Jenseits der vielfältigen historischen, politischen, ökonomischen und sozialen Verflechtungen dieses Gebietes sollen konkrete Maßnahmen gegen den Klimawandel eingeleitet werden. Beginnend mit einer gemeinsamen Energieplanung für beide Städte, soll den Bewohnern die Verantwortung für ihren gemeinsamen Lebensraum bewusst gemacht werden.«

»Wie muss ich mir denn diese beiden Städte vorstellen?«, fragt Nils.

»Die Hafenstadt Xiamen auf dem chinesischen Festland ist das Zentrum von Süd-Fujian und einer der angenehmsten Orte an der chinesischen Küste überhaupt. Die eigentliche Stadt mit 650 000 Einwohnern liegt auf einer Insel, die gesamte Einwohnerzahl liegt bei 1,5 Millionen. Die Insel und das Festland sind durch einen Damm miteinander verbunden. Die ehemalige Kolonialzeit hat in der Stadt trotz aller Wolkenkratzermodernität, die sie als Küstenmetropole besitzt, immer noch Spuren hinterlassen und verleiht ihr einen gewissen Charme. Das vorrangige Ziel der Stadtväter ist es – neben der Verbesserung der Umwelt- und Lebensbedingungen – die Region in der globalen Wirtschaft als Standort für den Einsatz und die Entwicklung *grüner Technologien* zu positionieren. Und zwar vor allem im Baugewerbe und in der Industrie«, erklärt Raoul.

»Und Taichung?«, will Lia wissen.

»Taichung ist eine aufstrebende Stadt auf der Insel Taiwan. Davon zeugen die Bemühungen der Regierung, die Stadt zu einem logistisch bedeutsamen Seehafen auszubauen. Mit unseren Pilotprojekten und Fallstudien, die als Elemente übergeordneter Entwicklungspläne verstanden werden, sollen Effizienzstrategien und ein Energiemanagementsystem für die Stadt ausgearbeitet und umgesetzt werden.«

»Puh, das hört sich hochgradig komplex an«, sagt Nils und ist jetzt vollends mitgerissen von den Ausführungen des interessanten Holländers.

»Wir haben übergeordnete Pläne für Xiamen und Taichung entwickelt«, fährt Raoul fort. »Hier lege ich Ihnen einmal den Masterplan für Xiamen auf den Tisch.«

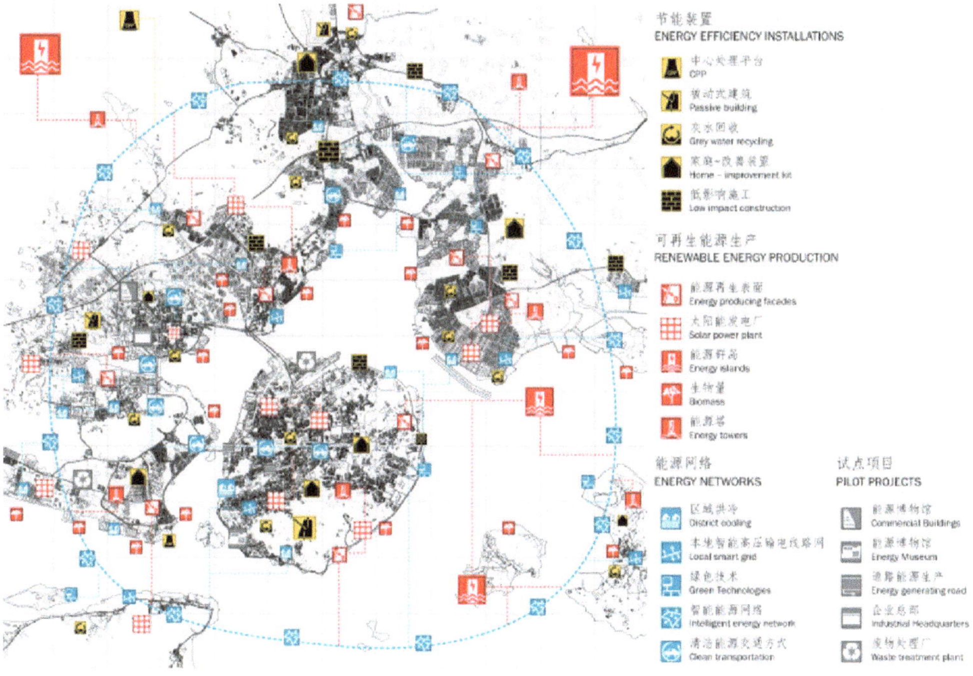

Strategischer Energie-Masterplan für Xiamen

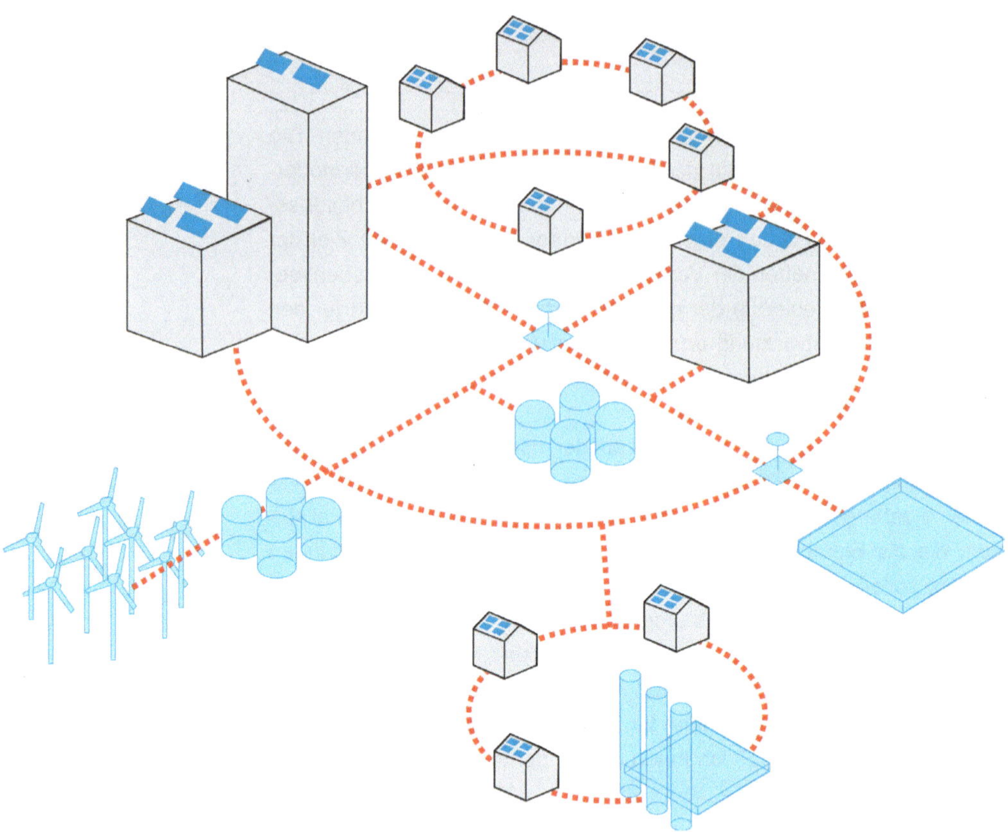

Skizze eines intelligenten Netzes

»Sie sehen, für das Gebiet des Masterplans wird ein *intelligentes Energienetzwerk* installiert, das in direkter Verbindung zu den unterschiedlichen Energieerzeugern, wie Solarkraftwerken oder Energieinseln, steht. Auch werden Pilotprojekte zur Steigerung der Energieeffizienz über das gesamte Gebiet verteilt. Dieses Konzept liegt auch dem Grundgedanken des Taichung-Masterplans zugrunde.«

»Was sind denn *intelligente Energienetze*?«, fragt Lia neugierig.

»Darüber hören wir doch morgen einen ausführlichen Vortrag«, meint Nils an Lia gewandt.

»Na und?«, entgegnet Lia und wirft Nils einen unverständlichen Blick zu. Manchmal denken Nils und ich wirklich in völlig verschiedenen Bahnen, denkt sie. Kann das gut gehen?

»Dann will ich es jetzt ganz kurz machen«, sagt Raoul und gibt Lia und Nils anhand der Bilder einen schnellen Überblick.

Lia und Nils, die die Erläuterungen Raouls interessiert verfolgt haben, haken nach: »Und wie realisiert man das alles?«

»Der Aufbau eines *Smart Grids* geht mit der Erneuerung der bestehenden Versorgungsstruktur einher«, erwidert Raoul »Das endgültig angestrebte Netz wird schrittweise realisiert. Dies alles lässt sich nur konkretisieren, wenn Regierungen, Unternehmen und die Bevölkerung an einem Strang

Erklärung eines intelligenten Netzes

Ein *intelligentes Energienetz* verbindet die verschiedenen klimatischen Verhältnisse auf der Insel Taiwan mit dem Festland. Herrscht ein Windüberangebot auf dem Festland, so kann der winderzeugte Strom auf die Insel geleitet werden oder umgekehrt. Ähnlich verhält es sich mit der durch Sonneneinstrahlung gewonnenen Energie. Zudem werden wir sowohl zentrale als auch dezentrale Anlagen betreiben.
Die Steuerung der verteilten Standorte geschieht durch kleinteilige Netze aus *Local Smart Grids* oder virtuellen Energiegeneratoren, die sich räumlich und wirtschaftlich in das Gesamtsystem einfügen. Ein Großteil der bisher von konventionellen Kraftwerken erzeugten Energie wird durch dezentrale Energiegewinnung, erneuerbare Energien, bedarfsorientierte Bereitstellung und neue Speichersysteme ergänzt und vielleicht sogar eines Tages ersetzt werden.

ziehen – und das Ganze wird Jahrzehnte in Anspruch nehmen. Aber mit unserem *Taiwan-Strait-Incubator* haben wir den Grundstein gelegt.«

Im Stimmengewirr der plaudernden Symposiumsteilnehmer erschallt plötzlich der Ruf: »Raoul, Raoul … !« Raoul schaut sich um und erblickt zwei Männer, die er freundlich zu ihnen an den Tisch winkt. »Ton, dich hab ich lange nicht mehr gesehen.«

»Darf ich dir meinen jungen Kollegen Hu vorstellen?«, fragt Ton. Ein gegenseitiges Händeschütteln macht die Runde.

»Ich habe soeben Lia aus Portugal und Nils aus Schweden kennengelernt«, stellt Raoul seinerseits Lia und Nils vor.

»Hallo, ich komme wie Raoul aus Holland«, wendet sich Ton an die beiden.

»Die Holländer fliehen wohl vor der bevorstehenden Klima-Flut?«, bemerkt Nils lächelnd. Raoul lacht und Ton bemerkt: »Ja, das glauben viele. Die Rheinländer in Deutschland machen schon Witze über uns. Einerseits träumen sie davon, dass Düsseldorf eines Tages Hafenstadt wird, andererseits befürchten sie, dass der Schwarm holländischer Bürger die neue Hafenstadt mit Matjes-Buden überziehen könnte. Aber dazu wird es sowieso nicht kommen.«

»Aber weite Teile Hollands liegen unter dem Meeresspiegel, und wenn dieser ansteigt, ist doch das Rhein-Maas-Flussdelta besonders gefährdet«, stellt Lia ihr Wissen zur Schau.

»Unsere Ökonomen haben ausgerechnet, dass wir vieler Unkenrufe zum Trotz die Profiteure des Klimawandels sein werden«, wendet Ton ein.

»Wie geht denn diese Rechnung auf?«, fragt Nils ehrlich erstaunt.

»Mit der Willkür des Meeres haben wir über Jahrhunderte hinweg viel Erfahrung gesammelt. 26 % der Landfläche in den Niederlanden liegt unter dem Meeresspiegel bzw. unter Normalnull. Deshalb sind wir ausgemachte Spezialisten im Dammbau. Unsere Ingenieure beherrschen die innovativsten Schleusenkonstruktionen, die man sich denken kann.«

»Aber dadurch wird man doch nicht zum Klimagewinner«, hinterfragt Lia Tons Antwort.
»Zuerst regt das aber die Binnennachfrage an. Dazu zählen auch moderne Hausboote, worüber sich unsere Ingenieure und Architekten schon intensiv Gedanken machen. Die ersten Demonstrationsboote sehen richtig futuristisch aus. Aber auch der Export der Boote wird steigen.«
»In mögliche Krisenregionen hinein, wo bald der Meeresspiegel über die Ufer treten wird«, ergänzt Nils.
»Ganz recht. Zum Beispiel nach Shanghai.«
»Deshalb also diese vielen Hochhäuser«, sagt Lia scherzhaft.
Ton lacht auf. »Mit diesem Panorama habe ich nichts zu tun. Ich habe ein Büro in Shanghai und kümmere mich eher um den Untergrund.«
»Wie, Untergrund?«, fragt Lia. »Was ist denn daran so besonders?«
»Chinas Symbol für den Aufstieg zur Wirtschaftsmacht, der Finanzdistrikt Pudong und einige andere Stadtgebiete, drohen bei einem deutlichen Anstieg des Meeresspiegels zu versinken. Die *Stadt über dem Meer*, wie Shanghai auch genannt wird, liegt in Wirklichkeit nur knapp darüber. Teilweise bloß 2,5 m über Normalnull. Die Stadtväter von Shanghai erwägen deshalb eine Erhöhung der Dämme, den Bau von zusätzlichen Schleusentoren und die Verstärkung von Ufermauern. Wissenschaftler erörtern auch die Errichtung einer Barriere. Dort, wo der Fluss Huangpu, der durch die 20-Millionen-Metropole fließt, in den Jangtse mündet.«
»Und dort, wo in Shanghai der kleinere Suzhou-Fluss in den Huangpu fließt, haben wir schon vor einiger Zeit ein sechs Meter hohes Schleusentor aufgebaut«, mischt sich Hu in das Gespräch ein. »Es soll Teile der Stadt vor Überschwemmungen schützen und den Zufluss zu den Kanälen Shanghais regeln.«
»An vielen Orten in China werden Vorsorgemaßnamen diskutiert«, berichtet Ton.
»Bis 2039 könnte der Meeresspiegel in China um bis zu 130 mm ansteigen«, klärt Hu sie auf. »Ein Anstieg um 100 mm in 30 Jahren hört sich für die meisten Chinesen nach sehr wenig an – aber es könnte sich im Falle einer Sturmflut oder eines Taifuns als katastrophal erweisen. Shanghai wird sich seiner bedrohlichen Lage langsam bewusst. Denn es kommt hinzu, dass der Grundwasserspiegel sinkt und die Millionen Tonnen schweren Hochhausbauten den Untergrund belasten. Der Boden sackt deshalb jedes Jahr um mehr als einen Zentimeter ab.«
»So was steht in keinem Reiseführer«, stellt Lia fest.
»Aber bis es eines fernen Tages so weit sein sollte, möchte ich euch gerne für heute Abend einladen«, wendet sich Hu an Lia und Nils. »Meine Freundin aus Peking wird auch dabei sein. Dann können wir unser Gespräch vertiefen.«

»Oh ja, gern«, nimmt Lia die Einladung für Nils und sich an.
»Als Treffpunkt schlage ich das gemütliche Old-Film-Café vor«, sagt Hu. »Es liegt im Norden der Stadt, der Stadtteil heißt Hongkou. Die genaue Adresse schreibe ich euch auf diesen Zettel. Verliert ihn nicht! Ist euch 19 Uhr recht?«
»Ja, natürlich«, erwidert Nils.
»Ihr könnt mit der U-Bahn dorthin fahren. Vor dem Eingang des Cafés steht eine Charly-Chaplin-Figur, es ist nicht zu verfehlen.«
Lia und Nils verabschieden sich von Hu und den anderen und eilen zurück in den Vortragssaal.

Kulturelle Differenzen

Gerade als Nils und Lia um Punkt 19 Uhr vor der Charly-Chaplin-Figur eintreffen, biegen auch Hu und seine Freundin Ju um die Ecke.
»Lasst uns reingehen und etwas trinken«, schlägt Hu vor, nachdem er Lia und Nils seine Freundin vorgestellt hat.
»Häufig werden hier sozialkritische chinesische Filme des Naturalismus aus den 20er- und 30er-Jahren gezeigt«, ergreift Ju das Wort.
Lia schaut sich um. »Es ist gemütlich hier.«
»Hongkou war früher ein Zentrum der Literatur und des Films«, erklärt Ju. »Um daran zu erinnern, wurde eine der großen Straßen mit Denkmälern von Shanghaier Schriftstellern, kleinen Museen und restaurierten Gebäuden in eine Fußgängerzone umgewandelt. Wenn ihr hier entlangschlendert, müsst ihr an die berühmten Autoren Shanghais und an alte chinesische Filme denken, dann spürt ihr vielleicht noch das alte Flair dieser ehemaligen Kulturmeile. Hier hat zwischen 1920 und 1940 ein Kreis linker Schriftsteller agiert, deren Vertreter maßgeblich an der Entwicklung der modernen, kritischen chinesischen Literatur beteiligt waren. Viele Mitglieder des Schriftstellerverbands mussten mit Gefängnisstrafen und Hinrichtung dafür büßen. Nicht weit von hier findet ihr eine Skulpturengruppe, die zu den auffälligsten gehört. Sie zeigt Lu Xun, der bis heute als der größte Dichter der chinesischen Moderne gilt, mit zwei Schülern, die ihm andächtig zuhören«, beendet Ju ihre kulturgeschichtlichen Ausführungen.
»Ich habe für nachher einen Tisch im Restaurant Ani Bayi bestellt«, sagt Hu.
»Das ist aber weit. Wir sollten ein Taxi nehmen«, meint Ju.
Im Ani Bayi werden sie in einem ornamentreichen Ambiente von freundlichen Kellnerinnen begrüßt.
»Heute begeben wir uns kulinarisch auf die Seidenstraße«, sagt Hu an

Nils und Lia gewandt. »Wir werden eine muslimische Küche mit Rind- und Hammelfleisch sowie Nudeln genießen dürfen. Die Nudelsuppen sind hier köstlich.«

Während des Essens berichtet Ju von ihrem Literaturstudium an der Peking-Universität und Hu von seinem ersten Berufsjahren als Ingenieur bei Ton.

»Mit Wolkenkratzern, geschwungenen Stadtautobahnen, eleganten Bars, Superluxushotels und selbstverständlicher Weltläufigkeit ist Shanghai das Schaufenster chinesischer Reformpolitik«, erläutert Hu. »Wir sind auf dem Weg zur Welthauptstadt des 21. Jahrhunderts. China ist wieder Wer! Mit unserer einstigen Avenue Joffre sind wir das *Paris des Ostens.*«

»Ich mag das alles noch nicht so recht glauben«, mischt sich Ju ein. »Ich habe dabei ein ungutes Bauchgefühl. Die Erfolge sind sichtbar, aber wie es weitergeht, ist schwer vorhersagbar. Möglich, dass die Entwicklung friedlich voranschreitet. Möglich ist aber auch, dass wir vor einer neuen sozialen und kulturellen Revolution stehen.«

»Sei nicht so pessimistisch«, wendet Hu ein und sieht seine Freundin liebevoll an.

»Die Zahl der Wanderarbeiter hat sich auf 150 Millionen erhöht«, erläutert Ju ihre Befürchtungen. »Das Gefälle zwischen Stadt und Land wächst rapide. Das Einkommen ist in der Stadt viermal höher als auf dem Land. Und die Kluft wächst. Ich bin selbst auf dem Land aufgewachsen. Vom städtischen Wohlstand ist dort noch nicht viel zu spüren. Und das Rinnsal, das dort ankommt, verschwindet in irgendwelchen korrupten Kanälen. Meine Eltern haben sich von dem Wenigen, das sie besaßen, jahrelang etwas abgespart, um mir in der Stadt ein besseres Leben zu ermöglichen. Kinder und alte Menschen sind besonders betroffen. Die Schulen sind marode, und wenn man gute Noten bekommen möchte, zählt nicht die Leistung, sondern das Geld der Eltern. Und eine Rente für alte Menschen gibt es auch nicht. In Shanghai existieren viele historisch gewachsene Wohnviertel nicht mehr und täglich werden es weniger. Eine Umsiedlung von Hunderttausenden von Bewohnern hat stattgefunden. Sie leben jetzt in Hochhausneubauten an den ausgefransten Rändern der Stadt.«

»Alles braucht seine Zeit. Man kann keine Wunder erwarten«, versucht Hu zu beschwichtigen.

Ju kann jedoch nicht von dem Thema lassen, das sie so mitnimmt. » In Changchun war das Maß voll. Ein neuer privater Besitzer eines Stahlwerkes wollte 5000 Arbeiter in Pension schicken. Die meisten Pensionäre sollten mit 20 bis 40 Euro im Monat abgespeist werden, während der alte Geschäftsführer des Unternehmens nach der Übernahme durch ein privates Pekinger Stahlunternehmen 440000 US-Dollar Abfindung erhalten hatte. Es kam zu gewalttätigen Demonstrationen und rund 1 000 aufgebrachte Arbeiter bekriegten sich einen Tag lang mit Ziegelsteinen mit der Polizei. Der 37-jährige Geschäftsführer des Stahlwerks wurde von Arbeitern erschlagen.«

»Ju hat schon Recht«, räumt Hu ein. »In unserer Gesellschaft brodelt, zischt und dampft es. Wir können aber dennoch nur auf Wachstum setzen. Es gibt kein Zurück. Nur so gewinnen wir gesellschaftliche Stabilität. Freiheit kommt später.«

»Das ist mir wohl bewusst«, sagt Ju. »Ich selbst genieße den Wohlstand. Aber der Preis ist hoch. Die Unruhen in Tibet und Xinjiang haben unsere Machthaber geschockt. Dazu kommt die Sorge um soziale Spannungen, die sich im ganzen Land in Form von Tausenden kleinen und großen Zwischenfällen äußern. Auch unsere Schriftsteller bekommen dies zu spüren. Obwohl uns das Recht auf freie Meinungsäußerung eigentlich durch die chinesische Verfassung garantiert wird, sitzen kritische Schriftsteller in Gefängniszellen. Die elfjährige Gefängnisstrafe des Schriftstellers Liu Xiaobo ist ein Schlag ins Gesicht des chinesischen Volkes und des menschlichen Gewissens.«

»Ja, wir leben in einer bleiernen Zeit«, stellt Hu desillusioniert fest.

»Unsere kommunistische Partei hat ihre Maske noch nicht fallen lassen«, fährt Ju weiter fort, während Lia und Nils gebannt lauschen. »Mal zeigt sie freiheitliche, demokratische Züge und schwingt sich sogar – wie auf dem Klimagipfel in Kopenhagen – zum neuen Weltmoralapostel auf und avanciert zum Fürsprecher vieler Entwicklungs- und Schwellenländer. Doch dann fällt sie wieder ins kommunistische Zwangskorsett zurück.«

»Nur mit Demokratie und einer freiheitlichen Wirtschaftsordnung wie in Europa werden wir mehr Wohlstand schaffen. Diese Einsicht wird auch noch unseren Parteikadern kommen«, wirft Hu dazwischen.

»Die Einsicht mögen sie haben«, sagt Ju. »Doch graut es ihnen insgeheim vor gesellschaftlichen und politischen Bewegungen, die zur Konkurrenz für das sechzig Jahre alte Machtmonopol der kommunistischen Partei werden könnten. Mit ihrem Urteil gegen Liu Xiabo hatte die Justiz sicher nicht nur ihn im Blick, sondern auch die 10 000 Menschen, die mittlerweile das von ihm mitverfasste Demokratie-Manifest *Charta 08* unterzeichnet haben.«

Lia meldet sich zu Wort. »Ich gebe Hu recht. Europa könnte doch Modellcharakter für China haben.«

Ju, die Nils gerade bis zu den Schultern reicht, richtet sich in ihrem Stuhl auf und blickt ernst in die Runde. »An unserer Universität haben wir in den vergangenen Jahren schon viele europäische Denker empfangen. Doch die Westler wollen vor allem ihre eigenen Lehren verbreiten und waren kaum bereit, etwas von China zu lernen. Die Europäer müssen begreifen, dass die Gegensätze Westen–China oder Kapitalismus–Sozialismus gegenüber den neuen Problemen, die durch den *kapitalistischen Globalisierungsprozess* entstehen, blind sind. Diesem veralteten Denken wollen wir eine *Neuaufklärung* entgegensetzen. Unser Literaturhistoriker Wang Hui ist so was wie unser Vordenker. Er wirft dem Westen nicht mangelndes Interesse an China vor, sondern Überheblichkeit und fehlende Kenntnis.«

»Wir kennen uns doch selbst auch nicht mehr«, gibt Hu zu bedenken.

»Aber wir müssen zu unseren Wurzeln zurück«, ereifert sich Ju. »Wir müssen die konfuzianische Philosophie zu neuem Leben erwecken. Man lernt daraus, systemkritisch zu fragen, Demokratien aufzubauen und moralische Leitsätze zu praktizieren, die in ihrem historischen Zusammenhang eine beträchtliche sozialrevolutionäre Energie freisetzen. Man lernt daraus auch, dass man China nicht einfach das europäische Modell überstülpen darf. China ist viel reicher, flexibler und multikulturell veranlagt als bisher aufgezeigt wurde. Seit dem 10. Jahrhundert haben wir die Integration von Minderheiten diskutiert und multiethnische Gesellschaftskonzepte entworfen. Das hat uns geholfen, die negativen Folgen zu vermeiden, die die europäischen Nationalstaaten bei ihrer Gründung gemacht haben.«

Nun richtet sich Lia ebenfalls in ihrem Stuhl auf. »Und was ist mit Tibet?«

»Wir sind erstaunt über die Faszination, die der Lama-Buddhismus ausübt, und über die Widerspruchslosigkeit, mit der sich westliche Intellektuelle im Fall Tibet von ihren eigenen weltlichen Überzeugungen verabschieden«, sagt Ju. »Tibet ist eine tiefreligiöse Gesellschaft, die statt einer Verweltlichung beziehungsweise Säkularisierung heute ein Wiedererstarken der Religionen erlebt. Dass der Westen das befürwortet und uns als Unterdrücker beschimpft, ist für den chinesischen Intellektuellen ein Fall von falscher nationaler Identifizierung. Die chinesische und tibetische Kultur haben sich seit dem 9. Jahrhundert gegenseitig viel stärker beeinflusst als man im Westen wahrnimmt. Den nationalistisch gefärbten Blicken der Europäer entgeht, wie stark China ethnisch gemischt ist und wie sehr das im Bewusstsein der Chinesen verankert ist.«

»Doch bei allen Gegensätzen brauchen sich Europa und China gegenseitig«, versucht Hu auszugleichen.

»Da bin ich mir nicht sicher«, erwidert Ju. »Wenn ich mit Europäern rede, habe ich den Eindruck, dass sie im Kulturpessimismus versunken sind, also den gegenwärtigen Tendenzen und zukünftigen Entwicklungen in der Kultur gegenüber pessimistisch eingestellt sind. Sie haben Angst vor der Globalisierung. Jetzt, wo sich einige Länder auf den Weg begeben Europas Universalismus – die Forderung nach Demokratie und Menschenrechten – einzulösen, wächst in Europa die Sorge über die eigene Konkurrenzfähigkeit. In der Kolonialzeit hat Europa eine Überlegenheit entwickelt, die deren Mentalität bis heute prägt. Wenn wir den Weg einer neuen Aufklärung gehen, sehen die Europäer nicht nur ihr materielles Wohlergehen in Gefahr, sondern auch ihre *Softpower*. Wenn die Europäer von uns eine stärkere Werteorientierung einfordern, verbergen sich dahinter meistens wirtschaftliche und nationalistische Interessen.«

»Die Karten werden neu gemischt, das stimmt«, meint Hu. »Durch die geringer werdende amerikanische Machtposition sehen wir zum ersten Mal in der Geschichte ein Zeitalter des globalen multikulturellen und multipolaren Wettbewerbs aufziehen.«

»Eine neue Ära der Zusammenarbeit statt der Konfrontation?«, fragt Nils.

»Ich glaube eher an eine milde Konfrontation«, antwortet Ju. »China muss Folgendes im Auge behalten: Wenn der Westen von Universalismus redet, dann meint er seinen Universalismus, der von eigenen Interessen durchsetzt ist. Wir müssen unseren Universalismus dagegensetzen. Die Ungleichheit der Welt erschwert eine globale Verständigung. Wir müssen eine *Hard-Power* aufbauen und Allianzen mit Gleichgesinnten schließen, wenn wir der westlichen Welt Paroli bieten wollen.« Hu sieht auf die Uhr. »Es wird spät. Lasst uns zum Abschluss noch einen Tee zusammen trinken und dann begeben wir uns auf den Heimweg.« Eine halbe Stunde später trennen sie sich mit dem Vorhaben, in Kontakt zu bleiben.

Die neue Energiewelt

Um Mitternacht erreichen Nils und Lia ihr Hotel. Übermüdet fallen sie in ihre Betten und verschlafen, sodass sie sich abhetzen müssen, um auf dem Symposium einen weiteren Expertenvortrag zu hören.

»Auf diesem Bild sehen Sie zentrale und dezentrale Energieanlagen«, sagt der vortragende Experte und verweist auf eine Darstellung.

Sie sehen hier die Hochspannungs-Gleichstrom-Übertragung, die den Solarstrom von solarthermischen Kraftwerken in die Metropolen transportiert. Sie sehen auch Energiespeicher und fossilgefeuerte Kraftwerke mit CO_2-Abscheidung, außerdem sehen Sie Brennstoffzellen und Elektrofahrzeuge. Diese Vielfalt an Technologien muss geregelt werden – was beispielsweise via Satellit geschieht. Wachsende Städte mit hoher Energieeffizienz werden diese Infrastrukturen von Beginn an aufbauen und in bestehenden Metropolen werden diese modernen Infrastrukturen die traditionellen Infrastrukturen ablösen. Ich möchte Ihnen die damit verbundenen Vorteile aufzeigen«, und zeigt auf das Powerpoint-Bild.

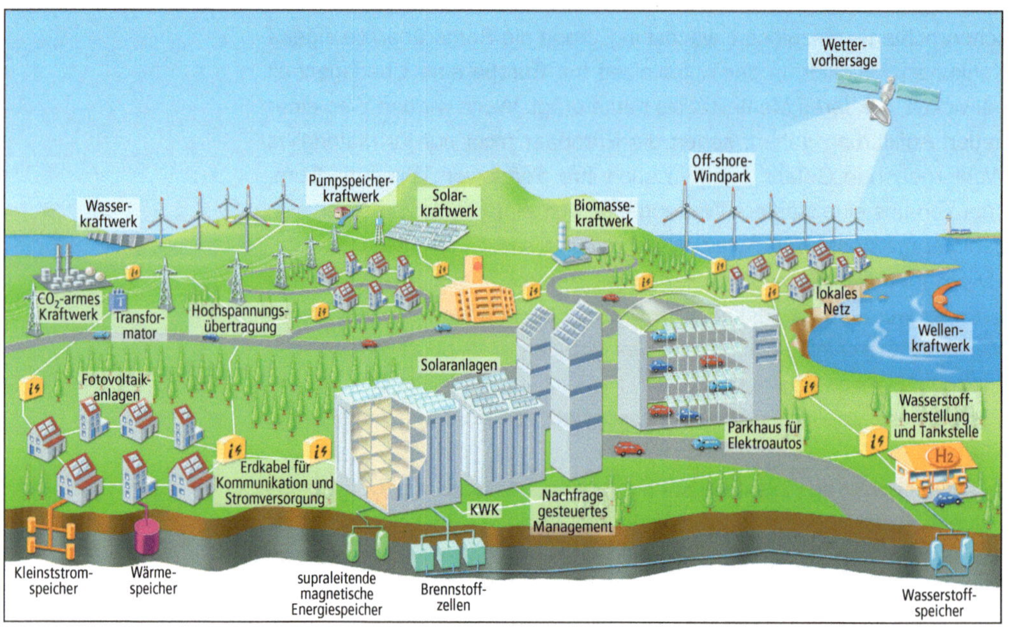

Energieinfrastruktur der Zukunft

Der Vortragende wendet sich wieder dem Publikum zu und fährt fort: »In der neuen Energiewelt werden die zentralen und dezentralen Energieerzeugungsanlagen zusammenwachsen. Und ein weiteres wesentliches Kennzeichen besteht in dem Unterschied zwischen dem traditionellen und dem zukünftigen Stromnetzbetrieb. Bisher wurde der Netzbetrieb lastgeführt. Das heißt, die Kraftwerke mussten sich einer gegebenen Nachfrage anpassen. Die Kraftwerke wurden dementsprechend hoch- oder runtergefahren. Der Betrieb der Zukunft wird den Ausgleich von Erzeugung und Verbrauch steuern. Der Verbrauch wird ebenfalls zu einer beeinflussbaren Größe, die über *Smart Metering* oder Stromspeicher gesteuert werden kann. Welche praktische Bedeutung das haben kann, sehen Sie auf unserer nächsten Darstellung.

Am 4.11.2006 um 22.10 Uhr führte eine Störung im norddeutschen Übertragungsnetz zu Versorgungsunterbrechungen in weiten Teilen Westeuropas. 15 Millionen Haushalte waren betroffen. Was war passiert? Aus technischen Gründen waren zwei Stromkreise auf der 380 kW-Ebene abgeschaltet worden. Eine Lastflusssimulationsrechnung zeigte, dass dies

> **Vorteile von Smart Meter**
>
> Die Vorteile sind vielfältig:
>
> - Die Versorgungsqualität und Sicherheit steigen. Sie sind entscheidende Standortfaktoren im weltweiten Städtewettbewerb.
> - Die Integration des steigenden Anteils an erneuerbarer und dezentraler Stromerzeugung wird erleichtert.
> - Die Netzstabilität kann auch bei einem zunehmenden Anteil schwankenden regenerativen Stroms sichergestellt werden.
> - Die Automatisierung der Betriebs- und Kundenabläufe wird verbessert. So kann beispielsweise die Umsetzung von Energieeffizienzmaßnahmen durch Online-Verbrauchsinformationen, auch als *Smart Metering* bekannt, beim Kunden unterstützt werden.

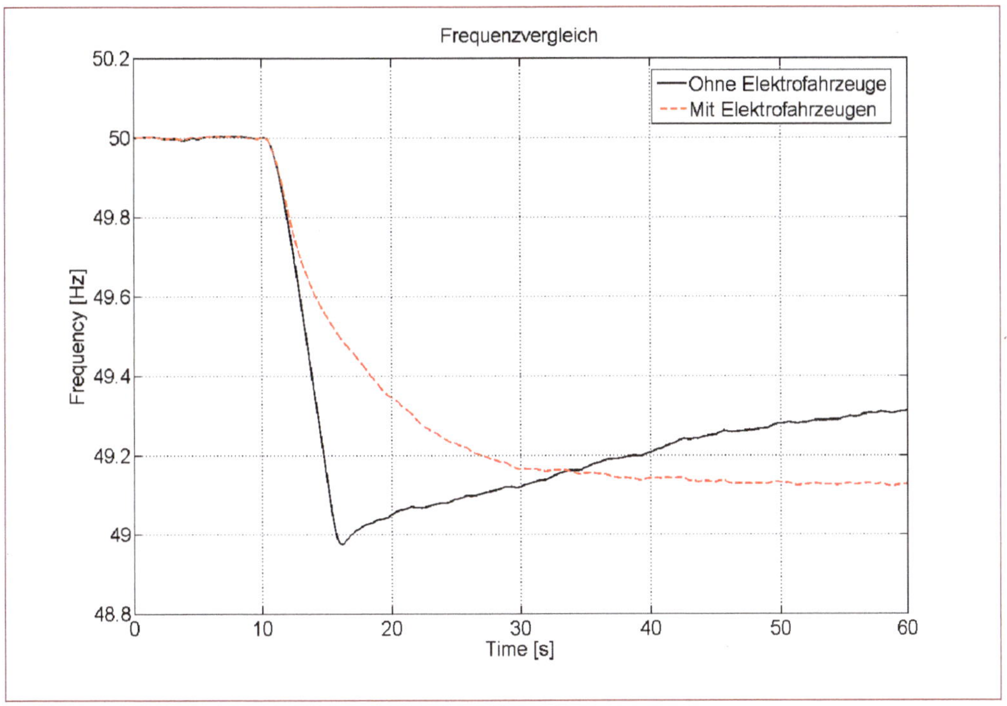

gefahrlos möglich sei. Doch durch unvorhergesehene Lastflussveränderungen – vermutlich ausgelöst durch eine fehlende Windenergieeinspeisung – kam es innerhalb von 15 Sekunden zu einem deutlichen Absinken der Strommenge, also der Frequenz. Wären zu diesem Zeitpunkt im gesamten Netz drei Millionen aufgeladene Elektrofahrzeuge angeschlossen gewesen, dann wäre der Frequenzeinbruch deutlich moderater ausgefallen und ein Stromausfall hätte wahrscheinlich verhindert werden können.« Ein Raunen geht durch den Saal.

Systemstabilität durch Elektromobilität

»Damit die neue Energieinfrastruktur keine Zukunftsmusik bleibt«, spricht der Experte auf dem Podium weiter, »müssen noch zwei Voraussetzungen erfüllt werden: Wir brauchen weltweit eine große Anzahl junger Menschen aus unterschiedlichsten Berufssparten, die mit ihrem Know-how unsere Zukunftsbilder in die Tat umsetzen. Zudem bewahrheitet sich der alte Grundsatz *Ohne Moos nix los*. Die Organisation für Wirtschaftliche Zusammenarbeit und Entwicklung schätzt, dass die Modernisierung der Stromnetze zwischen 2020 und 2030 weltweit über 240 Milliarden US-Dollar verschlingen wird – und zwar Jahr für Jahr! Auf diese enorme Summe haben die Banken schon reagiert. In den USA werden seit kurzer Zeit *Smart Grid*-Zertifikate ausgegeben. Das Papier basiert auf einem Aktienkorb von 15 amerikanischen Unternehmen, die nach Auffassung der Analysten besonders von den Investitionen in die Modernisierung der Energieinfrastruktur profitieren. Hierzu zählen Energieunternehmen, Anlagenbauer, Soft- und Hardwareunternehmen und die Telekommunikationsbranche.«

Lia unterdrückt ein Gähnen und flüstert Nils zu: »Du Nils, auf weitere Vorträge heute hab ich keine Lust. Lass uns heute Nachmittag durch Shanghai streifen und von der Stadt Abschied nehmen. Morgen geht's doch schon wieder über Paris nach Hause.«

Nils wirft sich seinen kleinen Rucksack über die Schulter. Als Lia ihre Jacke von der Stuhllehne nimmt, brummt ihr Handy. Schon wieder eine SMS von Mark! Jetzt reicht's aber! Dass der nicht endlich mal kapierte, dass sie nichts mit ihm zu tun haben wollte. Schnell simst sie eine vernichtende Antwort und drückt dann die Off-Taste. Zu Nils sagt sie: »Das waren meine Eltern.«

Zum Glück hat Nils nicht gesehen, dass es Mark war, denkt Lia. Was dann passiert wäre, möchte ich mir lieber nicht ausmalen, ein zweites Mal hätte er mir bestimmt nicht geglaubt, da hätte sein Misstrauen gesiegt. Noch immer etwas beunruhigt lässt sie ihr Handy in die Tasche gleiten.

Voneinander lernen

Während des Fluges nach Paris blättern Lia und Nils gelangweilt in Zeitschriften oder dösen vor sich hin. Rechts neben Lia sitzt ein junger Chinese mit kräftigem Körperbau. Sie beobachtet ihn bei seiner Lektüre Poppers *Auf der Suche nach der besseren Welt*. Als der Mann Lias Blick bemerkt, sieht er von seinem Buch auf. »Die Welt des Konfuzius' ist nicht genug. Wir müssen Europa verstehen, um das eigene Land zu verstehen.«

»Wieso denn das?«, fragt Lia, die noch das Gespräch von vorgestern mit Ju im Kopf hat.

»Solange wir Chinesen den Westen nicht verstehen, werden wir auch nicht begreifen können, was uns im 19. Jahrhundert – der Zeit der ersten folgenschweren Zusammenstöße mit den europäischen Mächten – passiert ist. Seitdem sind viele Fragen auch heute noch unbeantwortet: Was bedeutet der Westen? Was heißt Modernisierung? Unsere kulturellen Themen wurden immer direkt auf den Staat bezogen. Wir unterscheiden bis heute in Landesstudien – Guoxue –, die sich mit chinesischen Altertümern beschäftigen und den westlichen Studien –Xixue –, die sich mit der westlichen Moderne befassen. Das hat aber fatale Folgen, weil die Moderne bloß mit dem Westen assoziiert wird und China nur mit der Vergangenheit. Und die Staatsfragen, die in der Gegenwart eine Rolle spielen, sind fast alle der vorherrschenden Stellung der Technik geschul-

det. Es sind alles nur Technokraten. Um eine neue chinesische Moderne zu entwickeln, müssen wir erst mal das westliche Denken verstehen.«
»Sind Sie ein chinesischer Philosoph?«, fragt Nils, der das Gespräch mit halbem Ohr verfolgt hat.
Der Mann schüttelt amüsiert den Kopf. »Nein, nein ich bin Flugzeugbauingenieur. Aber um unser Land voranzubringen, mache ich mir Gedanken über ein neues chinesisches Leitbild. Ich habe viele europäische Kollegen. Damit ich sie besser verstehe, befasse ich mich auch mit der europäischen Kultur. Meine Heimatstrecke Shanghai–Paris bietet mir genügend Zeit dafür. 17 Stunden hin, 17 Stunden zurück. Mein Unternehmen arbeitet eng mit der European Aeronautic Defence and Space Company, der EADS, zusammen, weil wir Kooperationsverträge geschlossen haben. Der Airbus ist unser Vorbild für eigenständige Entwicklungen.«
»Und wie oft pendeln Sie zwischen Shanghai und Paris?«, fragt Lia neugierig.
»So alle zwei bis drei Wochen«, antwortet der junge Chinese. »Aber ich will mich nicht beklagen. Früher dauerte eine solche Strecke viele Wochen.«
»Sie sind diese Entfernung doch wohl nicht zu Fuß gegangen?«, meint Nils scherzhaft.
Der Mann lacht »In Zeiten der Handelsblüte auf der Seidenstraße war das tatsächlich so. Als China erstmals während der Han-Dynastie zu einem Großreich vereint wurde, erfolgte ab circa 200 v.Chr. ein Aufschwung. Daraus entwickelte sich ein regelmäßiger Überlandhandel von China über Zentralasien bis in den östlichen Mittelmeerraum. Die an der Seidenstraße gelegenen Oasenstädte waren Orte einer gehobenen geistigen und materiellen Kultur. Neue Techniken und Ideen gaben sie an die Nachbarstädte weiter. Chinesische Seidenstoffe wurden auf der Seidenstraße in den Mittelmeerraum transportiert, aber auch Luxusgüter wie Porzellan, Jade oder andere Textilien wurden gehandelt. Mit der Gründung der Son-Dynastie im Jahre 960 setzte in China ein wirtschaftlicher Aufschwung ein, wie er weltweit bis dato noch nie verzeichnet worden war. Bis zum Einfall feindlicher Nomaden 1127 im Norden des Landes fand eine Verstädterung und Industrialisierung in China statt. Schon 600 Jahre früher als in Europa.«
»Dann sind die Chinesen also so was wie die Ursünder der Klimaveränderung«, meint Lia.
»So habe ich das noch gar nicht gesehen«, antwortet der Mann und lächelt sie dabei freundlich an. »Aber Sie dürfen nicht vergessen, dass nach dem historischen Auf und Ab im 17. Jahrhundert die Ming-Dynastie zusammenbrach und Europa das *fossile Energiezeitalter* ausrief.«
»Und danach ging es mit den Emissionen steil bergauf«, stellt Nils fest.

»Ganz recht« antwortet der Chinese und nickt Nils zu. »Der Jumbojet Boing 747/400, in dem Sie gerade sitzen, emittiert bei seinem Flug um die Erde 3t CO_2 pro Passagier. Der Händler auf der Seidenstraße hat weniger verbraucht – dafür war er aber auch länger unterwegs.«
»Glückliche Zeiten müssen das gewesen sein«, denkt Lia laut. »Man hat noch Länder und Menschen kennengelernt. Mittlerweile fliegen wir nur noch über sie hinweg.«
»Und belasten mit jedem Flug die Atmosphäre«, ergänzt Nils trocken.
»Ein Europäer emittiert 8t, ein Chinese 5t und ein Afrikaner 1,4t CO_2 im Jahr«, rechnet der junge Mann ihnen vor.
»Das ist aber ungerecht! Jeder Mensch sollte gleich viel Treibhausgas emittieren dürfen«, echauffiert sich Lia.
Nils wendet sich ihr mit ernster Miene zu. »Lia, das würde bedeuten, dass du, wenn du jetzt von deiner Weltreise zurückgekehrt bist und in Paris landest, ein Jahr lang keinerlei Schadstoffe mehr emittieren oder keine Energie mehr verbrauchen dürftest. Das hieße kein Licht, keine warme Dusche und zu Fuß gehen. Erst dann wärst du auf dem niedrigen Emissionsniveau der Menschen aus den Entwicklungsländern.«
»So abwegig ist die Idee nicht«, sagt Lias chinesischer Sitznachbar dazu. »Sie wird diskutiert. Um das Zwei-Grad-Ziel einzuhalten, müssten bis zum Jahre 2050 nicht mehr als 750 Gt Treibhausgase in die Atmosphäre entsandt werden. Jedem Menschen würden dann während seines Lebens 110 t CO_2 zugestanden.«
»Was für ein technokratischer Gedanke! Mit dem Gleichheitsprinzip kann ich mich, glaube ich, doch nicht anfreunden. Das ist ein Zwangsbudget – Bürokratie pur«, kommentiert Lia die Aussage des Mannes.
»Ich kann mir ebenfalls nicht vorstellen, wie das funktionieren soll, denn es widerspricht auch meinem Menschenbild«, erwidert der Mann. »Der Mensch hat einen freien Willen und ist kreativ. Er wird schon andere Wege finden.«
Er wendet sich ab und vertieft sich wieder in seine Lektüre.
»Ja, der Mensch entwickelt und testet unermüdlich in alle Richtungen. Er wird Wege finden, das hat uns diese Reise wirklich gezeigt«, sagt Nils zu Lia.
Die restliche Flugzeit kuscheln sich Lia und Nils aneinander und versuchen bis zur Ankunft auf dem Pariser Flughafen Charles de Gaulle zu schlafen.

Halle → Paris → Jülich
Boston →
9

München → Wien

Nevada → Shanghai → Paris

Erkenntnisse

Lia und Nils haben während ihrer Reise viel über die Zusammenhänge von Physik, Technik und Ökonomie gelernt und welche Rolle sie für die Energie- und Klimazukunft spielen. Aber auch viel über sich selbst erfahren ...

Zermürbt von der langen Flugreise begeben sich Nils und Lia in ein kleines Hotel im Quartier Latin. Den nächsten Tag beginnen sie ausgeruht in einem kleinen Café, wo sie sich Milchkaffee und Croissants schmecken lassen.

Nachdenklich greift Nils nach Lias Hand. »Du, morgen geht unsere Reise zu Ende.« Er starrt ins Leere. »Wir haben nur noch heute und morgen. Dann fliegst du zurück in den Süden und ich in den Norden. Mir ist ganz beklommen zu Mute. Ach, Lia, was soll aus uns werden?«

Lia drückt Nils Hand: »Lass uns heute noch Paris erkunden.«

Nils nickt zustimmend, ohne ein Wort zu sagen.

Als ob sie stillschweigend ein Abkommen getroffen hätten, bringen sie das Thema erst einmal nicht mehr zur Sprache, sondern versuchen beide, es zu verdrängen.

Trotzdem ist Lia den ganzen Tag über in sich gekehrt. Die Zweifel über ihre Beziehung, die sie hier und da verspürt hat, kehren angesichts ihres drohenden Abschieds wieder mit aller Macht an die Oberfläche. Heute muss sie eine Entscheidung treffen.

Lia und Nils nutzen den Tag, um die Kathedrale Notre-Dame zu besichtigen, besuchen die Abteilung für moderne Kunst im Louvre und bummeln über die großen Boulevards. Den Abend verbringen sie bei einem Chanson-Konzert.

Tags darauf schlägt Lia Nils vor, noch einmal zum Seineufer zu gehen. Während sie die Quais entlangschlendern, huschen viele Menschen an ihnen vorüber, ohne dass Lia und Nils Notiz von ihnen nehmen. Sie schweigen. Eine wehmütige Stimmung hängt in der Luft, und so reden sie nicht viel. Nach einer Weile setzen sie sich auf eine Bank am Ufer. Plötzlich verspürt Lia ein nicht näher zu benennendes Gefühl; sie muss sich umdrehen. Lia zuckt wie vom Blitz getroffen zusammen. Vor ihr sitzt der alte Mann, mit dem sie bereits bei ihrem ersten Parisaufenthalt ins Gespräch gekommen waren. Sie wirft Nils einen schnellen Blick zu. Auch er sieht ganz erstaunt aus.

»Ich habe auf diese Stunde gewartet«, ergreift der Mann das Wort. »Ich wusste, dass Sie noch einmal wiederkommen würden.«

Der Mann lächelt Lia und Nils mit seinen strahlendhellen Augen zu und berührt leise Lias Schulter. »Das Schicksal hat Ihnen freundlich zugelächelt. Es war ein Wetterleuchten des Glücks.«

»Ja, wir hatten eine schöne Zeit; fast vier Wochen waren wir unterwegs«, antwortet Lia.

»Und Sie sind auf Ihrer Reise vielen Menschen begegnet«, sagt er und es klingt wie eine Feststellung.

»Ja, wir haben Wissenschaftler verschiedenster Nationalitäten getroffen, alle sorgen sich um das Klima. Mit ihren Ideen wollen sie unserem Planeten das Überleben sichern und uns Menschen eine Lebensgrundlage«, antwortet Nils.

Nach einer kleinen Pause fährt der alte Mann fort: »Ein wichtiges und lobenswertes Ziel. Der Mensch ist immer auf der Suche nach besseren Lösungen. Doch ob das Erreichte wirklich immer besser ist als das Alte, erfahren wir erst, wenn das Neue sichtbar wird«, philosophiert er.

»Ja, der Mensch ist nicht allwissend«, fügt Nils hinzu.

»Der Mensch bleibt immer unvollendet, die Welt erschließt sich ihm nur bruchstückhaft. Sie zu durchschauen, sie zu erklären, mag die Sache großer Denker sein. Mir liegt allein daran, zu tun; die Welt umarmen zu können und allen Wesen mit Liebe, Bewunderung und Ehrfurcht zu begegnen. Das ist für mich das Wesentliche.«

Nach einem Weilchen spricht der alte Mann weiter: »Offen gesagt, von Gedanken halte ich nicht viel. Und auch nichts von leerem Gerede. Ich halte mehr von dem Wesen der Dinge, sie sind meine Wirklichkeit. Schon als junger Mann – ich war noch ein junger Spund – bin ich in meiner Heimat, der Bretagne, aufs Meer hinausgefahren. Ein Mann, der so was wie mein Lehrer war, hat an das Meer geglaubt. Nur an das Meer. Sonst an nichts. Er hat gelauscht, wie die Stimme des Meeres zu ihm sprach. Von ihr hat er gelernt, sie brachte ihm alles bei, was er wissen musste. Das Meer schien ihm gottgleich. Ich tat es ihm nach. Viele Jahre. Viele Jahre.«

Noch während der alte Mann erzählt, beugt sich Lia vor und schaut in sein vom Leben gezeichnetes Gesicht: Kälte und Hitze, Stürme und Flauten, Durst und Calvados haben ihre Spuren hinterlassen. Er wirkt zugleich zupackend und zaudernd, aber sie sieht auch die liebevolle Strenge eines Vaters in seinem Antlitz.

Lia lehnt sich wieder zurück und lässt ihren Blick über die Seine schweifen. Die Worte des Mannes dringen nur noch wie ein fernes Murmeln an ihr Ohr. Verwirrende Gedanken stürmen auf sie ein. Was soll ich tun? Wie soll ich mich entscheiden? Ich liebe Nils, aber passen wir wirklich zusammen? Er ist immer so nüchtern, pragmatisch und korrekt und trägt seine Gefühle nicht auf der Zunge. Er glaubt nur das, was er sieht, und ich suche nach einem tieferen Sinn, bin eine Idealistin. Die alte Frau, der sie in Halle an der Saale begegnet waren, kommt ihr wieder in den Sinn. Sie, die gesagt hatte, *sie sollten aus ihrem Leben ein Kunstwerk schmieden*. Aber wie? Und dann der Wüstenbewohner, der ihr zugeflüstert hatte: *Vertraue deinem Gefühl, der Verstand wird dir folgen*.

Vertraue deinem Gefühl … , klingt es in ihr nach.
Lia sitzt gedankenverloren da, bis sie merkt, das Nils mit der Hand vor ihren Augen hin- und herwedelt.
»He, du warst ja eben ganz weit weg.« Nils legt den Arm um sie.
Beide schenken ihre Aufmerksamkeit wieder dem alten Mann, der letzte Worte an sie richtet: »Hütet euch vor dem Lächeln der Maske. Nicht im Reden, nicht im Denken sieht man Großes, nur im Tun. Im Leben.«
»Das hört sich weise an« , sagt Nils ruhig.
»Wahre Weisheit ist nicht mitteilbar. Meine Weisheiten sind nur die eines alten Narren.«
Nils, Lia und der Mann schweigen. Schließlich greift er nach seinem Krückstock.
»Euer Narr muss nun fort. Wolken ziehen auf und verhängen die Sonne, es wird kühl.«
Als der alte Mann aufsteht und sich verabschiedet, erheben sich auch Lia und Nils. Sie sehen ihm noch lange nach.

Lia bleibt stumm auf der Parkbank sitzen.
»Lia, du siehst so bekümmert aus. Als ob dich etwas schwer beschäftigt.«
Als Lia nichts erwidert, fährt er fort. »Mir geht es wie dir. Du warst vier Wochen an meiner Seite.«
Nils tritt für einen Augenblick ans Ufergeländer und schaut auf den Fluss. Dann dreht er sich um, kramt in seiner Jackentasche und setzt sich mit einem kleinen, liebevoll eingewickelten Päckchen neben sie.
»Eigentlich wollte ich dir das erst heute Abend auf der Pont Noeuf geben, aber vielleicht kann ich damit ja deine Traurigkeit verjagen.« Er legt das Geschenk sanft in ihren Schoß und flüstert liebevoll: »Es sind zwei Hälften, und doch ist es ein Wesen. Ich habe in Shanghai einen silbernen Ying-Yang-Anhänger für dich gekauft. Uns kann nichts trennen, auch nicht die Entfernung zwischen Portugal und Schweden.«
Der Kloß in Lias Hals wird immer dicker und sie wagt nicht aufzusehen. Wie soll sie Nils jetzt bloß von ihren Zweifeln erzählen? Sie hält das Geschenk in den Händen und dreht es hin und her. Nils sitzt angespannt wartend daneben. Schließlich sieht sie zögernd auf. »Ich muss dir etwas sagen.«
Und dann kommt leise über ihre Lippen: »Ich bin mir mit uns nicht sicher«.
Nils blickt sie zuerst verständnislos an, dann tritt ein Ausdruck tiefer Verletztheit in seine Augen.
»Liegt es an Mark?«, fragt er.
Lia schüttelt den Kopf.
Sie sagt noch mehr, doch das geht im Rauschen seiner Ohren unter.

Er kann nur daran denken, dass Lia seine Gefühle nicht erwidert.
Und so bekommt er auch nicht mit, dass es Lia in dem Moment, wo sie die Worte ausspricht, wie Schuppen von den Augen fällt. *Vertraue deinem Gefühl* ... Und ob sie Nils liebte! Das Herzklopfen in seiner Gegenwart, die leidenschaftliche Sehnsucht nach seiner Nähe, der Glückstaumel, das alles sprach doch eine deutliche Sprache! *Vertraue deinem Gefühl*!
Lia dreht sich zu Nils um und sieht gerade noch, wie er aufspringt. Mit leerem Blick rennt er auf die Straße, blind für alles, was um ihn herum geschieht. Bremsen kreischen auf.
»Pass doch auf!«, schreit Lia und reißt Nils zurück. »Oder möchtest du als Kühlerfigur enden?« Sie umarmt ihn fest, und küsst ihn dann, sodass ihm Hören und Sehen vergeht. Dann sieht sie verschmitzt lächelnd zu ihm auf. Schweigend wechseln sie einen langen Blick. Und dann scheint Nils irgendetwas in ihren Augen entdeckt zu haben, denn seine eigenen beginnen zu strahlen.
»He, das ist mein Text« , sagt er, stupst sie liebevoll in die Seite und zieht sie an sich, um sie zu küssen. Lange.
»Hast du nicht noch was vergessen?«, meint Nils, nachdem er wieder zu Atem gekommen ist.
»Wie der Herr wünscht« , sagt Lia gewohnt keck. »Du willst doch sicher noch was von Paris und der Reise haben, oder?«, schiebt sie hinterher.
»Und der Liebe?«, ergänzt Nils. »Und ob ich das will!«, jubelt er und schwenkt sie übermütig umher. »Die Reise werde ich mir bestimmt nicht entgehen lassen!«

Anhang

Dank
Formeln
Chemische Verbindungen
Umrechnungen von Maßeinheiten
Umrechnungsfaktoren
Abkürzungen
Glossar
Bildnachweis
Literatur

Dank

Wer, so wie der Autor, mit Bleistift, Papier und Rechenschieber aufgewachsen ist, benötigt im Informationszeitalter Hilfe.
Zuerst gilt mein Dank Frau Dr. phil. Kerstin Schreck, die aus meinen Manuskripten auf ihrem PC vollendete Manuskripte zauberte und mit ihren Diskursen meine Gedanken für neue Ideen öffnete.
Ohne Bilder ist jeder Text nur eine Bleiwüste. Doch ohne Bildrechte keine Bilder. Mit Akribie und starken Nerven hat Frau Dipl.-Ing. Jessica Lohmann diese Aufgabe übernommen.
Das Erstellen eines Glossars, der Umrechnungstabellen und vieles mehr erfordert umfassende Detailarbeit. Mit viel Spezialwissen und Engagement hat Herr B. Eng. Philipp Riegebauer diese Arbeit übernommen.
Ein Buch soll einem Leser Freude bereiten. Hierzu gehört eine ansprechende Form und Sprache. Diese Aufgabe haben Frau Nina Hoyer als Lektorin und Frau Ivonne Domnick als Layouterin ideenreich und meisterhaft umgesetzt.
Ohne Verlage keine Bücher. Für die Betreuung bedankt sich ein hochzufriedener Autor bei dem Cheflektor des Vieweg + Teubner Verlages, Ulrich Sandten.

Formeln

Beschreibung	Formelzeichen	Einheit	Einheit in Worten
1. Hauptsatz der Thermodynamik	$Q = \Delta U + W$	J	Joule
Arbeit, Energie	E	J	Joule
Arbeit	$W = F \cdot s$	Nm	Newtonmeter
Äquivalenz von Masse und Energie	$E = m \cdot c^2$	J	Joule
Druck	P	bar	Bar
Elektrische Spannung	U	V	Volt
Enthalpiedifferenz	ΔH	J	Joule
Entropie	$\Delta S = \Delta Q / \Delta T$	J/K	Joule pro Kelvin
Erdbeschleunigung	g (Mittelwert: 9,81 m/s^2)	m/s^2	Meter pro Sekunde^2
Frequenz	f	Hz	Hertz
Geschwindigkeit	c	m/s	Meter pro Sekunde
Innere Energie	ΔU	J	Joule
Kinetische Energie	$E_{kin} = (m \cdot c^2)/2$	J	Joule
Kraft	F	N	Newton
Leistung	P	W	Watt
Masse	m	kg	Kilogramm
Parts per million	ppm	10^{-6}	Millionstel
Potentielle Energie	$E_{pot} = m \cdot g \cdot \Delta h$	J	Joule
Sievert	Sv	J/kg	Joule pro Kilogramm
Temperatur in Grad Celsius	T	°C	Grad Celsius
Temperatur in Kelvin	T	K	Kelvin
Wärmeenergie	Q	J	Joule
Weg	s	m	Meter
Wirkungsgrad	η	%	Prozent

Chemische Verbindungen

NH_3	Ammoniak
CO_2	Kohlendioxid
CO	Kohlenmonoxid
C	Kohlenstoff
CH_4	Methan
CH_4O	Methanol
Ni	Nickel
Si	Silizium
O_2	Sauerstoff
N_2	Stickstoff
H_2O	Wasser
H_2	Wasserstoff
ZnO	Zinkoxyd

Umrechnungen von Maßeinheiten

Name	Symbol	Wert	Internationale Bezeichnung	Angloamerikanische Bezeichnung
Nano	n	10^{-9}	Milliardstel	billionth
Micro	µ	10^{-6}	Millionstel	millionth
Milli	m	10^{-3}	Tausendstel	thousandth
Zenti	c	10^{-2}	Hundertstel	hundredth
–	–	10^{0}	Eins	one
Hekto	h	10^{2}	Hundert	hundred
Kilo	k	10^{3}	Tausend	thousand
Mega	M	10^{6}	Million	million
Giga	G	10^{9}	Milliarde	billion
Tera	T	10^{12}	Billion	trillion
Peta	P	10^{15}	Billiarde	quadrillion
Exa	E	10^{18}	Trillion	quintillion

Umrechnungsfaktoren

Einheit	kJ	kWh	kg SKE	kg RÖE	Nm^3 Erdgas
1 kJ		$2,7778 \cdot 10^{-4}$	$3,4120 \cdot 10^{-5}$	$2,3885 \cdot 10^{-5}$	$2,8434 \cdot 10^{-5}$
1 kWh	3600		0,1229	0,0860	0,1024
1 kg SKE	29308	8,14		0,6993	0,8333
1 kg RÖE	41868	11,63	1,43		1,1905
1 Nm^3 Erdgas	35169	9,77	1,20	0,84	

Abkürzungen

CCS	Carbon, Capture and Storage (CO_2-Abscheidung und Speicherung)
EEG	Erneuerbare-Energien-Gesetz
EADS	European Aeronautic Defence and Space Company
EPR	European Pressurized Water Reactor (Europäischer Druckwasserreaktor)
FPSOs	Floating-, Production-, Storage- and Offloading-Schiffe
GVK	Grenzvermeidungskostenkurve
IEA	International Energy Agency (Internationale Energieagentur)
ITER	International Thermonuclear Experimental Reactor
kWp	Kilowatt Peak
MIT	Massachusetts Institute of Technology
Ma	Minore Aktiniden
OTEC	Oceanic Thermal Energy Conversion (Ozeanothermisches Gradient-Kraftwerk)
OECD	Organisation for Economic Cooperation and Development (Organisation für wirtschaftliche Zusammenarbeit und Entwicklung)
PRO	Pressure-Retarded-Osmosis (Druckverzögerte Osmose)
RÖE	Rohöleinheit
SOFCs	Solide Oxide Fuel Cells (Festoxidbrennstoffzellen)
SKE	Steinkohleeinheit
VHTR	Very-High-Temperature Reactor System (Hochtemperaturreaktor der IV-Generation)

Glossar

Amorph

Als amorph wird der Zustand eines festen Stoffes bezeichnet, bei dem die Bausteine keine periodische Anordnung über einen größeren Bereich aufweisen. Es ist jedoch hinsichtlich Abstand und Orientierung der nächsten Nachbarn eine Regelmäßigkeit mit dem kristallinen Zustand erkennbar. Sie entsprechen damit in ihrer Struktur den Flüssigkeiten, unterscheiden sich aber von ihnen durch die fehlende Teilchenbeweglichkeit.

Anthropogen

Der Begriff anthropogen bezeichnet alles, was durch den Menschen entstanden, verursacht, hergestellt oder beeinflusst wurde.

Arbitragegeschäfte

Als Arbitragegeschäfte bezeichnet man das Ausnutzen von Preisunterschieden für gleiche Waren an verschiedenen Handelsplätzen zum gleichen Zeitpunkt. Die Preise passen sich, infolge der ausgleichenden Wirkung der Arbitrage, in verschiedenen Märkten einander an.

Brennstoffzelle

In der Brennstoffzelle wird über eine chemische Reaktion von Wasserstoff und Sauerstoff direkt elektrische Energie erzeugt. Sie ist eine Technologie zur dezentralen Energieversorgung und kann für die elektrische Versorgung von Kleingeräten bis hin zum Antrieb von Kraftfahrzeugen eingesetzt werden.

Cap and Trade/Beschränken und Handeln

Die Anzahl der ausgegebenen Emissionszertifikate und damit die Obergrenze für zulässige Emissionen ist beschränkt. Da die Emissionsberechtigungen frei gehandelt werden können, entsteht ein ökonomischer Anreiz, den Ausstoß schädlicher Klimagase dort zu senken, wo es am effizientesten ist.

Carbon, Capture and Storage/CO_2-Abscheidung und Speicherung

Durch die CCS-Technologien ist es möglich, CO_2 aus Kraftwerken und Industrieanlagen abzutrennen. Dabei handelt es sich um einen dreistufigen Prozess, der die CO_2-Abtrennung, den nachfolgenden Transport sowie die anschließende Speicherung im tiefen geologischen Untergrund beinhaltet.

Carnotscher Kreisprozess

Der Carnot-Prozess beschreibt den maximal möglichen Anteil an Nutzarbeit, der durch die Umwandlung von zugeführter Wärme erzielt werden kann. Er ist ein wichtiger Grundprozess der Thermodynamik und wird als idealer Vergleichsprozess verwendet, um reale Prozesse zu untersuchen.

Charta 08

Bei der Charta 08 handelt es sich um eine von chinesischen Intellektuellen ausgearbeitete Petition, in welcher Meinungs- und Redefreiheit sowie die Freiheit der akademischen Lehre, Gewaltenteilung, Demokratie und eine neue Verfassung gefordert werden. Die Forderung der Abschaffung der Gesetze gegen die Untergrabung der Staatsgewalt ist darüber hinaus ein wichtiger Bestandteil der Charta 08. Der bekannte Menschenrechtsaktivist, Schriftsteller und Universitätsprofessor Liu Xiaobo wurde auf Grund dieses Anklagepunktes zu elf Jahren Haft verurteilt.

CO_2-Zertifikate

Ein CO_2-Zertifikat berechtigt ein Unternehmen, eine Tonne CO_2 auszustoßen. In Deutschland werden die CO_2-Emissionszertifikate an der European Energy Exchange (EEX) Energiebörse in Leipzig gehandelt.

Diskontierung

Die Diskontierung (auch Abzinsung) ist eine Rechenoperation aus der Finanzmathematik. Sie ermöglicht durch Abzinsung einer zukünftigen Zahlung die Berechnung des Wertes für einen Zeitpunkt, der vor dem der Zahlung liegt.

Divertorplatten

Ein Divertor befreit bei Fusionsreaktoren das Plasma von Verunreinigungen. Er zählt zu den thermisch am höchsten belasteten Bauteilen im Fusionsreaktor, weshalb nur Materialen mit sehr hohem Schmelzpunkt wie Graphit eingesetzt werden können. Die zu entfernenden Ionen werden durch Magnetfelder zu den gekühlten Prallplatten gelenkt und verlieren Energie. Dadurch können diese Elektronen eingefangen werden.

Emissionshandel

Der Emissionshandel ist ein Instrument der Klimapolitik. Damit sollen die Treibhausgasemissionen zu möglichst geringen volkswirtschaftlichen Kosten verringert werden und die im Kyoto-Protokoll festgelegten Klimaschutzziele erreicht werden. Der Emissionshandel beruht auf dem Prinzip des Cap and Trade und wurde in der Europäischen Union im Jahr 2005 eingeführt.

Endenergieverbrauch

Die vom Verbraucher energetisch genutzte Energie wird als Endenergieverbrauch bezeichnet. Der Energieaufwand für Gewinnung, Aufbereitung und Umwandlung der Primärenergie wird dabei nicht berücksichtigt.

Enthalpiegefälle

Die Enthalpie ist wie die innere Energie ein Maß für den Energieinhalt eines Systems. Sie ist eine Bezeichnung für die abgegebene bzw.

aufgenommene Wärmemenge einer Reaktion. Die Enthalpie setzt sich aus der inneren Energie und der Volumenänderungsarbeit zusammen. Es kann nur die Differenz zwischen zwei Zuständen gemessen werden, nicht die Enthalpie eines Zustandes.

Entropie

Mit Entropie wird nach R. Clausius in der Wärmelehre der Zustand eines Systems (Gas oder Flüssigkeit) charakterisiert. Die Entropie kann bei Zustandsänderungen in einem abgeschlossenen System nach dem 2. Hauptsatz der Wärmelehre nur konstant bleiben oder zunehmen. Daraus ergibt sich nach L. Boltzmann, dass die Bewegungsenergie der einzelnen Moleküle eines Körpers stets von einem weniger wahrscheinlichen Verteilungszustand in einen wahrscheinlicheren übergeht. Der wahrscheinlichste Zustand eines thermodynamischen Systems ist der Zustand der größtmöglichen Entropie und damit des größten Unordnungsgrades.

Erneuerbare-Energien-Gesetz

Mit dem im Jahr 2000 vom Bundestag verabschiedeten Gesetz werden die Abnahme und die Vergütung von Strom, der ausschließlich aus erneuerbaren Energien gewonnen wird, geregelt. Durch das EEG wird Betreibern der zu fördernden Anlagen ein fester Vergütungssatz für den erzeugten regenerativen Strom garantiert und die Netzbetreiber zu dessen vorrangiger Abnahme verpflichtet.

Euratom

Die Europäische Atomgemeinschaft (Euratom) wurde im Jahr 1957 gegründet. Sie ist in der Forschung der Kernenergie tätig, legt die Sicherheitsnormen für deren Nutzung fest und setzt sich für die friedliche Nutzung der Kernenergie ein.

European Aeronautic Defence and Space Company

Die EADS ist der größte europäische Luft-, Raumfahrt- und Rüstungskonzern. Der Konzern entstand am 10. Juli 2000 aus einer Fusion der deutschen DaimlerChrysler Aerospace, der spanischen Construcciones Aeronáuticas und der französischen Aérospatiale-Matra.

European Pressurized Water Reactor / Europäischer Druckwasserreaktor

Der EPR ist ein Druckwasserreaktor der 3. Generation bei dem durch die mehrfache Ausführung aller Sicherheitssysteme ein verbessertes Sicherheitskonzept erreicht wird. Zu einem erhöhten Schutz trägt darüber hinaus ein Auffangbecken bei, dass die Kernschmelze bei einem Störfall auffängt und abkühlt.

Floating-, Production-, Storage- and Offloading-Schiffe

Unter Floating-, Production-, Storage- and Offloading Units versteht man Schiffe, welche bei der Offshore-Gewinnung von Erdöl und Erdgas zur Förderung, Lagerung und Verladung eingesetzt werden.

Guoxue, Xixue

Mit dem Begriff *Guoxue* werden Studien bezeichnet, die sich mit der traditionellen chinesischen Kultur beschäftigen. *Xixue* bezeichnet die Wissenschaft im westlichen Geist.

Innere Energie

Die innere Energie eines Systems setzt sich aus der thermischen Energie, der chemischen Bindungsenergie sowie der potentiellen Energie der Atomkerne zusammen. Die thermische Energie besteht aus der kinetischen Energie, der Rotationsenergie sowie der Schwingungsenergie der Moleküle und geht somit aus der ungerichteten Bewegung der Moleküle hervor.

International Energy Agency / Internationale Energieagentur

Die Internationale Energieagentur zählt 26 Staaten als Mitglieder und ist eine autonome Organisation innerhalb der OECD. Die Sicherstellung der Versorgungssicherheit im Energiebereich ist das Hauptziel der IEA.

International Thermonuclear Experimental Reactor

ITER ist ein globales Reaktorprojekt zur Fusionsforschung und wird im Forschungszentrum Cadarache in Südfrankreich errichtet. Mit dem Experimentalreaktor soll der Nachweis der Machbarkeit der großtechnischen Nutzung der kontrollierten Kernfusion zur Stromerzeugung erbracht werden.

Kernfusion

Bei der Kernfusion müssen Atomkerne so dicht zusammengebracht werden, dass sie verschmelzen. Um die gegenseitige Abstoßung der Kerne zu überwinden und damit die Kettenreaktion ablaufen zu lassen, werden hohe Geschwindigkeiten der Teilchen benötigt, die erst bei hohen Temperaturen von rund 100 Mio. Grad erreicht werden.

Kernspaltung

Bei der Kernspaltung entstehen Spaltprodukte und Neutronen. Es setzt eine Kettenreaktion ein, da die entstandenen Neutronen ihrerseits weitere Spaltungen auslösen, wodurch neue Neutronen freigesetzt werden. Der gewonnene Energiebetrag ergibt sich aus der Differenz der Bindungsenergien des Urankerns und der entstandenen Spaltprodukte.

Kilowatt Peak

Der Kilowatt Peak steht bei der Fotovoltaik für die Leistung, die ein Solarmodul bei voller Sonnenbestrahlung unter festgelegten Standard-Testbedingungen erreicht. Als Standardbedingung wird eine optimale Sonneneinstrahlung von 1000 Watt pro Quadratmeter angesetzt.

Kinetische Energie

Die kinetische Energie ist die Energie, die ein Objekt aufgrund seiner Bewegung enthält. Die Bewegungsenergie entspricht der Arbeit, die aufgewendet werden muss, um das Objekt aus der Ruhe in die momentane Bewegung zu versetzen.

Klimawandel

Mit dem Klimawandel wird die Veränderung des globalen Klimas über einen bestimmten Zeitraum hinweg beschrieben. Unter dem Begriff Klimawandel wird nicht nur die globale Erwärmung, sondern zusätzlich die Erwärmung der Erde durch natürliche Klimaschwankungen verstanden.

Kostendegression

Bei der Kostendegression geht es darum, dass mit steigender Produktion die zusätzlichen Kosten sinken, da die fixen Kosten auf mehrere Absatzeinheiten verteilt werden. Durch Fördermaßnahmen des Staates werden die fixen Kosten, die beispielsweise für die Forschung und Entwicklung eines Produktes aufgewendet werden müssen, verringert.

Kraft-Wärme-Kopplung

In einer Kraft-Wärme-Kopplungsanlage wird gleichzeitig Strom und Nutzwärme erzeugt. Die Abgabe von ungenutzter Abwärme an die Umgebung wird dabei weitgehend vermieden, wodurch die eingesetzte Energie sehr viel effizienter genutzt wird. Die dezentrale Energieversorgung durch Blockheizkraftwerke gewinnt dabei zunehmend an Bedeutung.

Kristallin

Ein Festkörper wird als kristallin bezeichnet, wenn sich seine kleinsten Bestandteile (Atome, Ionen, Moleküle) dreidimensional periodisch wiederholend anordnen und eine Kristallstruktur aufbauen. Der kristalline Zustand ist der thermodynamisch stabilste feste Zustand.

Kugelhaufenreaktor

Hochtemperaturreaktor, bei welchem die Spaltzone aus einer Kugelschüttung besteht. Die Brennstoffkugeln bestehen aus U-235 und Thorium und sind in eine Moderatorkugel aus Graphit eingelassen.

Kyoto-Protokoll

Durch das Kyoto-Protokoll wurden erstmals völkerrechtlich verbindliche Zielwerte für den Ausstoß von Treibhausgasen in den Industrieländern festgelegt. 38 Industrieländer, darunter alle Mitgliedsländer der Europäischen Union, haben sich auf der Weltklimakonferenz 1997 in Kyoto verpflichtet, ihre Emission der sechs wichtigen Treibhausgase um mindestens 5,2% gegenüber dem Stand von 1990 zu reduzieren. Jedes Land muss sein Reduktionsziel innerhalb des Zeitraums 2008 bis 2012 erreicht haben, wobei die CO_2-Konzentration dabei als Referenzwert dient. Das Kyoto-Protokoll läuft 2012 aus, dennoch konnte 2009 auf der UN-Klimakonferenz in Kopenhagen keine verbindliche Nachfolgeregelung verabschiedet werden.

Leopoldina

Traditionsreiche Deutsche Akademie der Naturforscher Leopoldina in Halle. Nimmt seit dem 14. Juli 2008 die Aufgaben der deutschen Nationalen Akademie der Wissenschaften in ganz Deutschland wieder war.

Local Smart Grids

Mit dem Begriff Smart Grid wird ein intelligentes Stromnetz bezeichnet. Dieses zeichnet sich durch die kommunikative Vernetzung und Steuerung von Stromerzeugern und elektrischen Verbrauchern aus. Durch die miteinander verbundenen Bestandteile wird eine Überwachung und Optimierung des Netzes ermöglicht.

Massachusetts Institute of Technology

Das Massachusetts Institute of Technology ist eine Universität in Cambridge in den USA. Sie wurde 1861 gegründet und gilt als eine der weltweit führenden Universitäten im Bereich von technologischer Forschung.

Mechanische Arbeit

Im physikalischen Sinne wird Arbeit verrichtet, wenn ein Körper durch eine Kraft bewegt oder verformt wird.

Minoren Aktiniden

Bei der Spaltung von Uranatomen durch Neutronen entstehen unerwünschte Nebenprodukte wie Plutonium und andere Langzeitstrahler. Die minoren Aktiniden sind schwere Atomkerne die eine lange Halbwertzeit und hohe Radiotoxizität besitzen. Zu den minoren Aktiniden zählen Neptunium, Amerizium sowie Kurium.

Nanomaterialien

Als Nanomaterialien werden synthetisch hergestellte Stoffe in einem Bereich von einem bis zu 100 Nanometern bezeichnet. Dadurch ergibt sich bei gleichbleibendem Gesamtvolumen eine stark vergrößerte Oberfläche, was zu grundlegenden Änderungen der physikalisch-chemischen Eigenschaften führt.

Nutzenergie

Ist die Energieform, die dem Verbraucher nach ihrem letzten Umwandlungsschritt zur Verfügung steht, wie z.B. Licht oder Wärme.

Oceanic Thermal Energy Conversion / Ozeanothermisches Gradient-Kraftwerk

Meereswärmekraftwerke nutzen das Temperaturgefälle zwischen Oberflächen- und Tiefenwasser für die Stromgewinnung über eine Dampfturbine. Der Siedepunkt der niedrig siedenden Betriebsmittel darf dabei nicht über 15 °C liegen. Als Standorte solcher Kraftwerke kommen tropische Meere in Frage, da dort das Oberflächenwasser so warm ist, dass eine effiziente Stromgewinnung möglich ist.

Organisation for Economic Cooperation and Development / Organisation für wirtschaftliche Zusammenarbeit und Entwicklung

In der OECD mit Sitz in Paris sind 30 wichtige Industrieländer zusammengeschlossen. Die Organisation existiert seit 1961 und unterstützt die Mitglieder durch Beratung etc. ihre Wirtschaftsleistung und ihren Lebensstandard zu steigern. Zudem unterstützt sie den Ausbau des Welthandels.

Osmose

Der Effekt der Osmose tritt auf, wenn zwei Lösungen unterschiedlicher Konzentrationen über eine so genannte semipermeable Membran in Kontakt gebracht werden. Lösungen unterschiedlicher Konzentration sind immer zu einem Konzentrationsausgleich bestrebt. Im Falle der Kontaktierung über eine semipermeable Membran kann ein Konzentrationsausgleich nur erreicht werden, indem das Lösungsmittel durch die Membran von der niedriger in die höher konzentrierte Lösung diffundiert. Der Diffusionsprozess kommt zum erliegen, wenn der Druckunterschied zwischen den Lösungen den osmotischen Druck erreicht.

Potentielle Energie

Bei der potentiellen Energie handelt sich um diejenige Energie, welche ein Körper durch seine Position oder Lage besitzt. Der Betrag der Energie ändert sich beispielsweise proportional zur Höhendifferenz. Es muss ein Bezugspunkt gewählt werden, welcher z.B. die Erdoberfläche sein kann.

Pressure-Retarded-Osmosis / Druckverzögerte Osmose

Der Pressure-Retarded-Osmosis Prozess ist für die Energieumwandlung in Osmose-Kraftwerken relevant. Die höher konzentrierte Lösung steht bei diesem Prozess unter Druck. Da die Druckdifferenz Δp kleiner ist als der osmotische Druck ist die Permeatflussrichtung analog zur Osmose von der niedriger in die höher konzentrierte Lösung gerichtet.

Primärenergieverbrauch

Ist der Verbrauch eines Energieträgers wie er in der Natur vorkommt, d.h. er wurde noch keinem Umwandlungsschritt unterzogen. Zu den Primärenergieträgern zählen z.B. fossile Energieträger wie Stein und Braunkohle, Erdöl und Erdgas sowie die erneuerbaren Energien.

Prismatischer Kern

Für die Brennelemente von Hochtemperaturreaktoren ist neben den Kugelhaufen noch die weitere geometrische Form der prismatischen Blöcke erprobt worden. Bei einem Prisma handelt es sich um einen geometrischen Körper, der ein Vieleck als Grundfläche hat und dessen Seitenkanten parallel und gleich lang sind.

Prognose

Unter einer Prognose versteht man eine Vorhersage zukünftiger Ereignisse, die auf Beobachtungen aus der Vergangenheit und auf theoretisch fundierten objektiven Verfahren beruht.

Reserve / Ressource

Sicher nachgewiesene und mit bekannter Technologie wirtschaftlich förderbare Vorkommen werden als Reserven bezeichnet.

Im Unterschied dazu, werden unter Ressourcen Vorkommen verstanden die nachgewiesen wurden, aber noch nicht wirtschaftlich zu fördern sind. Zu den Ressourcen werden auch Vorkommen gezählt, die noch nicht sicher nachgewiesen sind, aber aufgrund geologischer Indikatoren erwartet werden.

Rohöleinheit

Die Rohöleinheit ist eine Maßeinheit für die in Form von Heizstoffen vorhandene Energie. 1 RÖE entspricht dem mittleren Energiewert von 1 kg Rohöl.

Saline Aquifere

Als saline Aquifere werden tiefliegende unterirdische Sandsteinschichten bezeichnet. Wie ein Schwamm verfügen diese über Poren, in welchen stark mineralhaltiges Wasser (die sog. *Sole*) enthalten ist. Darüber hinaus sind viele saline Aquifere von kompakten Schichten aus Salz oder Ton umschlossen und so für Gas undurchlässig.

Sekundärenergieträger

Sekundärenergieträger sind Primärenergieträger, die einem Umwandlungsschritt unterworfen wurden. Sekundärenergieträger sind Veredelungsprodukte wie Kohlebriketts oder Mineralölprodukte und Energieträger wie Strom und Fernwärme.

Semipermeable Membran

Bezeichnet die Eigenschaft einer Grenzfläche die nur das Lösemittel durchlässt, jedoch nicht den gelösten Stoff.

Sievert

Das Sievert ist die Maßeinheit der Äquivalentdosis. Damit wird die biologische Wirkung einer Energiedosis von ionisierender Strahlung beschrieben. Die Energiedosis wird dazu mit deinem Strahlungswichtungsfaktor multipliziert, der die unterschiedliche Wirkung der einzelnen Strahlungsarten auf lebende Organismen berücksichtigt.

Smart Metering

Beim Smart Metering ermöglicht eine kommunikationsfähige elektronische Messeinrichtung die Erfassung, Weiterverarbeitung und Abrechnung des Energiebedarfs. Versorger wie Verbraucher erhalten dadurch zeitnah Informationen darüber, wie viel Energie verbraucht wird und wann außergewöhnliche Spitzen bestehen. Der Smart Meter ist ein Baustein um langfristig ein allumfassendes intelligentes Stromnetz (Smart Grid) aufzubauen, welches für eine effektive Nutzung des wachsenden Anteils von Strom aus regenerativen Energien wie Windkraft und Solar notwendig ist.

Solide Oxide Fuel Cells / Festoxidbrennstoffzellen

Mit SOFCs werden Hochtemperatur-Brennstoffzellen bezeichnet, die aus Methan und Wasser an der nickelhaltigen Anode direkt

Kohlendioxid und Wasserstoff gewinnen. Die SOFCs erreichen den höchsten Wirkungsgrad aller Brennstoffzellen und sind besonders kompakt. Ein weiterer Vorteil der SOFCs ist ihre höhere Flexibilität bezüglich des eingesetzten Brennstoffs.

Stack

Eine einzelne Brennstoffzelle gibt nur eine geringe Spannung ab, weshalb mehrere Zellen in Reihe geschaltet werden. Eine Zusammenstellung einzelner Brennstoffzellen bildet ein Paket bzw. engl. einen Stack.

Stefan-Boltzmann-Gesetz

Das Stefan-Boltzmann-Gesetz ist ein physikalisches Gesetz, welches die emittierte Strahlungsleistung eines schwarzen Körpers in Abhängigkeit von seiner Temperatur angibt.

Steinkohleeinheit

Die Steinkohleeinheit ist eine Energieeinheit bei der 1 SKE dem mittleren Energiewert von 1 kg Steinkohle entspricht.

Strategische Ellipse

Mit der strategischen Ellipse wird ein Gebiet bezeichnet, dass sich vom Nahen Osten über den Kaspischen Raum bis in den Norden Russlands erstreckt. Diese Region besitzt für die Stabilität der weltweiten Energieversorgungssicherheit im 21. Jahrhundert herausragende strategische Bedeutung, da sich innerhalb dieser gedachten Ellipsenform der Großteil der verbleibenden globalen Öl- und Gasreserven befindet.

Szenario

Als Szenario wird eine mögliche zukünftige Abfolge von Ereignissen bezeichnet. Es ist nicht das Ziel, die Zukunft vorauszusagen, sondern alternative Möglichkeiten aufzuzeigen.

Taiwan-Strait-Incubator

Durch die Betrachtung der Städte Taichung (Taiwan) und Xiamen (China) beiderseits der Meerenge von Taiwan als gemeinsames urbanes System soll der *Klima-Inkubator* neue Ansatzpunkte der politischen Kooperation und des gesellschaftlichen Austausches liefern. Durch das übergreifende Entwicklungsszenario wird dem – nicht vor Ländergrenzen oder politischen Systemen haltmachenden – Klimawandel mit Hilfe von gemeinschaftlichen Stadt- und Energiemasterplänen Rechnung getragen.

Thermischer Wirkungsgrad

Mit dem Wirkungsgrad kann die Effizienz von Energiewandlungen, aber auch von Energieübertragungen beschrieben werden. Bei einer thermischen Kraftmaschine gibt er das Verhältnis der gewonnenen Arbeit zum zugeführten Wärmestrom an.

Treibhauseffekt

Der Treibhauseffekt ist die wesentliche Ursache der globalen Erwärmung. Die Treibhausgase besitzen Einfluss auf die Strahlungsbilanz der Erde, da sie ankommende kurzwellige Sonnenstrahlung passieren lassen, die von der Erdoberfläche reflektierte langwellige Wärmestrahlung jedoch teilweise absorbieren. Der Treibhauseffekt ist ein natürlicher Vorgang, der jedoch durch die anthropogene Emission von Treibhausgasen verstärkt wird.

Treibhausgase

Treibhausgase beeinflussen den Energiehaushalt der Atmosphäre durch die Absorption von Infrarot-Strahlung und tragen damit zum anthropogenen Treibhauseffekt bei. Die wichtigsten Treibhausgase sind Wasserdampf, Kohlendioxid und Methan.

Tropopause

Die Tropopause bezeichnet eine Grenzschicht der Erdatmosphäre. Diese liegt in den mittleren Breiten durchschnittlich zehn bis zwölf Kilometer hoch. Durch die Tropopause wird die wettergeprägte Troposphäre von der darüber liegenden ruhigeren Stratosphäre getrennt.

Very-High-Temperature Reactor System / Hochtemperaturreaktor der IV-Generation

Kernreaktoren, die bei wesentlich höheren Temperaturen arbeiten als andere bekannte Reaktortypen, werden als Hochtemperaturreaktoren bezeichnet. Hohe Arbeitstemperaturen werden durch gasförmige Kühlmittel, Graphit als Moderator und der Verwendung keramischer statt metallischer Werkstoffe im Reaktorkern erreicht.

Bildnachweis

Die Preisverleihung

S. 8/9 Sebastian Wallroth, Wikipedia

Hellseher mit Sammelleidenschaft

S. 14/15 Ivonne Domnick. **S. 17** *Historische Entwicklung des weltweiten Primärenergieverbrauchs.* Eigene Grafik auf Datengrundlage von: BP Statistical Review of World Energy June 2009. **S. 18** *Zukünftige Entwicklung des Primärenergieverbrauchs nach Regionen.* Eigene Grafik auf Datengrundlage von: International Energy Agency (IEA). World Energy Outlook. 2009, OECD/IEA. **S. 19** *Primärenergieverbrauch pro Kopf ausgewählter Länder und Regionen.* Eigene Grafik auf Datengrundlage von: Energy Information Administration (EIA), International Energy Annual 2006. **S. 20** *Primärenergieverbrauch nach Ländergruppen.* Eigene Grafik auf Datengrundlage von: H.-J. Wagner, Was sind die Energien des 21. Jahrhunderts?, 2007. **S. 21** *Zukünftige Entwicklung des Primärenergieverbrauchs nach Energieträgern.* Eigene Grafik auf Datengrundlage von: International Energy Agency (IEA). World Energy Outlook. 2009, OECD/IEA.
S. 21 *Zukünftige Entwicklung der energiebedingten CO_2-Emissionen nach Ländergruppen (business as usual).* Eigene Grafik auf Datengrundlage von: International Energy Agency (IEA). World Energy Outlook. 2009, OECD/IEA. **S. 22** *Zukünftige Entwicklung der weltweiten energiebedingten CO_2-Emissionen (450 – Fortschrittszenario).* International Energy Agency (IEA). World Energy Outlook. 2009, ECD/IEA.
S. 26 *CO_2-Vermeidungskostendiagramm.* Eigene Grafik.
S. 28 *Entwicklung der Treibhausgasemissionen in der EU (EU-27)* Eigene Grafik auf Datengrundlage von: Greenhouse gas emission and projections in Europe 2009, EEA 2009.
S. 28 *EU-Treibhausgasemissionspfad der dem Handelssystem unterliegt.* Eigene Grafik auf Datengrundlage von: Franz Josef Schafhausen, Bundesministerium für Umwelt, Naturschutz und Reaktorsicherheit. **S. 31** *Erklärung zum Emissionshandel und Erneuerbaren-Energien-Gesetz (EEG).* Beschreibung auf Grundlage von Ifo-Institut München. **S. 32** *Strategische und dynamische Kosten im Klimaschutz.* Sasche Samadi, Wuppertal Institut für Klima, Umwelt, Energie GmbH.
S. 38 *Bewertung von Umweltschäden.* Eigene Beschreibung.

Das Morgen und das Gestern

S. 44/45 Michael-Andre May/pixelio.de. **S. 47** *Themen.* Eigene Beschreibung. **S. 47** *Einstein-Gleichung.* Buchal, Christoph: Energie. Forschungszentrum Jülich GmbH; Deutsches Zentrum für Luft- und Raumfahrt e. V.; Forschungszentrum Karlsruhe GmbH (Hrsg.). Jülich 2007.
S. 48 *1.Hauptsatz der Thermodynamik.* Bošnjaković, Fran: Technische Thermodynamik Teil 1. Darmstadt 1998 und Kraftwerksschule E.V. Fachhefte für den Kraftwerksbetrieb. Heft 32. Wärmelehre. Hrsg. v. H. Steinhäuser. Essen 1991.
S. 50 *Entropie.* Kraftwerksschule E. V. Lehrhefte für die Weiterbildung zur/zum Kraftwerkerin/Kraftwerker. Heft 13. Aufbau und Betrieb von Kraftwerken. Hrsg. v. D. Seibert. Bochum 2003 und Fachhefte für den Kraftwerksbetrieb. Heft 32. Wärmelehre. Hrsg. v. H. Steinhäuser. Essen 1991. **S. 51** *Ausgewählte wichtige Begriffe in der Energiewirtschaft.* Eigene Beschreibung. **S. 52** *Vereinfachter Wärmeschaltplan eines Kondensations-Kraftwerkes und Darstellung im T,s-Diagramm.* Eigene Grafik auf Datengrundlage von: Kraftwerksschule E. V. Lehrhefte für die Weiterbildung zur/zum Kraftwerkerin/Kraftwerker. Heft 13. Aufbau und Betrieb von Kraftwerken. Hrsg. v. D. Seibert. Bochum 2003 und Fachhefte für den Kraftwerksbetrieb. Heft 32. Wärmelehre. Hrsg. v. H. Steinhäuser. Essen 1991. **S. 52** *Prozessschritte in einem thermischen Dampfkraftwerk* Beschreibung auf Grundlage von: Kraftwerksschule E. V. Lehrhefte für die Weiterbildung zur/zum Kraftwerkerin/Kraftwerker. Heft 13. Aufbau und Betrieb von Kraftwerken. Hrsg. v. D. Seibert. Bochum 2003 und Fachhefte für den Kraftwerksbetrieb. Heft 32. Wärmelehre. Hrsg. v. H. Steinhäuser. Essen 1991. **S. 54** *Wirkungsgrad eines Kraftwerkes.* Beschreibung auf Grundlage von: Kraftwerksschule E. V. Lehrhefte für die Weiterbildung zur/zum Kraftwerkerin/Kraftwerker. Heft 13. Aufbau und Betrieb von Kraftwerken. Hrsg. v. D. Seibert. Bochum 2003. **S. 56** *Endenergieverbrauch in Deutschland (2008).* Eigene Grafik auf Datengrundlage von: Energiebilanz der Bundesrepublik Deutschland 1990-2008, AGEB, Stand September 2009. **S. 57** *Energieflussbild (Deutschland 2008) in Petajoule (PJ).* Arbeitsgemeinschaft Energiebilanzen e.V., Stand September 2009, www.ag-energiebilanzen.de. **S. 58** *Chemische Energie- und CO_2-Freisetzung.* Diekmann, Bernd / Heinloth, Klaus: Energie. Physikalische

Grundlagen ihrer Erzeugung, Umwandlung und Nutzung. Stuttgart 1997. **S. 58** *Reserven und Ressourcen*. Bundesanstalt für Geowissenschaften und Rohstoffe (BGR): Energierohstoffe 2009. Reserven, Ressourcen, Verfügbarkeit. Hannover 2009. **S. 58** *Reserven und Ressourcen*. Eigene Grafik nach McKelvey. **S. 59** *Weltweite fossile Energievorkommen*. Eigene Grafik auf Datengrundlage von: Bundesanstalt für Geowissenschaften und Rohstoffe (BGR): Energierohstoffe 2009. Reserven, Ressourcen, Verfügbarkeit. Hannover 2009. **S. 59** *Werkstoffentwicklung und die dazugehörigen Dampfparameter*. Eigene Grafik auf Datengrundlage von K. Riedle, Entwicklung im Kraftwerksbau, BWK Bd. 52 (2000) Nr. 3. **S. 60** *CCS-Technologie*. Total GmbH. **S. 61** *CO_2-Abtrennung während der Verbrennung (Oxyfuel-Prozess)*. Vattenfall. **S. 61** *Verfahren zur CO_2-Abscheidung*. Beschreibung auf Grundlage von CCS. Carbon Capture and Storage. **S. 63** *Erklärung zur Energiebilanz der Erde*. Beschreibung auf Grundlage von: Buchal, Christoph: Energie. Forschungszentrum Jülich GmbH; Deutsches Zentrum für Luft- und Raumfahrt e. V.; Forschungszentrum Karlsruhe GmbH (Hrsg.). Jülich 2007 und Rahmstorf, Stefan / Schellnhuber, Hans Joachim: Der Klimawandel. Diagnose, Prognose, Therapie. München 2006. **S. 63** *Die Energiebilanz der Erde*. Ch. Buchal, KLIMA, Jülich 2007 (nach Ch. Buchal, ENERGIE, Jülich 2007; Ch.-D. Schönwiese, Klimatologie, Ulmer 2008 und IPCC). **S. 65** *Die Entwicklung der CO_2-Konzentration in der Atmosphäre*. Ch. Buchal, KLIMA, Jülich 2007 (Daten: Mauna Loa, Hawaii, sowie CDIAC US Carbon Dioxide Information Analysis Center). **S. 65** *Die Entwicklung der Globaltemperatur 1900 – 2008*. Ch. Buchal, KLIMA, Jülich 2008 (nach Ch.-D. Schönwiese, Klimatologie, Ulmer 2008 und IPCC). **S. 66** *Kernaussagen zur Klimaphysik*. Rahmstorf, Stefan / Schellnhuber, Hans Joachim: Der Klimawandel. Diagnose, Prognose, Therapie. München 2006. **S. 67** *Forschungsflugzeug*. Forschungszentrum Jülich. **S. 68** *Solarzelle*. Forschungszentrum Jülich. **S. 69** *Prinzip einer Solarzelle aus amorphen Silizium (l.) und zum Vergleich die Jülicher Tandemzelle (r.)*. Forschungszentrum Jülich. **S. 69** *Erklärung zum fotoelektrischen Effekt*. Beschreibung auf Grundlage von: Forschen in Jülich, Forschungszentrum Jülich, Nr. 1/2006. **S. 70** *Gezielte Siliziumherstellung*. Forschungszentrum Jülich. **S. 72** *Herstellung von Siliziumschichten: Beschichtung einer Glasscheibe mit leitfähigem Zinkoxid*. Forschungszentrum Jülich. **S. 72** *Herstellung von Siliziumschichten: Aufdampfen von Siliziumschichten*. Forschungszentrum Jülich. **S. 72** *Herstellung von Siliziumschichten: Aufrauen der Siliziumschicht*. Forschungszentrum Jülich. **S. 72** *Herstellung von Siliziumschichten: Ermitteln der Strom-Spannungs-Kennlinien eines Solarmoduls*. Forschungszentrum Jülich. **S. 74** *Prinzip der Kernspaltung und der Kernfusion*. Informationskreis KernEnergie. **S. 75** *Schematischer Aufbau des TEXTOR*. Forschungszentrum Jülich. **S. 76** *Ein Techniker befestigt Grafitplatten im Jülicher TEXTOR*. Forschungszentrum Jülich. **S. 77** *Erklärung zur Energieerzeugung in Brennstoffzellen*. Beschreibung auf Grundlage von: Forschen in Jülich, Forschungszentrum Jülich, Nr. 1/2006. **S. 78** *Lautloser Knalleffekt*. Forschungszentrum Jülich. **S. 78** *Einzelzellen für einen Brennstoffzellenstapel*. Forschungszentrum Jülich. **S. 79** *Brennstoffzellen vom Typ Solide Oxide Fuel Cells (SOFC)*. Forschungszentrum Jülich. **S. 84** *Schaufelradbagger im rheinischen Revier*. RWE Power. **S. 85** *Schema eines Braunkohletagebaues im rheinischen Revier*. DEBRIV, www.braunkohle.de. **S. 87**. *Bedeutung der strategischen Ellipse*. Beschreibung auf Grundlage von: Bundesanstalt für Geowissenschaften und Rohstoffe (BGR): Energierohstoffe 2009. Reserven, Ressourcen, Verfügbarkeit. Hannover 2009. **S. 88** *Strategische Ellipse*. Bundesanstalt für Geowissenschaften und Rohstoffe (BGR) Hannover. **S. 88** Versorgungsdreieck. Eigene Grafik. **S. 91** *Tortilla-Krise*. Beschreibung auf Grundlage von: Ifo-Institut München. **S. 92** *Biokraftstoff-Pilotanlage des Forschungszentrums Karlsruhe*. Karlsruher Institut für Technologie. **S. 92** *Erklärung zur Biokraftstoff-Pilotanlage des Forschungszentrums Karlsruhe*. Beschreibung auf Grundlage von Buchal, Christoph: Energie. Forschungszentrum Jülich GmbH; Deutsches Zentrum für Luft- und Raumfahrt e. V.; Forschungszentrum Karlsruhe GmbH (Hrsg.). Jülich 2007. **S. 93** *CO_2-Ausstoß verschiedener Kraftwerkstypen*. Eigene Grafik auf Datengrundlage von: Lübbert, Daniel: CO_2-Bilanzen verschiedener Energieträger im Vergleich – Zur Klimafreundlichkeit von fossilen Energien, Kernenergie und erneuerbaren Energien. Info-Brief der Wissenschaftlichen Dienstes des Deutschen

Bundestags, 2007 **S. 93** *Stromgestehungskosten für Braun- und Steinkohlekraftwerke mit CO_2-Abtrennung.* Forschungszentrum Jülich. **S. 94** *EU-Energieimportabhängigkeit.* Eigene Grafik auf Datengrundlage von: European Energy and Transport ---trends to 2030, European Commission, update 2007. **S. 95** *Abbildung einer Raffinerie.* Deutsche BP AG. **S. 95** *Liquid Natural Gas (LNG).* BP International Limited. **S. 95** *Erdgastransportnetz in Europa.* Bundesverband der Energie- und Wasserwirtschaft e.V. (BDEW). **S. 95** *Erdgasplattform.* Automation and Power Technologies (ABB). **S. 96** *Ein- und Ausspeicherung von Erdgas.* EWE AG. **S. 97** *Porenspeicher.* Landesamt für Bergbau, Geologie und Rohstoffe Brandenburg (LBGR). **S. 97** *Kavernenspeicher.* Landesamt für Bergbau, Geologie und Rohstoffe Brandenburg (LBGR). **S. 97** *Erklärung zu Poren- und Kavernenspeicher.* Beschreibung auf Grundlage von: P. Konstantin, Praxisbuch Energiewirtschaft, Springer-Verlag, Berlin Heidelberg 2007. **S. 98** *Erdgastransportstufen.* P. Konstantin, Praxisbuch Energiewirtschaft, Springer-Verlag, Berlin Heidelberg 2007. **S. 99** *Spannungsebenen der Stromversorgung.* Stefan Riepl, Wikipedia. **S. 100** *Offshore-Windpark.* Bundesverband WindEnergie e.V. (BWE). **S. 100** *Technisches Windkraftwerksbild.* Siemens. **S. 100** Erklärung zur Funktionsweise einer Windenergieanlage. Eigene Beschreibung. **S. 101** *Hot-Dry-Rock-Verfahren.* Markus O. Häring, Geothermal Explorers Ltd, 2007. **S. 101** *Hot-Dry-Rock-Verfahren.* Eigene Beschreibung. **S. 102** *Meeresströmungskraftwerk.* Marine Current Turbines Ltd (MCT). **S. 103** *Wellenkraftwerk.* Wave Dragon. **S. 103** *Osmose-Kraftwerk.* Statkraft. **S. 103** *Funktionsweise eines Osmosekraftwerkes.* Isenburg, Thomas: Osmosekraftwerke: Potentialanalyse für eine bessere Zukunftstechnologie. In: Rubin. Wissenschaftsmagazin der Ruhr-Universität Bochum. Frühjahr 2010. Schwerpunkt Energie. **S. 104** *Meereswärmekraftwerk.* RobbyBer, Wikipedia. **S. 105** *Energie aus der Tiefsee.* Courtesy of Emerson Process Management. **S. 107** *Methanhydrate.* Bohrmann, MARUM Universität Bremen. **S. 107** *Erklärung zu Methanhydraten.* Beschreibung auf Grundlage von Buchal, Christoph: Energie. Forschungszentrum Jülich GmbH; Deutsches Zentrum für Luft- und Raumfahrt e. V.; Forschungszentrum Karlsruhe GmbH (Hrsg.). Jülich 2007

Die Effizienzpioniere

S. 110/111 Ivonne Domnick. **S. 112** *Entwicklung des energiesparenden Bauens.* Fraunhofer-Institut für Bauphysik (IBP). **S. 113** *Endenergieverbrauch in Deutschland (2008).* Eigene Grafik auf Datengrundlage von: Energiebilanz der Bundesrepublik Deutschland 1990–2008, AGEB, Stand September 2009. **S. 113** *Aufteilung des Energieverbrauchs im Privathaus.* ASUE, www.asue.de. **S. 114** *Erforderliche Dämmstoffdicke.* HEA – Fachgemeinschaft für effiziente Energieanwendung e.V. **S. 114** *Definition U-Wert.* RWE Bau-handbuch. VWEW Energieverlag GmbH (Hrsg.). Frankfurt; Berlin; Heidelberg 2004. **S. 115** *Holzwolle-Leichtbauplatten.* HEA – Fachgemeinschaft für effiziente Energieanwendung e.V. **S. 115** *Wärmepumpen-Heizungsanlage.* HEA – Fachgemeinschaft für effiziente Energieanwendung e.V. **S. 115** *Funktionsweise einer Wärmepumpe.* Eigene Beschreibung. **S. 116** *Wohnungslüftungssystem.* HEA – Fachgemeinschaft für effiziente Energieanwendung e.V. **S. 116** *Wärmetauscher.* HEA – Fachgemeinschaft für effiziente Energieanwendung e.V. **S. 117** *Gebäude mit Solarfassade in Freiburg.* Solar-Fabrik AG. **S. 117** *Solar Tower am Freiburger Hauptbahnhof.* Solar-Fabrik AG.

Die Preismacher

S. 122/123 Norbert Svojtka, pixelio.de. **S. 125** *Historische Entwicklung der Erdölpreise.* Eigene Grafik auf Datengrundlage von: BP Statistical Review of World Energy June 2009. **S. 126** *Das Hotelling-Modell.* Eigene Grafik auf Datengrundlage von: Hensing, Ingo / Pfaffenberger, Wolfgang / Ströbele, Wolfgang: Energiewirtschaft. Einführung in Theorie und Politik. München; Wien 1998. **S. 127** *Entscheidungskalkül beim Hotelling-Modell.* Eigene Beschreibung. **S. 127** *Beispiel zum Hotelling Modell.* Eigene Beschreibung. **S. 129** *Ursachen kurzfristiger Preisschwankungen.* Eigene Beschreibung

Fortschrittliche Nuklearentwicklungen und Innovationsforschung

S. 136/137. Thomas Stallkamp, pixelio.de. **S. 146** *Mitgliedsländer der Initiative Kernreaktoren der Generation IV.* Behnke, L. / Hofmeister, J. / Löwenberg, M. / Schulenberg, T.: Was ist Generation IV? Forschungszentrum Karlsruhe in der Helmhotz-Gemeinschaft (Hrsg.). Wissenschaftliche

Berichte FZKA 6967. Karlsruhe 2004. **S. 146** *Ziele des Generation IV-Programms.* Beschreibung auf Grundlage von: Botzian, Rudolf: Kernkraftwerke der vierten Generation: amerikanische Initiative im Kontext internationaler Politik. In: ew dossier Kraftwerkstechnik, Jg. 103 (2004), Heft 11. **S. 147** *Reaktorgenerationen.* Botzian, Rudolf: Kernkraftwerke der vierten Generation: amerikanische Initiative im Kontext internationaler Politik. In: ew dossier Kraftwerkstechnik, Jg. 103 (2004), Heft 11. **S. 147** *Kernkraftwerk mit Druckwasserreaktor.* AREVA NP GmbH. **S. 148** *Funktionsweise des Druckwasserreaktors.* Beschreibung auf Grundlage von: Druckwasserreaktor 1600 MW (EPR), AREVA NP GmbH, Erlangen 2007. **S. 149** *Barrieren zur Verhinderung des Austritts radioaktiver Substanzen und ionisierender Strahlung.* AREVA NP GmbH. **S. 150** *Der Reaktortyp VHTR.* Behnke, L. / Hofmeister, J. / Löwenberg, M. / Schulenberg, T.: Was ist Generation IV? Forschungszentrum Karlsruhe in der Helmhotz-Gemeinschaft (Hrsg.). Wissenschaftliche Berichte FZKA 6967. Karlsruhe 2004 und Botzian, Rudolf: Kernkraftwerke der vierten Generation: amerikanische Initiative im Kontext internationaler Politik. In: ew dossier Kraftwerkstechnik, Jg. 103 (2004), Heft 11. **S. 150** *Schema des Höchsttemperaturreaktors (VHTR).* Idaho National Laboratory (INL). **S. 152** *Entsorgung von radioaktiven Abfällen.* Beschreibung auf Grundlage von: Geist, A. / Gompper, K. / Weigl, M. / Fanghänel, INE: Reduzierung der Radiotoxizität abgebrannter Kernbrennstoffe durch Abtrennung und Transmutation von Actiniden: Partitioning. In: Nachrichten – Forschungszentrum Karlsruhe. Jahrg. 36, 2/2004, S. 97-102. **S. 152** *Radiotoxizitätsinventar einer Tonne abgebrannten Kernbrennstoffs aus einem Druckwasserreaktor.* Geist, A. / Gompper, K. / Weigl, M. / Fanghänel, INE: Reduzierung der Radiotoxizität abgebrannter Kernbrenn-stoffe durch Abtrennung und Transmutation von Actiniden: Partitioning. In: Nachrichten – Forschungszentrum Karlsruhe. Jahrg. 36, 2/2004. **S. 152** *Auswirkung der Abtrennung und Transmutation von Plutonium und Minoren Actiniden auf den Verlauf der Radiotoxizität.* Geist, A. / Gompper, K. / Weigl, M. / Fanghänel, INE: Reduzierung der Radiotoxizität abgebrannter Kernbrennstoffe durch Abtrennung und Transmutation von Actiniden: Partitioning. In: Nachrichten – Forschungszentrum Karlsruhe. Jahrg. 36, 2/2004

Think big!

S. 164/165 Jutta Nowack, pixelio.de. **S. 168** *Sun belt.* Solar Millennium AG. **S. 169** *Concentrating Solar Resource of the United States.* National Energy Laboratory (NRL) for the U.S. Department of Energy. **S. 170** *Bild eines Parabolrinnenkraftwerk.* Solar Millennium AG. **S. 170** *Bestandteile eines Parabolrinnen-Kollektors.* Solar Millennium AG. **S. 172** *Anlagenschema eines Parabolrinnenkraftwerks.* Solar Millennium AG

Megacitys

S. 178/179 Jens Schott Knudsen, Wikipedia. **S. 185** *Einwohner in Metropolen.* Eigene Beschreibung auf Datengrundlage von: World Gazetteer, Berechnung 2010. **S. 186** *Schlüsselelemente lebenswerter Metropolen.* Eigene Beschreibung. **S. 189** *Strategischer Energie-Masterplan für Xiamen.* CHORA, Raoul Bunschoten. **S. 190** *Skizze eines intelligenten Netzes.* CHORA, Raoul Bunschoten. **S. 191** *Erklärung eines intelligenten Netzes.* Eigene Beschreibung.**S. 198** *Energieinfrastruktur der Zukunft.* EW Medien und Kongresse GmbH, »Zukunft der Stromversorgung«. **S. 198** *Vorteile von Smart Meter.* Eigene Beschreibung. **S. 199** *Systemstabilität durch Elektromobilität.* IFHT – Institut für Hochspannungstechnik der RWTH Aachen

Erkenntnisse

S. 204/205 Ivonne Domnick

Literatur

Die Preisverleihung

Deutsche Akademie der Naturforscher Leopoldina (Hrsg.): *Leopoldina aktuell 7/2009*. Halle (Saale) 2009

ter Meulen, Volker (Hrsg.): *Deutsche Akademie der Naturforscher Leopoldina. Geschichte–Struktur–Aufgaben*. Halle (Saale) 2009

Hellseher mit Sammelleidenschaft

Braun, Joachim von: »Brot allein macht nicht satt«. In: *Die Zeit* Nr. 10, 2010

European Environment Agency (EEA): Report No 9/2009. *Greenhouse gas emission trends and projects in Europe 2009. Tracking progress towards Kyoto targets*. Kopenhagen 2009

Grefe, Christine: »Heute schon gegessen?« In: *Die Zeit* Nr. 47, 2009

International Energy Agency (IEA): *How The Energy Sector Can Deliver On A Climate Agreement In Copenhagen*. Special early excerpt of the World Energy Outlook 2009 for the Bangkok UNFCCC meeting. Paris 2009

International Energy Agency (IEA): *World Energy Outlook*. Paris 2009

Klingst, Martin: »Im Reich der Kohle«. In: *Die Zeit* Nr. 48, 2009

Odrich, Peter: »Energieagentur mahnt Weltklimavertrag an«. In: *VDI nachrichten*. Technik Wirtschaft Gesellschaft. Nr. 46, 2009

Statistisches Bundesamt: *Wägungsschema des Verbraucherpreisindex: Deutschland, Jahre, Klassifikation der Verwendungszwecke des Individualkonsums, bezogen auf 2005*

Stern, Nicholas: *Der Global Deal*. München 2009

Wagner, Hermann-Josef: *Was sind die Energien des 20. Jahrhunderts? Der Wettlauf um die Lagerstätten*. Frankfurt a. M. 2007

Weimann, Joachim: *Die Klimapoltikkatastrophe*. Marburg 2008

Das Gestern und das Morgen

Arbeitsgemeinschaft Energiebilanzen e. V. (Hrsg.): »Deutschland setzt auf breiten Energiemix«. In: *AG Energiebilanzen Nr. 5/2009*. Pressedienst. Quelle: www.ag-energiebilanzen.de

Böske, Johannes: *Zur Ökonomie der Versorgungssicherheit in der Energiewirtschaft*. Berlin 2007

Bošnjaković, Fran: *Technische Thermodynamik Teil 1*. Darmstadt 1998

Buchal, Christoph: *Energie*. Forschungszentrum Jülich GmbH; Deutsches Zentrum für Luft- und Raumfahrt e. V.; Forschungszentrum Karlsruhe GmbH (Hrsg.). Jülich 2007

Buchal, Christoph / Schönwiese, Christian-Dietrich: *Klima. Die Erde und ihre Atmosphäre im Wandel der Zeiten*. Hrsg. v. W. und E. Heraeus-Stiftung, Helmholtz-Gemeinschaft Deutscher Forschungszentren. Jülich 2010

Cubasch, Ulrich / Kasang, Dieter: *Anthropogener Klimawandel*. Gotha 2000

Diekmann, Bernd / Heinloth, Klaus: *Energie. Physikalische Grundlagen ihrer Erzeugung, Umwandlung und Nutzung*. Stuttgart 1997

Fachverband für Energie-Marketing und -Anwendung (HEA) e. V. beim VDEW (Hrsg.): *Handbuch Niedrigenergiehäuser*. Frankfurt am M. 2003

Forschungszentrum Jülich (Hrsg.): *Jahresbericht 2008*

Forschungszentrum Jülich GmbH (Hrsg.): »Energie«. In: *Forschen in Jülich*. Das Magazin aus dem Forschungszentrum Jülich Nr. 1, 2006

Forschungszentrum Jülich GmbH (Hrsg.): »Umwelt und Klimaschutz«. In: *Forschen in Jülich*. Das Magazin aus dem Forschungszentrum Jülich Nr. 1, 2009

Gesamtverband Steinkohle (Hrsg.): *Steinkohle 2009. Globalisierung braucht Sicherheit*. Essen 2009

Gesellschaft für Sozialforschung und statistische Analysen im Auftrag des Bundesministeriums für Umwelt, Naturschutz und Reaktorsicherheit (Hrsg.): *Meinungen zum Ausstieg aus der Atomkraft.* Erhebung durch Forsa. April 2009

Hau, Erich: *Windkraftanlagen. Grundlagen, Technik, Einsatz, Wirtschaftlichkeit.* Berlin; Heidelberg; New York 2003

Heinloth, Klaus: *Die Energiefrage. Bedarf und Potentiale, Nutzung, Risiken und Kosten.* Braunschweig; Wiesbaden 1997

Informationszentrum klimafreundliches Kohlekraftwerk e. V. (IZ Klima) (Hrsg.): *CCS. Carbon Capture and Storage. CO_2-Abscheidung und -Speicherung als Beitrag zum weltweiten Klimaschutz.* Berlin 2009

Informationszentrum klimafreundliches Kohlekraftwerk e. V. (IZ Klima) (Hrsg.): *CCS. Carbon Capture and Storage. Transport von CO_2 : Pipelines für den Klimaschutz.* Berlin 2009

IPP Max-Planck-Institut für Plasmaphysik (Hrsg.): *Kernfusion.* Folge 2. Berichte aus der Forschung 2002

Isenburg, Thomas: »Osmosekraftwerke: Potentialanalyse für eine bessere Zukunftstechnologie«. In: *Rubin.* Wissenschaftsmagazin der Ruhr-Universität Bochum. Frühjahr 2010. Schwerpunkt Energie, S. 22–25

Klank, Maksymilian: »Auch das umweltfreundlichste Kraftwerk kann erst CO_2-Emissionen reduzieren, wenn es genehmigt und gebaut ist.« In: *Die Braunkohle. Was liegt näher?* Eine Dokumentation zur Informationskampagne des DEBRIV. Deutscher Braunkohle Industrieverein (DEBRIV) (Hrsg.). Köln 2010, S. 92f

Konstantin, Panos: *Praxisbuch Energiewirtschaft. Energieumwandlung, -transport und -beschaffung im liberalisierten Markt.* Berlin; Heidelberg 2007

Kraftwerksschule e. V: *Lehrhefte für die Weiterbildung zur/zum Kraftwerkerin/Kraftwerker.* Heft 13. Aufbau und Betrieb von Kraftwerken. Hrsg. v. D. Seibert. Bochum 2003

Kraftwerksschule e. V: *Fachhefte für den Kraftwerksbetrieb.* Heft 32. Wärmelehre. Hrsg. v. H. Steinhäuser. Essen 1991

Küffner, Georg: »Die Kraft des flachen Wassers«. In: *FAZ* Nr. 285, 2009

Leithner, Reinhardt: »Schwarz-Weißdenken ist für die Lösung des globalen Energieproblems nicht sehr hilfreich.« In: *Die Braunkohle. Was liegt näher?* Eine Dokumentation zur Informationskampagne des DEBRIV. Deutscher Braunkohle Industrieverein (DEBRIV) (Hrsg.). Köln 2010, S. 96f.

Ocean Current Technologies. Quelle: *www.ocean-current-technologies.com*

Oeding, D. / Oswald, B.R.: *Elektrische Kraftwerke und Netze.* Berlin/Heidelberg 2004

Petermann, Jürgen (Hrsg.): *Sichere Energie im 21. Jahrhundert.* Hamburg 2006

RAG / Steag (Hrsg.): *Energien für das neue Jahrtausend.* Essen

Rahmstorf, Stefan / Schellnhuber, Hans Joachim: *Der Klimawandel. Diagnose, Prognose, Therapie.* München 2006

RWE Innogy: »Wellenkraftwerk. Neue Technologien. Ideen von heute Technik von morgen«. Aktuelle Pressemitteilung. Quelle: *www.rwe.com*

[Statkraft] »The world`s first osmotic power plant opened!«. Pressemitteilung v. 24.11.2009. Quelle: *www.statkraft.com*

VGB PowerTech Service e. V. (Hrsg.): *Konzeptstudie Referenzkraftwerk Nordrhein-Westfalen* (RKW NRW). Essen 2004

[Voithhydro] »Wellenkraftwerke«. Quelle: *www.voithhydro.com*

Volkmer, Martin: *Kernenergie Basiswissen.* Informationskreis KernEnergie (Hrsg.). Berlin 2005

Wave Energy Converter (Hrsg.): »Pelamis wave power«. Quelle: *www.pelamiswave.com*

Wave Energy Converter: »Wave Dragon. Presentation 2005«. Quelle: *www.wavedragon.net*

[Wave Star Energy] »Die Zukunft beginnt hier!«. Quelle: *www.WaveStarEnergy.com*

Weischet, Wolfgang: *Einführung in die Allgemeine Klimatologie.* Stuttgart 1995

Wingas Transport GmbH & Co. KG: »Technische Expertise und Kooperation sorgt für die Sicherheit von Europas Gasflüssen«. Presseinformation Sept. 2009. Quelle: *presse@wingas-transport.de*

Wuppertal Institut für Klima, Umwelt, Energie / Max-Planck-Institut für Chemie im Auftrag von EON Ruhrgas AG. *Treibhausgasemissionen des russischen Erdgas-Exportpipeline-Systems.* Endbericht. Feb. 2009

Die Effizienzpioniere

Haselhuhn, Ralf (Hrsg.): *BINE-Informationspaket Photovoltaik. Gebäude liefern Strom*. Köln 2005

Fraunhofer-Gesellschaft: »FHI-Allgemeines«. Quelle: *www.ise.fraunhofer.de*

Fraunhofer-Institut für Solare Energiesysteme (ISE): »Gebäudekonzepte, Analyse, Betrieb«. Quelle: *www.ise.fraunhofer.de*

Kaltschnitt, Martin / Huenges, Ernst / Wolff, Helmut (Hrsg.): *Energie aus Erdwärme. Geologie, Technik und Energiewirtschaft*. Stuttgart 1997

Usemann, Klaus W.: *Energiesparende Gebäude und Anlagetechniken*. Berlin; Heidelberg; New York 2005

VWEW Energieverlag GmbH (Hrsg.): *RWE Bauhandbuch*. Frankfurt; Berlin; Heidelberg 2004

Die Preismacher

Blank, Jürgen E. / Wacker, Holger: *Ressourcenökonomik. Bd. II: Einführung in die Theorie erschöpfbarer natürlicher Ressourcen*. München; Wien 1999

Erdmann, Georg / Zweifel, Peter: *Energieökonomik. Theorie und Anwendungen*. Berlin; Heidelberg 2008

[FAZ] »Die Händler leeren ihre schwimmenden Öllager«. In: *FAZ* Nr. 30, 5. Feb. 2010, S. 23

Haseler, Ludwig: »Sisyphus im Alltag«. In: *Du* Nr. 790, Okt. 2008, S. 118

Hensing, Ingo / Pfaffenberger, Wolfgang / Ströbele, Wolfgang: *Energiewirtschaft. Einführung in Theorie und Politik*. München; Wien 1998

Motzkuhn, Robert: *Der Kampf um das Öl. Weltvorräte Ölmultis und wir*. Tübingen; Zürich; Paris 2005

Organisation of the Petroleum Exporting Countries. Public Relations and Information Department: *Frequently Asked Questions*. March 2009

Organization of the Petroleum Exporting Countries: *General Information*. March 2009

Polyglott-Redaktion (Hrsg.): *Polyglott on tour – Österreich*. München 2009

Schiffer, Hans-Wilhelm: *Energiemarkt Deutschland*. TÜV Rheinland (Hrsg.). Köln 2008

Stern, Nicholas: *Der Global Deal*. München 2009

[Wikipedia] »OPEC – Organisation erdölexportierender Länder«. Quelle: *http://de.wikipedia.org/wiki/OPEC*

Fortschrittliche Nuklearentwicklungen und Innovationsforschung

Bauer, G.S. (Paul Scherrer Institut) / Salvatores, M. (CEA Cadarache) / Heusener, G. (Forschungszentrum Karlsruhe): »Megapie (MEGAwatt Pilot Experiment), a 1 MW Pilot Experiment for a Liquid Metal Spallation Target«. 2002

Behnke, L. / Hofmeister, J. / Löwenberg, M. / Schulenberg, T.: »Was ist Generation IV?« Forschungszentrum Karlsruhe in der Helmhotz-Gemeinschaft (Hrsg.): *Wissenschaftliche Berichte FZKA 6967*. Karlsruhe 2004

Berghahn, Eyke / Thomas, Petrima / Grundmann, Hans-R.: *Kanada Osten/USA Nordosten. Reisen zwischen Atlantik und großen Seen*. Westerstede 2008

Bernreuter, Johannes: »Passender Mosaikstein. Killerargumente widerlegen (7): ›Photovoltaik kann kein Kraftwerk ersetzen‹«. In: *Photon*, März 2003, S. 55–61

Botzian, Rudolf: »Kernkraftwerke der vierten Generation: amerikanische Initiative im Kontext internationaler Politik«. In: *ew dossier Kraftwerkstechnik*, Jg. 103 (2004), Heft 11, S. 11–50

Breyer, Wolfgang: »Wie lange reicht das Uran?« In: *Argumente. Energie – Umwelt – Gesellschaft*. Framatone ANP GmbH (Hrsg.). Erlangen 2005, S. 1–4

Bundesministerium für Bildung und Forschung: »Ministerin Schavan: ›Forschen für den Energiemix der Zukunft‹. BMBF startet das Wissenschaftsjahr 2010 – Die Zukunft der Energie / Projektförderung bei erneuerbaren Energien steigt in 2010 um 30% an.« *Pressemitteilung vom 25. Jan. 2010*

Bundesministerium für Bildung und Forschung. (Hrsg.). Referat Öffentlichkeitsarbeit: *Das 7. EU-Forschungsrahmenprogramm*. Bonn, Berlin 2007

Bundesministerium für Wirtschaft und Technologie (BMWi): »Energieforschung der Bundesregierung«. Quelle: *www.bmwi.de/BMWi/Navigation/Energie/energieforschung*

Department of Energy (US). Funded Projects (Hrsg.): »Advanced Research Projects Agency·Energy (ARPA-E)«. Quelle: *http://arpa-e.energy.gov/FundedProjects.aspx*

Department of Energy: *FY 2011. Congressional Budget Request. Budget Highlights*. Feb. 2010. Office of Chief Financial Officer

Department of Energy – Office of Nuclear Energy (Hrsg.): »Advanced Gas Reactor Fuel Program`s TRISO Particle Fuel Sets A New World Record For Irradiation Performance«. November 16, 2009. Quelle: *www.ne.doe.gov/GenIV/neGenIV9.html*

[Euractiv] »EU investiert Milliarden in Energieforschung«. 7. Okt. 2009. Quelle: *http.//www.euractiv.com/de/energie/eu-investiert-milliarden-energieforschung/article186166*

Förderberatung: »Energieforschung und Energietechnik«. Quelle: *www.foerderinfo.bund.de*

Framatome ANP GmbH (Hrsg.): *Druckwasserreaktor 1600 MWe (EPR) Kernkraftwerk Olkiluoto 3, Finnland*. Erlangen 2005

Geist, A. / Gompper, K. / Weigl, M. / Fanghänel, INE: »Reduzierung der Radiotoxizität abgebrannter Kernbrennstoffe durch Abtrennung und Transmutation von Actiniden: Partitioning«. In: *Nachrichten – Forschungszentrum Karlsruhe*. Jahrg. 36, 2/2004, S. 97–102

Heinrich-Böll-Stiftung (Hrsg.): *USA Energie- und Klimapolitik. Akteure und Trends im August 2009*. Von Ch. Wörlen / W. Rickerson. / B. Marrs / G. Holzhausen / J. Crowe / J. Snell / R. W. Hambrick. Berlin; Boston, 15. Sept. 2009

Maschek, W. / Cheng, X. / Rineijski, R. / Konys, J. / Müller, G. / Broeders, C. / Schkorr, M. / Struwe, D.: »Partitioning und Transmutation: Eine neue Perspektive bei der Behandlung nuklearer Abfälle«. In: *Nachrichten – Forschungszentrum Karlsruhe*. Jahrg. 36, 2/2004, S. 103–109

Mühl, Melanie: »Liebt endlich!« In: *FAZ* Nr. 295, 2009

National Geographic Deutschland (Hrsg.): *Der National Geographic Explorer Boston*. Hamburg 2007

Paul Scherrer Institut (PSI). *Hintergrundinformationen über Megapie für die Medien. Das Megapie-Experiment – Zahlen & Fakten*. Villingen, 31. Jan. 2007.

Randow, Gero von: »Die Macht des Wandels«. In: *Die Zeit* Nr. 50, 2009

Schneider, M. / Thomas, S. / Frogott, A. / Koplow, D.: *Der Welt-Statusreport Atomindustrie 2009. Unter besonderer Berücksichtigung wirtschaftlicher Fragen*. Im Auftrag des Bundesministeriums f. Umwelt, Naturschutz u. Reaktorsicherheit. Paris; Berlin 2009.

Stallmacher, Josef: *Dynamis und Energeia*. Untersuchungen am Werk des Aristoteles zur Problemgeschichte von Möglichkeit und Wirklichkeit. Monographien zur philosophischen Forschung begründet v. Georgi Schischkoff. Bd. XXI. Meisenheim a. Glan 1959

Sustainable Nuclear Energy Technology Platform (Hrsg.): Strategic Research Agenda (SNETP). May 2009

Trefzger-Betzing, Christel: »Auf dem Weg zu Generation IV künftiger Kernreaktoren«. In: *VDI nachrichten* Nr. 20, 18. Mai 2007

Ulfig, Alexander: *Lexikon der philosophischen Begriffe*. Köln 2003

[Wikipedia] »Mittelalterliche Universitäten«. Quelle: *http://de.wikipedia.org/wiki/Universität*

[Wikipedia] »Nevada Solar One«. Quelle: *http://en.wikipedia.org/wiki/Nevada_Solar_One*

Think big!

Deutsches Zentrum für Luft- und Raumfahrt e. V., Institut für Technische Thermodynamik. Abteilung Systemanalyse u. Technikbewertung (Hrsg.): *Trans-Mediterraner Solarstromverbund – Zusammenfassung*. Im Auftrag des Bundesministeriums f. Umwelt, Naturschutz u. Reaktorsicherheit (BMU). Stuttgart 2006

[DLR] *Solarthermische Kraftwerke für den Mittelmeerraum* (Studienprojekt MED-CSP). Zusammenfassung. Im Auftrag des BMU. DLR, Institut für Technische Thermodynamik, Abteilung Systemanalyse und Technikbewertung. Stuttgart 2005

German Aerospace Center (DLR). Institute of Technical Thermodynamics, Section System Analysis and Technology Assessment. Study commissioned by Federal Ministry for Environment, Natur Conservation and Nuclear Safety Germany **(Hrsg.)**: *Trans-Mediterranean Interconnection for Concentrating Solar Power Final Report* (Studienprojekt Trans-CSP). Project Responsible Franz Trieb. Stuttgart 2006

Houboi, Maurice /Krajacic, Kristijan: *Desertec – Solarstrom aus der Wüste. Zukunftsmusik oder Gegenwartsprogramm?* Projektarbeit an der FH Düsseldorf. Sommersemester 2009

Küffer, Georg: »Dampfstrom aus dem sonnigen Süden«. In: *FAZ* Nr. 27, 2008

Lehmann, Harry / Reetz, Torsten / Roewer, Stefan / Liedtke, Christa: »Ökologische Chancen und Risiken großtechnisch angelegter solarthermischer Kraftwerke«. Wuppertal Institut für Klima, Energie und Umwelt im Auftrag der BMW AG.

MAN Ferrostaal Group: *Übersicht Solarthermische Kraftwerke*. Marktsituation und -entwicklung von Rainer Kistner. Sept. 2008, S. 1–14

May, Nadine: *Ökobilanz eines Solarstromtransfers von Nordafrika nach Europa*. Diplomarbeit Technische Universität Braunschweig, Fakultät für Physik und Geowissenschaften. Braunschweig 2005

Quasching, Volker: »Think big!«. In: *Sonne Wind & Wärme* 5/2004, S. 22–25

Riffelmann, Klaus-Jürgen: *Parabolrinnenkraftwerke – Stand der Technik und zukünftige Optionen*. Workshop AK Solarthermische Kraftwerke. Jülich, 24. Sept. 2008

Riffelmann, Klaus-Jürgen (Flagsol GmbH) / Aringhoff, Rainer: *CSP Projekte in den USA*. Workshop AK Solarthermische Kraftwerke. DLR, Köln, 12. Nov. 2009

Seidler, Christoph: *Arktisches Monopoli*. Der Kampf um die Rohstoffe der Polarregion. München 2009

Siemens AG (Hrsg.): *Sustainable Urban Infrastructure*. Ausgabe München – Wege in eine CO_2-freie Zukunft. München 2009

Trans-Mediterreanian Renewable Energy Cooperation (TREC). Quelle: *www.Trec-Eumena.net*

TREC. »Sonne billiger als Öl. Internationales Energiebündnis statt Kernkraft«. Press Release, 20. Juli 2006. Quelle: *www.trecers.net*

Trieb, F. / Quasching, V. / Schillings, Ch. / Kronshage, S. / Czisch, G.: *Solarthermische Kraftwerke – Standortpotentiale, Standortanalysen, Stromtransport*. Forschungsverbund Sonnenenergie, Jahrestagung 2002 »Solare Kraftwerke«. Stuttgart 2002

Wagner, Bernd / Wagner, Heike: *ADAC Reiseführer USA-Südwesten*. Arizona Colorado Nevada New Mexico Utah. München 2009

[Wikipedia] »List of solar thermal power stations«. Quelle: *http://en.Wikipedia.org/wiki/List_of_thermal_power_stations*

[Wikipedia] »Solar power in Nevada«. Quelle: *http://en.wikipedia.org/wiki/Solar_power_in_Nevada*

[Wikipedia] »Solar power plants in the Mojave Desert«. Quelle: *http://en.wikipedia.org/wiki/Solar_power_plants_in_the_Mojave_Desert*

Megacitys

[Baedeker] *Baedeker Reiseführer China*. Ostfildern 2009

Blume, Georg: »Mit Konfuzius in die Zukunft. Der Literaturhistoriker Wang Hui setzt auf das moderne chinesische Denken und nicht auf westliche Aufklärung«. In: *Die Zeit* Nr. 25, 10. Juni 2009

Böhret, Birgit: »China ist auf dem Weg, zweitgrößte Hightech-Nation der Erde zu werden«. In: *VDI nachrichten* Nr. 4, 29. Jan. 2010

Bunschoten, Raoul (CHORA): »Taiwan-Strait Incubator«. In: *ARCH+*. Zeitschrift für Architektur und Städtebau (196/197), Jan. 2010

China Three Georges Project Corporation (CTGPC): »Annual Report 2007«. Quelle: *www.ctgpc.com*

Denkel, Michael (Albert Speer & Partner GmbH): »Braucht der Städtebau ein neues Leitbild?« Energie – Klima – Stadt. Zukunftsstrategien für Kommunen und Energiedienstleister. Klimawandel und Stadt. Düsseldorf, 23. Nov. 2009. Quelle: *m.denkel@as-p.de*

Deutsches Nationales Komitee des Weltenergierates e. V. (Hrsg.): *Energie für Deutschland 2005*. Fakten, Perspektiven und Positionen im globalen Kontext. Schwerpunktthema: Chinas Energieversorgung: Viele Wege – ein Ziel

Driesch, Franz von den: »In die Zukunft investieren«. In: *VDI nachrichten* Nr. 6, 12. Feb. 2010

Fähnders, Till: »Schanghai stellt sich auf höheren Meeresspiegel ein«. In: *FAZ* Nr. 283, 5. Dez. 2009

Fülling, Oliver: *Shanghai*. Dumont Reisetaschenbuch. Ostfildern 2009

Gesamtverband Steinkohle e. V. (Hrsg.): *Bergbau-Information* Nr. 6/2010, 45. Jg.

[GTAI] Energiewirtschaft 2008. VR China. Quelle: *Germany Trade & Invest. www.gtai.de*

GTZ: »Erneuerbare Energien in ländlichen Gebieten. Land: VR China«. Im Auftrag des BMZ. Quelle: *www.gtz.de/de/weltweit/asien-pazifik/china/8640.htm*

Hahn, Barbara: *Welthandel. Geschichte – Konzepte – Perspektiven*. Darmstadt 2009

Hesse, Hermann: *Siddartha*. Frankfurt a. Main 1999 [Erstausgabe 1921]

itz Peking: »Chinas Wachstum wirft erste Schatten«. In: *FAZ* Nr. 18, 22. Jan. 2010

Kynge, James: *China. Der Aufstieg einer hungrigen Nation*. Hamburg 2006

Nowotny, Peter (Siemens AG Österreich)**:** »Warum intelligente Netze – Smart Grids?«. Mai 2008

Ristau, Oliver: »China greift mit Macht nach der Sonne«. In: *VDI nachrichten* Nr. 49, Dez. 2009

Schramm, Stefanie: »Pans Traum. Der chinesische Physiker Pan Jianwei will die Kommunikation und den Computer neu erfinden, mit Quantenmechanik. Deutsches Wurstbrot hilft ihm dabei«. In: *Die Zeit* Nr. 7, 11. Feb. 2010

Siemons, Mark: »Fürchtet euch nicht, wir sind bei euch. Eine buchstäblich alte Welt versunken im Kulturpessimismus: So sieht China Europa«. In: *FAZ* Nr. 57, 9. März 2009

Siemons, Mark: »Der neue Weltmoralapostel«. In: *FAZ* Nr. 282, 4. Dez. 2009

Sieren, Frank: »Vier Großeltern, ein Enkel. Chinas Bevölkerung altert schnell. Deshalb plant der Staat nun den Aufbau einer Grundrente und einer Betreuungsindustrie«. In: *Die Zeit* Nr. 1, 30. Dez. 2009

Suding, Paul: »Chinas Energieversorgung«. In: *Energiewirtschaftliche Tagesfragen*. Zeitschrift für Energiewirtschaft, Recht, Technik und Umwelt, 55. Jg. (Aug. 2005), Heft 8

Weltbank (Hrsg.): *Weltentwicklungsbericht 2009. Wirtschaftsgeografie neu gestalten*. Düsseldorf 2009

[Wikipedia] »Liste der Universitäten in der Volksrepublik China«. Quelle: *http://de.wikipedia.org/wiki/Liste_der_Universit%C3%A4ten_in_der_Volksrepublik_China*

[Wikipedia] »Drei-Schluchten-Damm«. Quelle: *http://www.wikipedia.org/wiki/Drei-Schluchten-Damm*

[Wikipedia] »Jangtse«. Quelle: *www.wikipedia.org./wiki/Jangtse*